旅するウナギ
1億年の時空をこえて

MIGRATING EELS:
Mysterious Creatures over Millions of Years

東海大学出版会

MIGRATING EELS : Mysterious Creatures over Millions of Years
Mari Kuroki & Katsumi Tsukamoto
Tokai University Press, 2011
ISBN978-4-486-01907-7

旅するウナギ
1億年の時空をこえて

黒木 真理
塚本 勝巳
著

MIGRATING EELS
Mysterious Creatures over Millions of Years

東海大学出版会

はじめに
この不可思議なるもの
Prologue -This Mysterious Creature-

川や沼に棲むウナギ，彼らが海の彼方から何千キロも旅してやってきたことを知る人は意外と少ない．

細長いヘビのような体つきや，どこにあるのかはっきりしないウロコやエラは，

この生き物が魚であることさえ忘れさせる．古代ギリシャの博物学者アリストテレスは，

旺盛な知的好奇心をもってウナギの繁殖について調べてみたが，

卵をもった親も生まれたばかりの子もどこにも見つからなかったため，その大著「動物誌」の中で，

「ウナギは泥の中から自然発生する」と記述している．ウナギは昔から謎の多い生き物だった．

ところが一方で，ウナギは蒲焼きとして広く親しまれ，

また「うなぎ登り」「うなぎの寝床」などの慣用句もあるほど身近な生き物でもある．

しかし近年，ウナギの資源は世界的に激減し，絶滅が危ぶまれる種もでてきた．

早急に適切な保全策を講じる必要がある．

本書では，最近のウナギの生物学における目覚ましい成果に加えて，

ウナギに関する文化，歴史，信仰，漁業，流通など，ウナギに関わる全てについて記述するよう努めた．

ウナギを自然科学，社会科学，人文科学の各側面からマクロな視点で包括的に理解し，

この不可思議で，それでいて愛すべき生き物を

いつまでも地球上に保全しようとする

試みとしたい．

―――――― 東京大学総合研究博物館　黒木真理
―――――― 東京大学大気海洋研究所　塚本勝巳

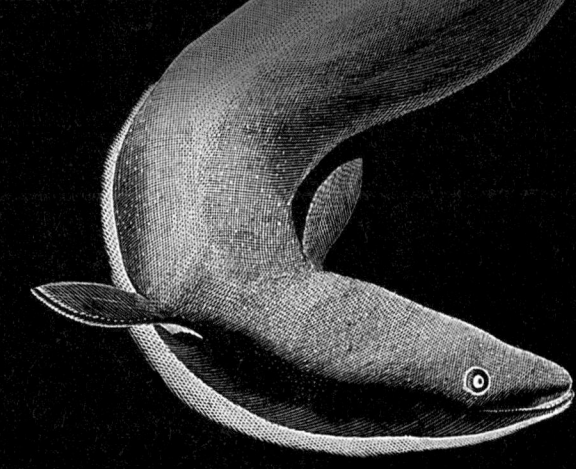

目次

はじめに ―この不可思議なるもの―
Prologue -This Mysterious Creature-

I 旅するウナギ ―ウナギの自然科学― 001
Eels in Nature: Natural Science of Eels

I-1 生まれる ―卵― 002
Hatching-Eggs

I-2 漂う ―レプトセファルス― 026
Drifting-Leptocephali

I-3 変身する ―変態仔魚― 044
Transforming-Metamorphosing Larvae

I-4 遡る ―シラスウナギ― 056
Entering River-Elvers

I-5 成長する ―黄ウナギ― 066
Growing-Yellow Eels

I-6 帰る ―銀ウナギ― 080
Returning-Silver Eels

I-7 産む ―産卵親魚― 092
Spawning-Adult Eels

I-8 ウナギという魚 100
The Fish We Call Eels

引用文献 120
References

II 社会の中の鰻 —ウナギの社会科学— 125
Eels in Human Society: Social Science of Eels

II-1 保全する —資源— 126
Conserving-Eel Populations

II-2 作る —人工種苗生産— 136
Producing-Artificial Seedlings

II-3 捕る —漁業— 146
Catching-Fisheries

II-4 育てる —養鰻— 168
Rearing-Aquaculture

II-5 運ぶ —流通— 178
Transporting-Distribution

II-6 食べる —料理— 186
Consuming-Cuisine

引用文献 206
References

III 人とうなぎ —ウナギの人文科学— 207
Eels and Humans: Cultural Science of Eels

III-1 温ねる —遺跡— 208
Tracking Back-Bones and Archaeological Remains

III-2 表す —書画— 220
Expressing-Books and Literature

III-3 愛でる —美術工芸— 232
Cherishing-Arts and Crafts

III-4 畏れる —信仰— 260
Revering-Legends and Beliefs

引用文献 278
References

おわりに
Epilogue

I

EELS IN NATURE: NATURAL SCIENCE OF EELS

旅するウナギ
ウナギの自然科学

ウナギの一生は旅の中にある．その旅は繁殖のための場所と成長のための場所の間の往復だ．旅の始まりと終わりは共に産卵場であるが，それがどこにあるのか，長い間わからなかった．大西洋のウナギの産卵場がサルガッソ海にあることを発見したのはデンマークの海洋生物学者ヨハネス・シュミット Johannes Schmidt だ．20世紀初頭のことだ．太平洋でも1930年代からウナギ産卵場調査が始まり，1991年には10 mm前後の仔魚がマリアナ諸島西方海域で発見され，ニホンウナギの産卵場も明らかになった．太平洋ではさらなる調査が続き，2008，2009年にはついに卵と産卵親魚が発見された．アリストテレスの時代から連綿と続いてきた2千年の謎に終止符が打たれた瞬間だ．

夏，産卵場で生まれたウナギはレプトセファルス Leptocephalus と呼ばれる特異な形の仔魚となる．これは透明なオリーブの葉っぱのような幼生，海流により陸地へ向かって運ばれる．これがウナギにとって最初の長旅だ．陸地に近づくとレプトセファルスは透明なシラスウナギ Glass eel（稚魚）へと変態する．河口域に達したシラスウナギは河川へ遡上する．やがて黄ウナギ Yellow eel となって川や沼に棲みつき，10年前後成長する．その後，黄ウナギは帰り旅の準備を始め，体中にいぶし銀のような光沢をもつ銀ウナギ Silver eel となる．生涯2度目の変態だ．銀ウナギは秋の増水時に川を下り，河口から外洋の産卵場へと旅立つ．何千キロもの旅をして，自分たちの産卵場に帰り着いた親魚は，夏の新月に合わせて産卵し，一生を終える．

I-1
Hatching-Eg

生まれる —卵—

ウナギは卵から生まれる.
こんな簡単なことが明らかになるのにアリストテレスの時代から数えて2千年もかかったというのは多少大袈裟だが,
はっきり証明されたといえるのはウナギの人工孵化が成功した1973年であり,
天然のウナギ卵が採集された2009年のことであるから,
長い科学の歴史からいえば,つい最近のことであるといってよい.
これほど長くウナギの繁殖の実態がわからなかった理由は,ウナギが遙か彼方の外洋で卵を産むためだ.
川や湖,あるいは沿岸で産卵する魚であったなら,人々は早くから卵をお腹いっぱいもった親魚を見て,
その繁殖生態について幾ばくかの知識をもっていたはずである.
ウナギがどこで卵を産むのか,産卵場調査が大海原で100年以上にわたって続けられている.
しかし産卵場がほぼ特定されているといえるのは,世界19種・亜種のうち僅か数種に過ぎない.
その他の大部分は皆目見当もついていない.
ウナギの産卵生態の研究はいまだ黎明期にある.

G S

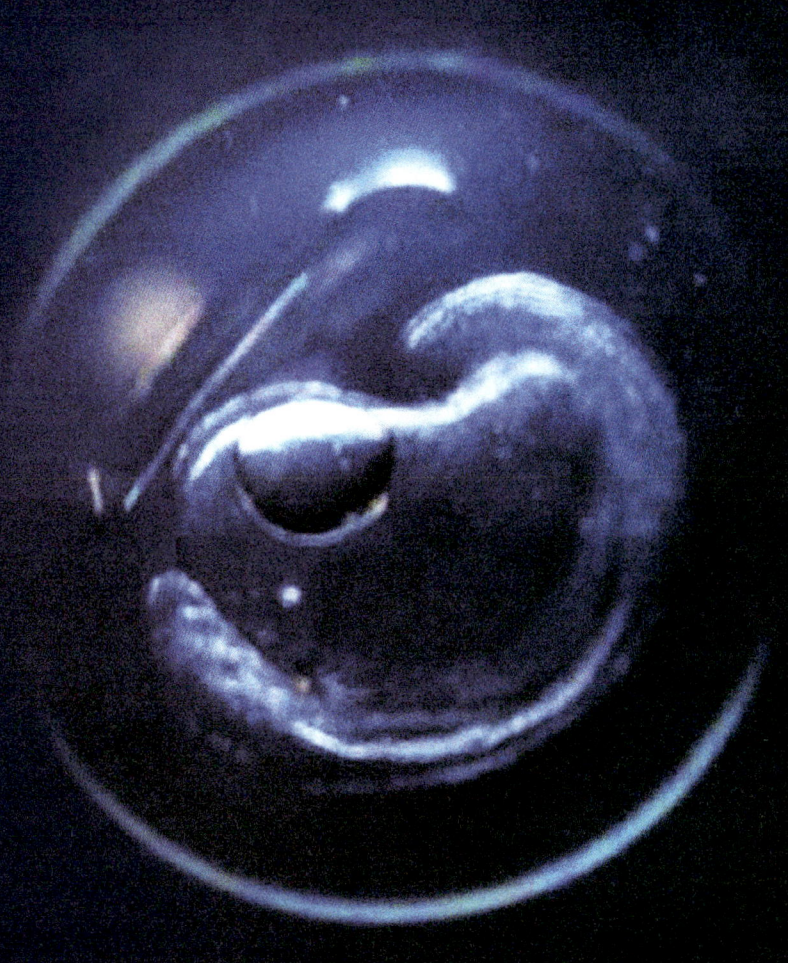

白鳳丸で採集された天然のニホンウナギ卵.

1

2

3

4

6

7

8

DEPARTMENT OF COMMERCE
BUREAU OF FISHERIES
WASHINGTON

ADDRESS ALL COMMUNICATIONS TO
COMMISSIONER OF FISHERIES
WASHINGTON, D.C.

EH-2

May 28, 1913.

Dear Doctor Schmidt:

Your letter of the 30th of March was duly received and read with great interest.

I am very much surprised at your recent discovery of American eels among specimens collected in Europe, and hope that you will be able to make additional contributions to our knowledge of this subject.

I have collected various lots of large and small eels from different parts of the country, including some from the Susquehanna River, and will forward all of these to you in due time. Special effort is being made to obtain for you a good series from Biolxi and other points on the Gulf of Mexico so that you can decide perhaps whether the Gulf eels represent a different race or species.

I have received the photograph which you kindly had prepared for me and will remit therefor to the photographers.

Will you be kind enough to place for us an order for one-hundred (100) metres of the enclosed netting, such as is used by you in the collection of leptocephali? This should be addressed to the Bureau of Fisheries, Washington, D. C., and sent in bond in care of the Pennsylvania Railroad.

With kind regards and with best wishes for the continued success of your most important investigations, I remain

Yours sincerely,

Commissioner

Dr. Johs. Schmidt,
Carlsberg Laboratory,
Copenhagen, Denmark.

9

5

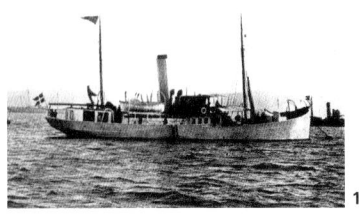

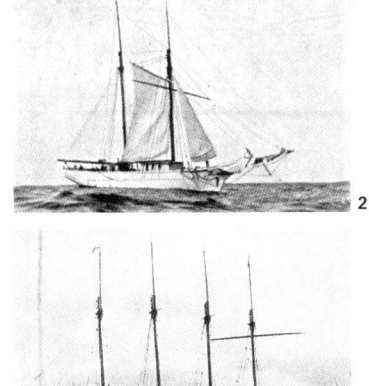

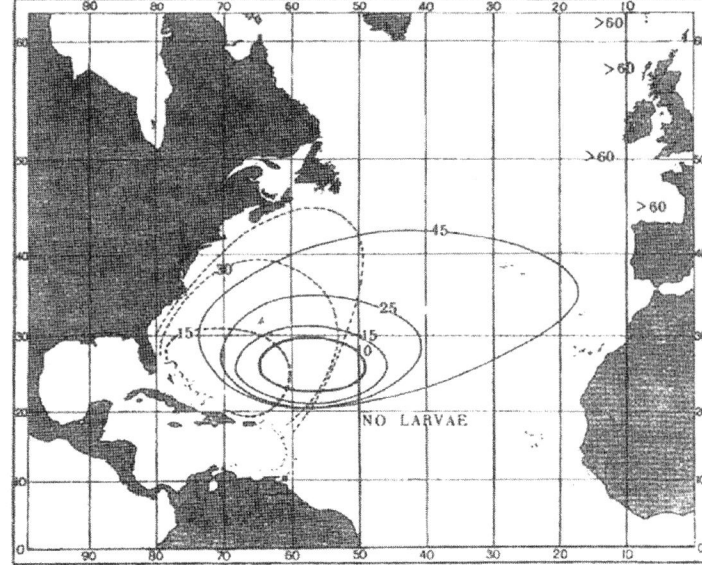

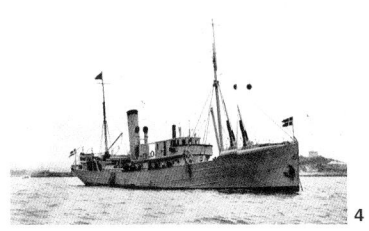

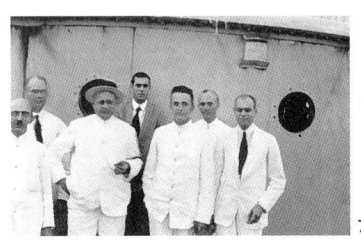

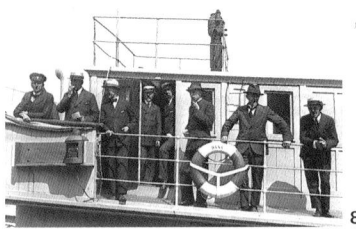

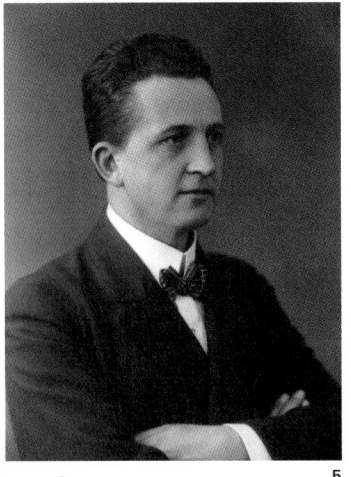

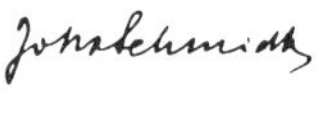

1. *Thor*（1903-1910）.
2. *Margrethe*（1913）.
3. *Dana I*（1920-1921）.
4. *Dana II*（1921-1930）.
5. ヨハネス・シュミットJohannes Schmidt（1877-1933）.
6. 大西洋におけるウナギレプトセファルスの分布図（Schmidt 1922）.
採集されたヨーロッパウナギ（実線）とアメリカウナギ（破線）のレプトセファルスの分布を調べてみると，最も小さいサイズのレプトセファルスはともに大西洋のサルガッソ海にいることがわかった．両種の産卵場はこのサルガッソ海であると推定された．
7. *Dana II*に乗り込んだシュミット（右から3人目）と乗組員（1921-1922）.
8. ウナギの産卵場を突き止めた大西洋航海（1921-1922）からの帰港．民衆の熱狂的な歓迎を受けた．（DTU aqua）.
9. 米国ワシントンD.C.の水産局からシュミットに送られた手紙（1913）．シュミットのアメリカウナギ調査に興味をもち，標本提供を依頼している（The Danish State Archives）.

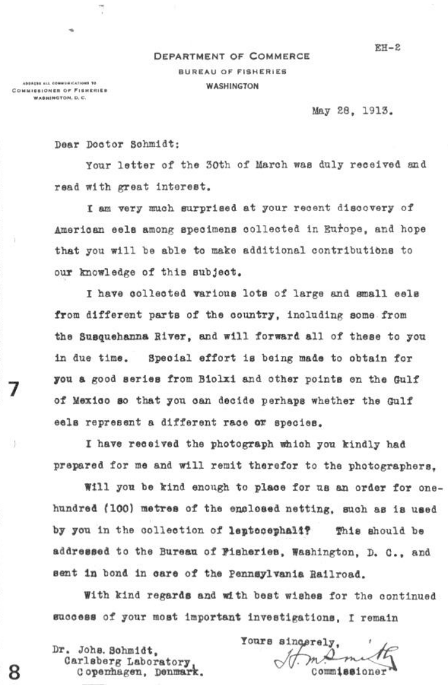

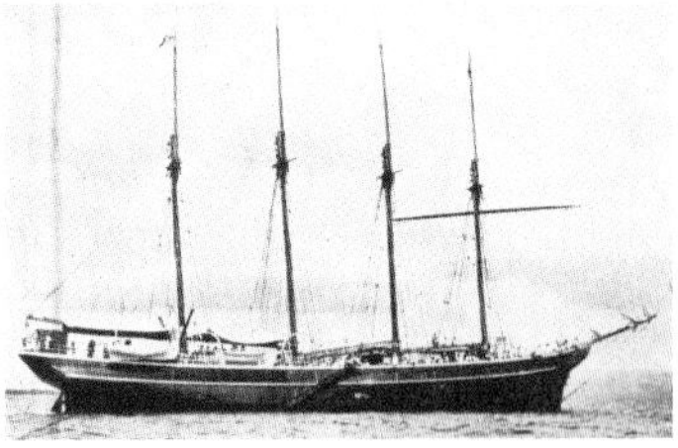

大西洋産卵場調査の歴史
Research on Eel Spawning in the Atlantic

ウナギの科学的な産卵場調査が始まったのはヨーロッパにおいてである．1904年にフェロー諸島の沖合でウナギのレプトセファルスを採集したデンマークのヨハネス・シュミットJohannes Schmidt（1877-1933）は，それまで地中海にあるといわれたウナギの産卵場が，本当は大西洋にあるのではないかと着想した．以来4隻の調査船，*Thor, Margrethe, Dana, Dana II* を駆使してウナギの産卵場を網羅的に探索した．当時北米とヨーロッパを結んでいた大西洋航路の商船にまでプランクトンサンプルの採集を依頼して，精力的にレプトセファルスを収集した．また，1928-1930年には世界一周のウナギ調査航海を実施し，世界各地の海でウナギのレプトセファルスを採集した．

こうして集まったウナギのレプトセファルスの体長と分布を調べると，同じサイズのレプトセファルスの分布する範囲は内側ほど小サイズになっていく同心円状を呈し，中心はバミューダ沖のサルガッソ海にあった．ここで生まれたヨーロッパウナギの仔魚が海流に乗って分散し，ヨーロッパまでやってくる．北米大陸の東岸に分布するアメリカウナギのレプトセファルスも，同様にサルガッソ海に中心をもつ同心円を示した．アメリカウナギの推定産卵場はヨーロッパウナギよりやや西に寄っているものの，同じサルガッソ海で2種のウナギが同所的に産卵していることは意外な事実である（Schmidt 1922）．しかし，どうやって相互に自分の相手を見分けているのか，わかっていない．

Thor 号の地中海航海（1905-1906）で採集されたヨーロッパウナギの最大伸長期レプトセファルス（コペンハーゲン大学動物学博物館 Zoological Museum, Natural History Museum of Denmark, University of Copenhagen）．

Dana-Report No. 1, 1934.

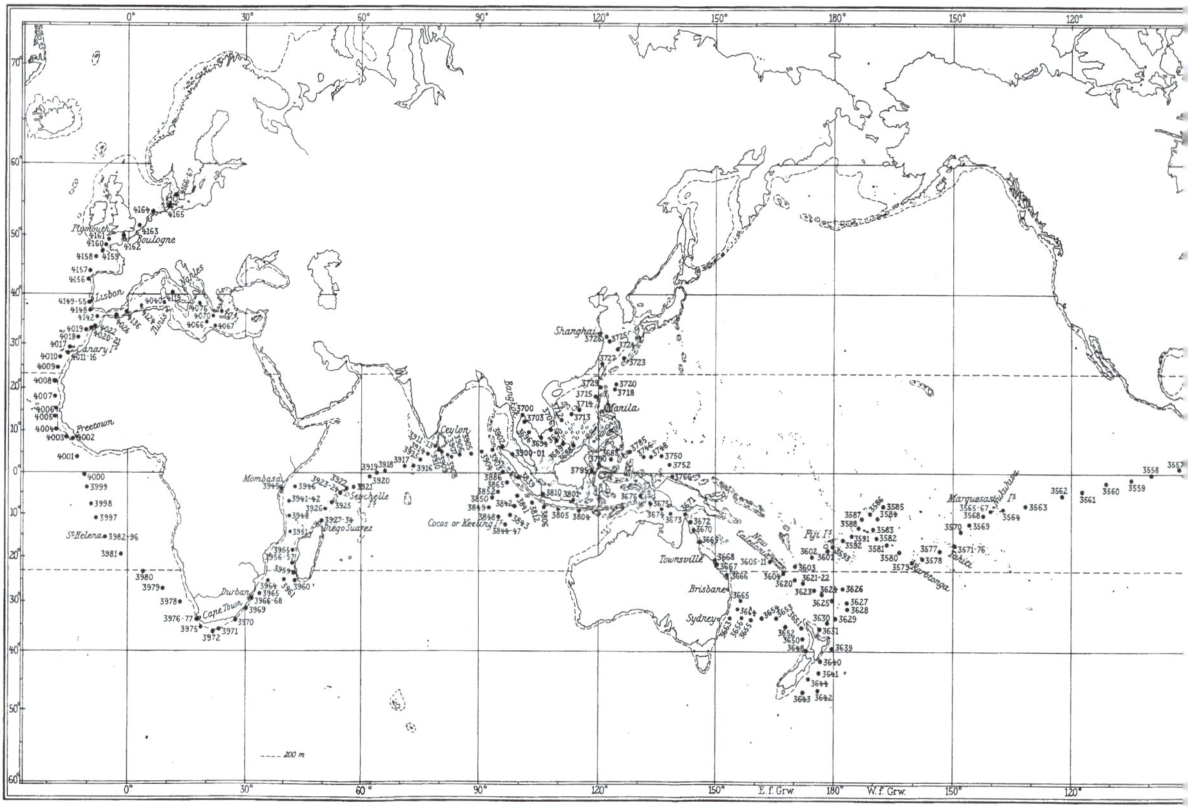

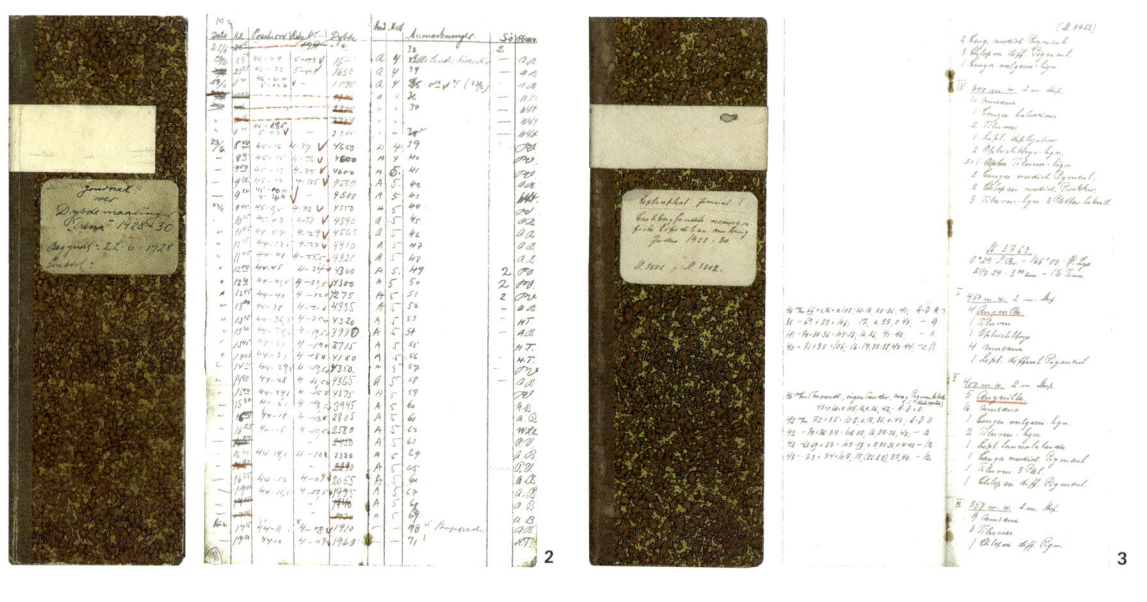

Dana II号の世界一周航海
The Round-the-World Expedition by *Dana II*

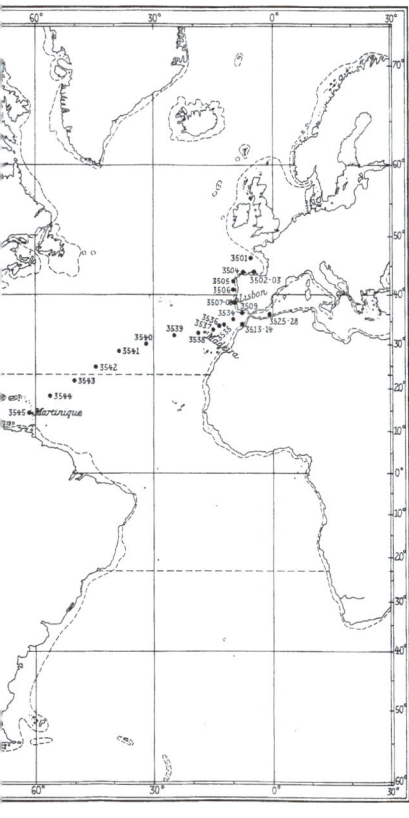

PLATE I.

1928-1930年の*Dana II*号による世界一周航海はウナギの生物学に飛躍的な進展をもたらした．またこの航海では，ウナギの産卵場問題だけでなく，プランクトンから深海魚まで海洋生物学全般の知見も数多く集積された．それらは『Dana Expedition Report』(Carlsberg Foundation出版) として16巻計91冊もの論文集になっている．

シュミットらは立ち寄った寄港地で数多くのウナギを収集し，世界のウナギの生物学の基礎を築いた．シュミットの2人の高弟，ヴィルヘルム・エーゲ Vilhelm Ege (1887-1962) とポール・ジェスパーセン Poul Jespersen (1891-1951) がシュミットの死後に著したウナギの分類学とレプトセファルスの分布に関する論文は，70年を経たいまなお有用な資料として世界中の研究者に引用されている (Ege 1939, Jespersen 1942).

当時，*Dana II*号の世界一周航海は研究者だけでなく，一般の人々にも大きな注目を集め，新聞にも度々大きく取り上げられた．「この航海で得られた最も大きな成果を教えてください」こう質問した記者に，研究を統括したシュミットが答えている．「ウナギの生態の謎が解明されました」．ウナギ研究に生涯を捧げたシュミットが目指したものは，ウナギの養殖でも資源保全でもなかった．ただ，謎に満ちたウナギの生態を知りたかっただけである．

1. *Dana II*号による世界一周航海 (1928-1930) の航跡図 (Dana Report). 1928年6月14日にコペンハーゲンを出発して大西洋を横断，パナマ経由で太平洋に入り，南太平洋，インドネシア周辺海域，インド洋を細かく調査した．この間日本近海に，ニホンウナギの産卵場調査にも訪れている．その後，喜望峰を巡って南大西洋に入り，地中海を調査して1930年6月30日に帰航した．ほぼ丸2年の世界一周航海であった．

2. 3. *Dana II*号の航海観測日誌 (1928-1930). 採集標本や曳網水深が手書きで詳細に記録されている (The Danish State Archives).

4. 甲板でプランクトンネットを背景に (1928-1930).

5. *Dana II*号航海で採集された標本を納めた大量のサンプル瓶 (1928-1930).

6. 7. 航海後シュミットが発表した論文に掲載された写真用のガラス乾板．6はスマトラ沖 (St. 3840) で採集されたレプトセファルス，7は変態後のシラスウナギ (DTU aqua).

サルガッソ海の産卵場付近で採集された約10mmのヨーロッパウナギのレプトセファルス標本（コペンハーゲン大学動物学博物館 Zoological Museum, Natural History Museum of Denmark, University of Copenhagen）。

1. 世界一周航海を終えた*Dana II*号の帰港.多くの人々が港で出迎え,関心の高さがうかがえる.
2. シュミットの妻インゲボルグIngeborg(右)とエーゲの妻ローラRola(左).シュミットがビール醸造会社Carlsbergの令嬢インゲボルグ・キューレIngeborg Kühleと結婚し,同社の多大な支援を得てウナギ調査を進めたことは有名な話である.またデンマーク王室の庇護もあった.歴史的な海洋調査と偉大な成果が社会の理解と支援を得て実現した(DTU aqua).

Da „Dana" vendte hjem efter to Aars Rejse

Havforsknings-Ekspeditionen medbringer et mægtigt Materiale, som det vil vare over fem Aar at ordne

Et helt Menageri paa Dækket.

Professor Johannes Schmidt (×) taler under Modtagelseshøjtideligheden. Derefter ses fra venstre til højre: Professor Ostenfeld, General Castonier og Trafikminister Friis-Skotte.

I Gaar Eftermiddags ved 14-Tiden gled en lille graa Damper ind paa Københavns Red og satte Kursen ned forbi Langelinie. Skønt Solen ødslede med gyldne Blink over Havnen, kom den som en stilfærdig Skygge, fin og fornem i Linjerne, men saare uanselig og beskeden i sin Fremtræden.

Paa samme Tid var der stor Modtagelsesceremoni paa Toldboden. Fra Kajmurens fire Flagmaster, der kun benyttes naar noget meget fint er i Vente, smældede fire Dannebrogsflag lystigt i Vinden og sendte den ene muntert knaldende Velkomsthilsen efter den anden ud over Vandet. Og paa selve Toldboden, der hvor Kongen plejer at stige i Land, stod en stor og repræsentativ Forsamling af fine Navne, baade inden for dansk Søfart og dansk Videnskab. Der var en Deputation fra „Geografisk Selskab", bestaaende af General *Castonier*, Kommandør *Block* og Grosserer *Frimodt*. Der var Departementscheferne *Waage* fra Landbrugsministeriet og *Graae* fra Undervisningsministeriet, der var Trafikminister *Friis-Skotte*, som Stedfortræder for den fraværende Statsminister, to Kommandører, *Topsøe-Jensen* og *Schønning*, og Generalløjtnant *Nyholm*. Og endelig var der Overpræsident *Bülow* og Havnedirektør *Borg*, foruden en talrig Skare af Universitetets Professorer med Martin *Knudsen*, J. Oskar *Andersen*, *Nørlund*, S. P. L. *Sørensen*, Adolf *Jensen*, *Hjelmslev* og *Ostenfeld* i Spidsen.

Kort sagt, en ualmindelig repræsentativ Forsamling, der stod taalmodigt og ventede paa et lille, graat, uanseligt Skib.

Da Damperen kom til Syne bag de store, lossende Dampere saa man, at den førte Splitflag, og da den gled ind mod Kajen, forstod de mange tilfældige Tilskuere, hvorfor der skulde gøres saa megen Stads af den. De læste Navnet „Dana" i Stævnen og forstod, at det var den Ekspedition, der for to Aar siden drog ud for at udforske Verdenshavenes Gaader, og som under Professor *Schmidts*

デンマークの新聞Politikenに掲載された*Dana II*号帰港の記事(1930.7.1)(DTU aqua).

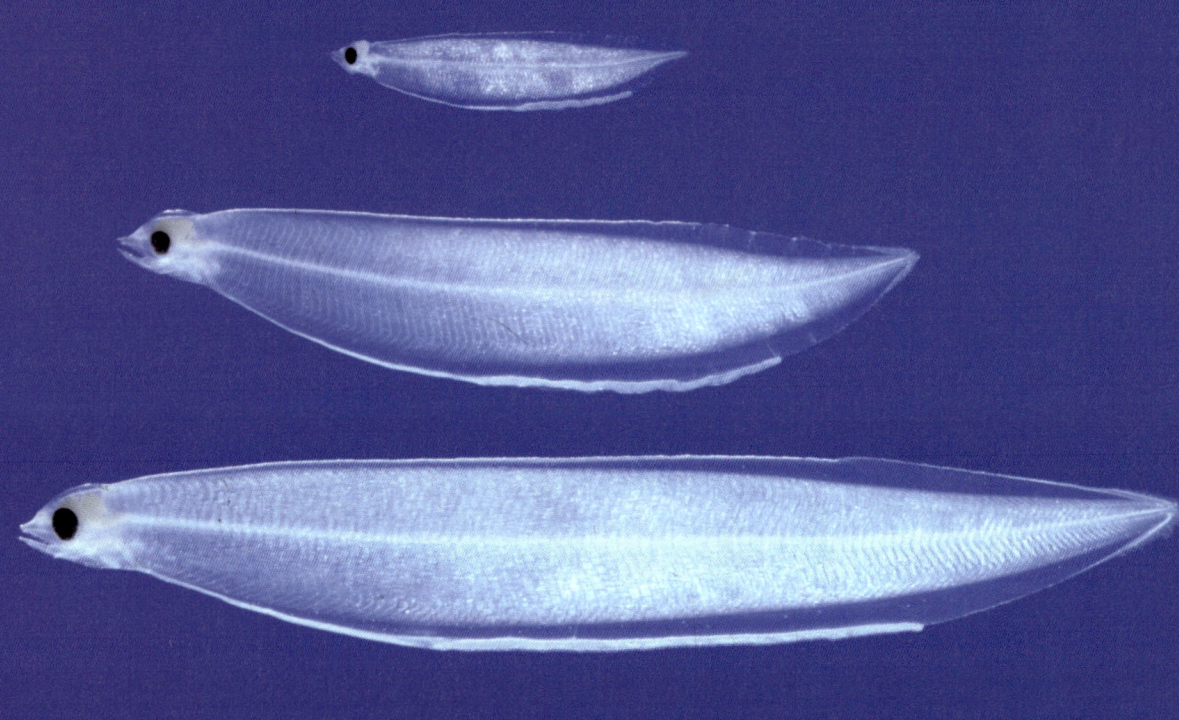

マリアナ西方海域で採集されたニホンウナギのレプトセファルス（1991）．上から全長9.8, 21.6, 33.5 mm．

太平洋の産卵場調査
Research Expeditions in the Pacific

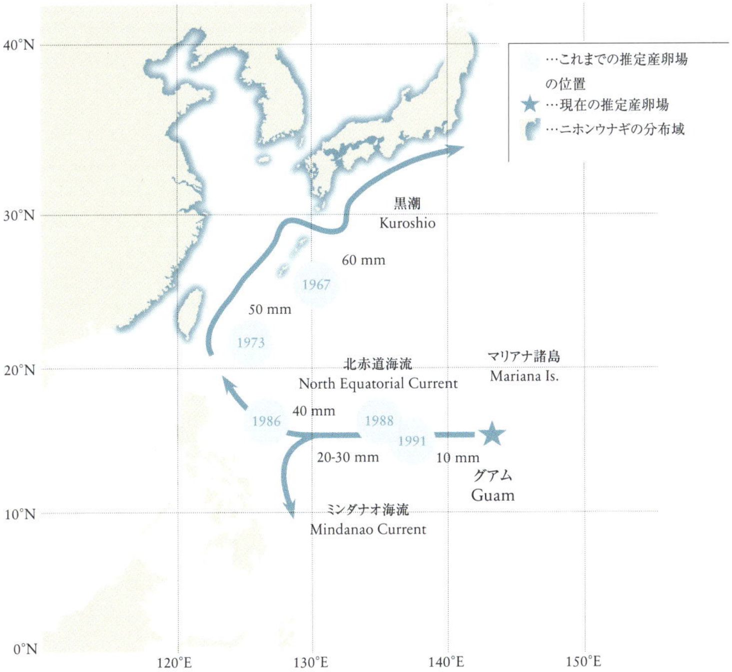

太平洋におけるニホンウナギの推定産卵場の歴史的変遷。図中の円はこれまでの推定産卵場の位置、中の数字は根拠となった調査が行われた年、傍らの数字はそのとき採集されたレプトセファルスのおおよその全長、星印は現在の推定産卵場。太線の陸地部分はニホンウナギの分布域。

大西洋のウナギ産卵場発見に触発され，太平洋でも東アジアに分布するニホンウナギの産卵場を見つけようという気運が盛り上がった．

1973年には，東京大学海洋研究所（現 東京大学大気海洋研究所）の研究船「白鳳丸」（現 海洋研究開発機構所属）を用いた本格的なウナギ産卵場調査が始まった．その結果，1973年には台湾東方海域で体長約50 mmの仔魚が52尾（Tanaka 1975），1986年にはフィリピン・ルソン島東方海域で約40 mmの仔魚が21尾採集された（Kajihara 1988）．1988年と1990年にはさらに東の海域で，鹿児島大学の「敬天丸」が20-30 mm前後の仔魚をそれぞれ7尾と21尾採集した（Ozawa et al. 1989, 1991）．1991年には，「白鳳丸」がマリアナ諸島西方海域で10 mm前後の仔魚を約1,000尾採集し，これによってニホンウナギの産卵場はマリアナ諸島西方海域とほぼ特定された（Tsukamoto 1992）．つまり，ニホンウナギの推定産卵場の歴史的推移は，仔魚の輸送経路を遡っていくことにより，まず黒潮流域の沖縄南方海域，台湾東方海域からフィリピンのルソン島東方海域へ南下していき，さらに北赤道海流を遡行・東進してマリアナ諸島西方海域に到達した．これに伴い，採集されるレプトセファルスのサイズは徐々に小さくなっていった．ウナギの産卵場調査の歴史は，広大な海の中でより小さいレプトセファルスを求め続けた歴史といえる．

1. 学術研究船「白鳳丸」．
全長100 m，約4,000トンの大型調査船．
2. 第2次ウナギ産卵場調査航海（KH-73-5）の記念写真（1973）．
3. 科学誌『Nature』No.356の表紙（1992）．
ニホンウナギの産卵場発見はカバーストーリーとして紹介された．

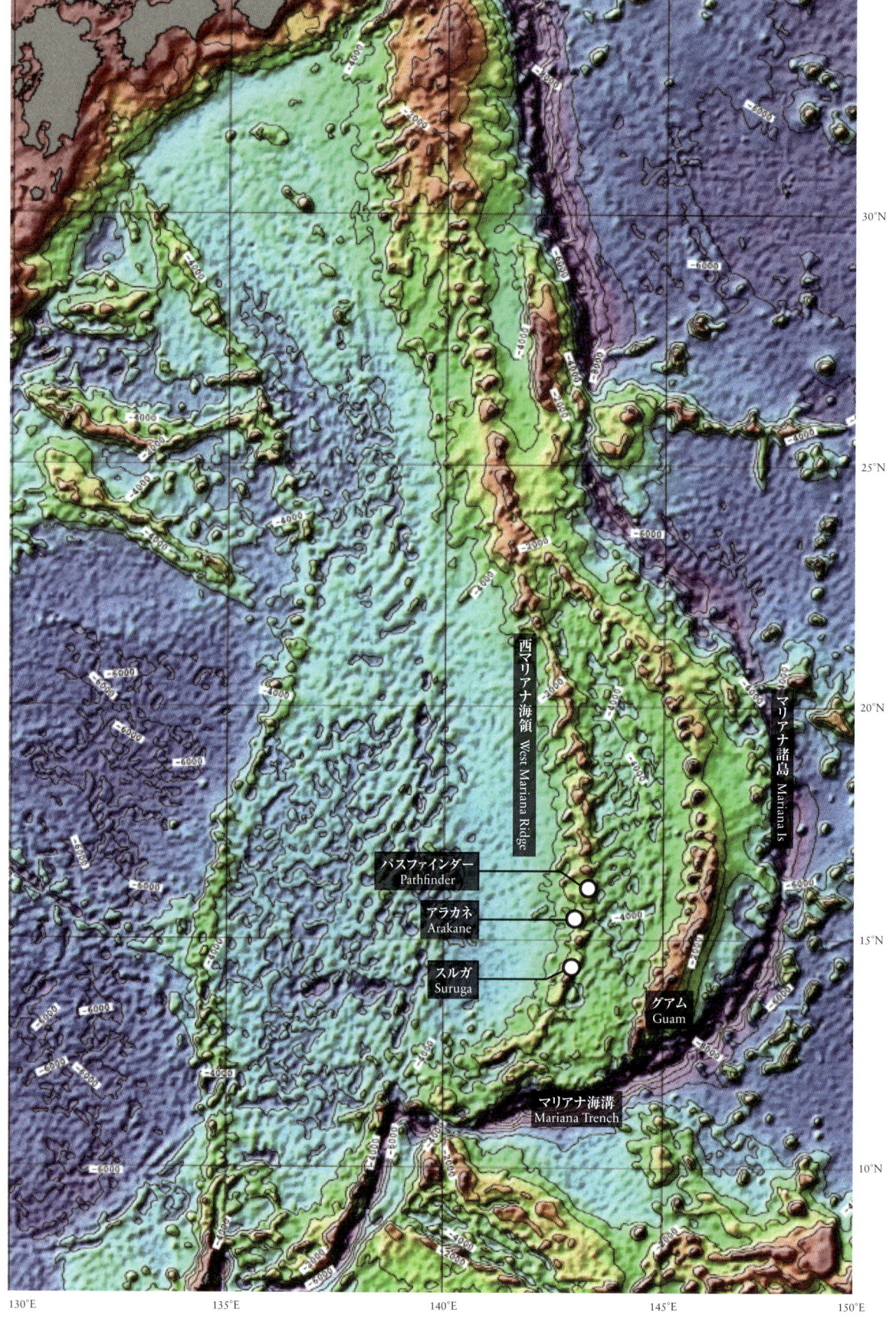

フィリピン海プレートの海底地形（東京大学大気海洋研究所・沖野響子 作図）.

海山仮説
The Seamount Hypothesis

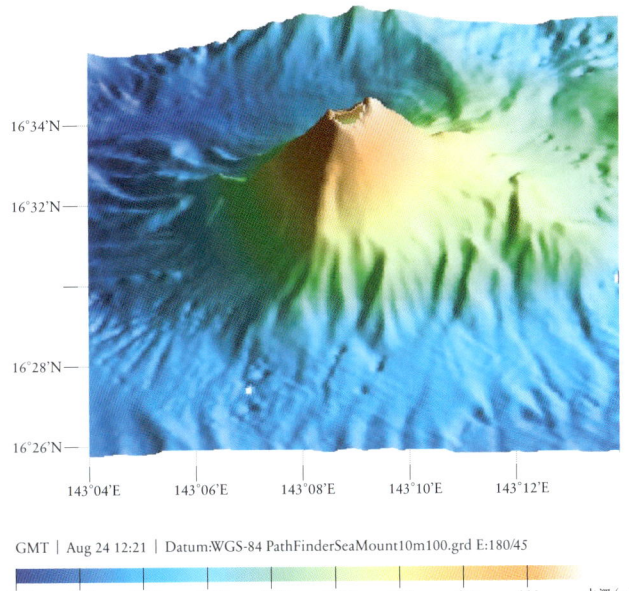

1994年までに得られた、北赤道海流中のニホンウナギのレプトセファルスの分布は、西部北太平洋の北緯15°前後に集中している。経度方向で見ると、東経142°以西には採集実績があるが、143°より東では、調査をしてもレプトセファルスは採れていない。レプトセファルスの体サイズは東へいくほど小さく、この海域にはゆっくりと西に流れる北赤道海流がある。これらの情報を総合すると、産卵ポイントは北緯15°前後で、東経142°と143°の間にあると想像するのはごく自然である。

海底地形図を見るとそこには3つの海山（南からスルガSuruga、アラカネArakane、パスファインダー Pathfinder）がある。これらの海山は海底3,000-4,000 mから海面近くまでそそり立つ富士山クラスの高い山々。ニホンウナギの産卵場はこれらの海山域ではないかという仮説が提唱された（Tsukamoto et al. 2003）。

パスファインダーPathfinder海山．北緯16°33'，東経143°09'（上）とスルガSuruga海山，北緯14°16'，東経142°55'（下）の3D俯瞰図．比高2,000-3,000 mあり，その頂上は海面下数m-40 mまでそそり立つ（東京大学大気海洋研究所，海洋研究開発機構）．

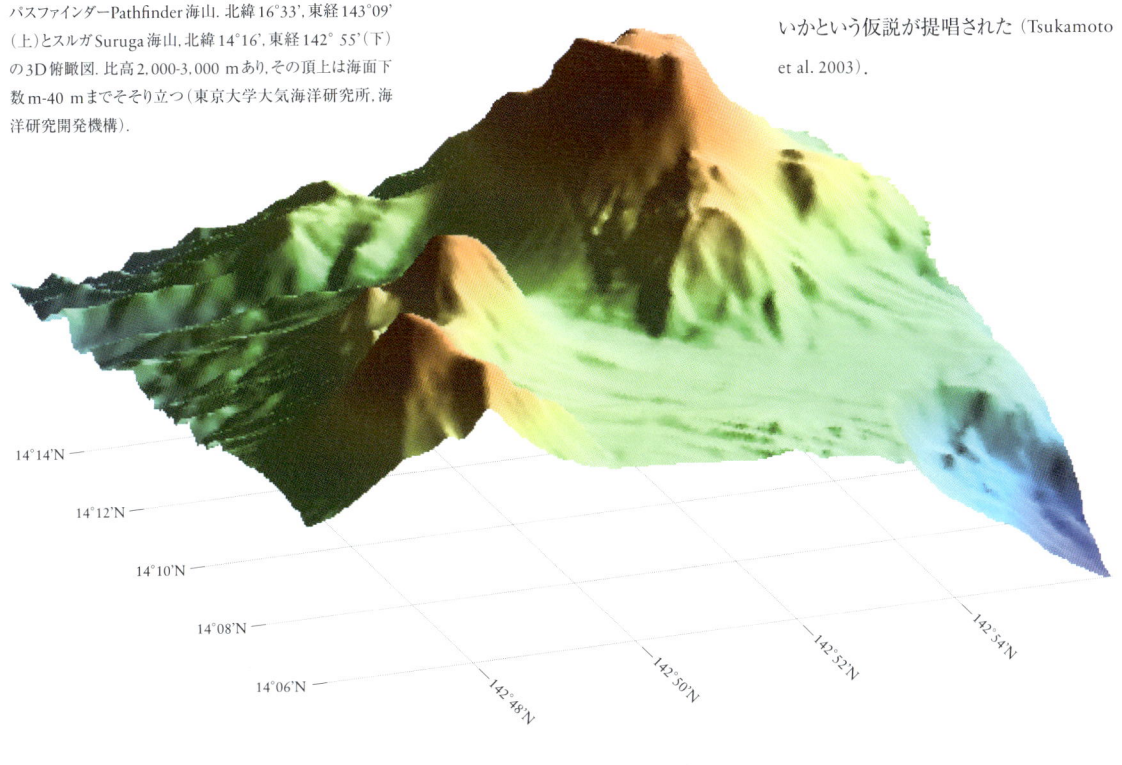

ウナギレプトセファルスの耳石（左2つは扁平石，右2つは礫石）．

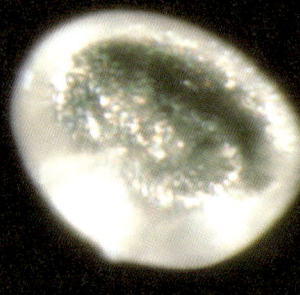

I 旅するウナギ・ウナギの自然科学

1 生まれる —卵—

新月仮説
The New Moon Hypothesis

魚の内耳の中には,耳石otolithと呼ばれる主に炭酸カルシウムの結晶からなる硬組織が3対ある.それぞれ扁平石sagitta,礫石lapillus,星状石asteriscusと呼ばれる3種の耳石が左右に1対ずつ存在するのである.この中で最も大きい扁平石を顕微鏡で観察すると,1日に1本ずつ形成される同心円状の日周輪が見える.この輪紋を中心から耳石縁辺まで計数することで孵化後何日経ったかという日齢がわかる.産卵場付近で採集されたレプトセファルスについて日齢を求め,採集日からその個体の日齢を差し引いて個々の孵化日(誕生日)を計算する.その結果,レプトセファルスの孵化日は各月の新月前後と推定された(Tsukamoto et al. 2003).すなわち,ニホンウナギは長い産卵期のうち,だらだらと連続的に産卵したり,適当な時期に三々五々集って産卵したりしているのではなく,月周期に則って規則正しく,各月の新月にのみ一斉産卵していることがわかったのだ.

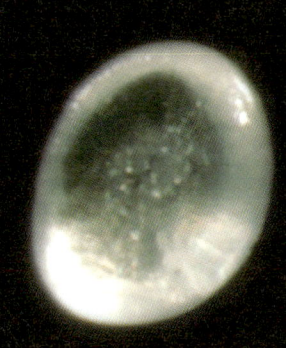

ウナギレプトセファルスの耳石(扁平石).

1. 小型潜水艇「JAGO」と「白鳳丸」(1998).
2. 「JAGO」の潜水.ダイブは計27回,総潜水時間は91時間に及んだ.
3. 海山域におけるウナギ親魚の探索.水深250 mを越えると周囲は暗黒となり肉眼ではほとんど何も見えず,観察可能な範囲は2つのライトで照らし出された範囲に限られる.
4. 西部北太平洋海域におけるグリッド調査.
5. CTD (Conductivity Temperature Depth profiler).海洋の温度・塩分・クロロフィル濃度などのデータを深度別に取得する観測機器で,現場で海洋環境を把握するのに役立つ.
6. 大型プランクトンネットBig Fish.直径3 m,長さ18 m,網目のサイズ0.5 mm.

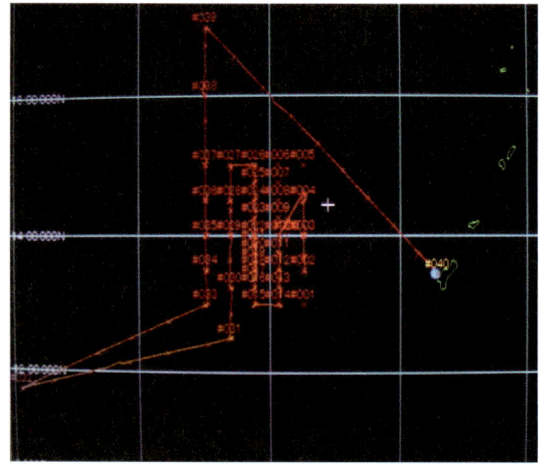
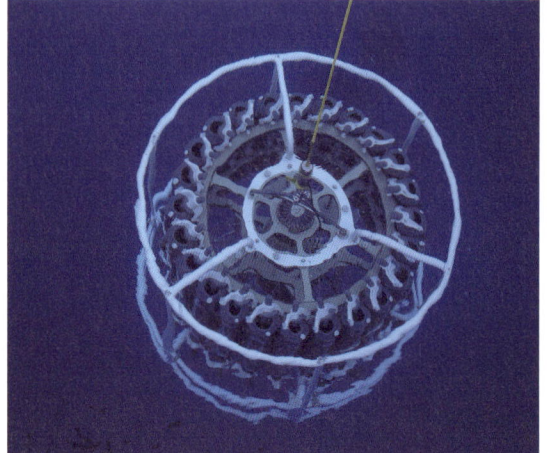

空白の14年間
14 years of Stagnation

産卵のタイミングを予想する新月仮説と産卵の場所を特定する海山仮説の2仮説に基づいて調査は継続された．1998年にはドイツ・マックスプランク研究所の小型潜水艇ヤーゴJAGOも導入されて，海山沿いに深海探索が行われた．しかし多大な労力にもかかわらず，親ウナギをみつけることもウナギ卵を採集することもできなかった．結局，1991年の小型レプトセファルスの大量採集の成果を越える結果はその後14年間なかった．さらに産卵の地点を絞り込む必要があった．

そこで，レプトセファルスの採集地点と海洋物理環境条件を調べてみると，推定産卵場に東西にできる塩分フロントsalinity frontのすぐ南側にレプトセファルスが多く分布していた(Tsukamoto 1992, Kimura et al. 1994)．この塩分フロントが親魚の産卵場形成要因の1つと考えられた．その後は刻々と変動するこの塩分フロントの位置を見つける観測作業が続けられた．同様に，大西洋のウナギ2種の産卵場付近には温度フロントがあり，産卵場を形成する物理環境条件として重要とされている(Kleckner & McCleave 1988)．

7．白鳳丸の後部甲板で得られたネットサンプルをバケツに移し替える作業．
8．ソーティングと呼ばれるサンプルの選別作業．ネットサンプルは小さなシャーレに小分けして目的の生物を選び出す．
9．実体顕微鏡によるサンプルの観察と計測．
10．大型プランクトンネットBig Fishの揚収．

ニホンウナギのプレレプトセファルス．
孵化後2日目のプレレプトセファルス（上）．未発達な状態で，眼も未黒化で口も開いていない（2005.6.7）．
孵化後5日目のプレレプトセファルス（下）．眼が黒化し，口が開いて細い歯が突出している（2005.6.10）．

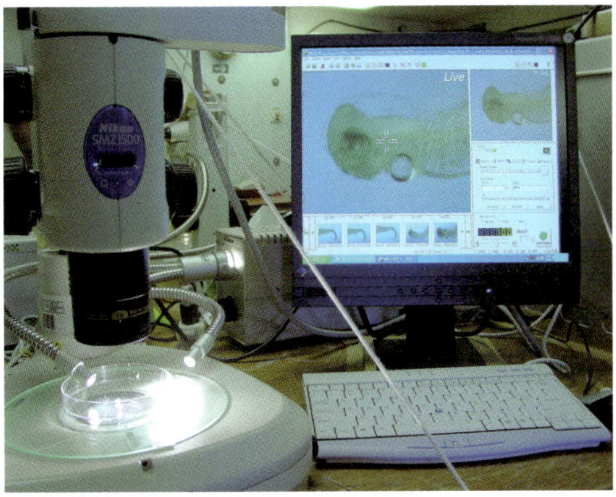

顕微鏡下でプレレプトセファルスの形態観察.

プレレプトセファルスの発見
Discovery of Preleptocephali

2005年6月の新月当日,西マリアナ海嶺南部のスルガ海山西方海域で,孵化後2日目のプレレプトセファルス(前期仔魚)計130尾が採集された.予想通り,塩分フロントのすぐ南であった.全長5 mm前後,産卵後の経過日数と海流の速さから逆算すると,このときの産卵はスルガ海山近傍で起こったことがわかった(Tsukamoto 2006).これは,ウナギの産卵行動が起こった地点をピンポイントで特定した世界初の事例であった.

では,なぜプレレプトセファルスを発見するのに14年間もかかったのだろうか? プレレプトセファルスや卵をとることが難しいのはなぜか? 産卵場で産み出される卵は膨大な数である.そこから孵化したプレレプトセファルスもたくさん分布しているはずである.それにもかかわらずこれらが採れないのは,卵やプレレプトセファルスが狭い空間に集まり,パッチと呼ばれる濃密な分布を形成するためである.パッチは時間の経過に伴い徐々に広がるが,広大な海の中ではたかが知れている.直径3 mの大きなプランクトンネットによる曳網作業も海の中ではほんのひと掬いに過ぎない.さらにウナギの卵は受精後1.5日で孵化してしまう.その後のプレレプトセファルスの期間は約1週間である.産み出されてから1.5日以内にこのパッチに網をヒットさせないと,卵はもはや卵でなくなり,プレレプトセファルスになってしまう.プレレプトセファルスの場合は,1週間の猶予しかない.この空間的・時間的制約が卵やプレレプトセファルスの採集を天文学的に低い確率にしている.

シャーレの中のプレレプトセファルス.

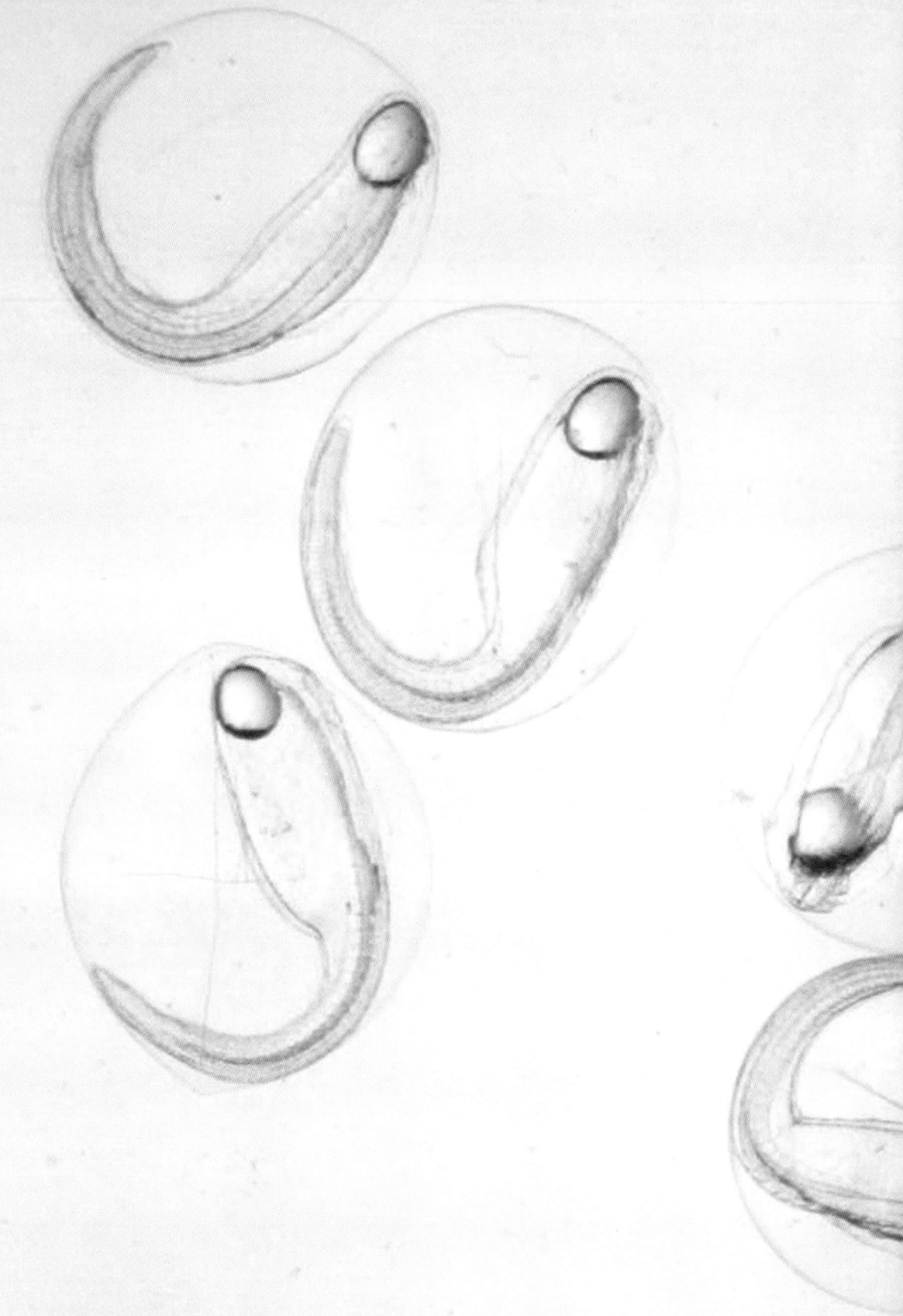

世界で初めて採集された天然のニホンウナギ卵（2009）.

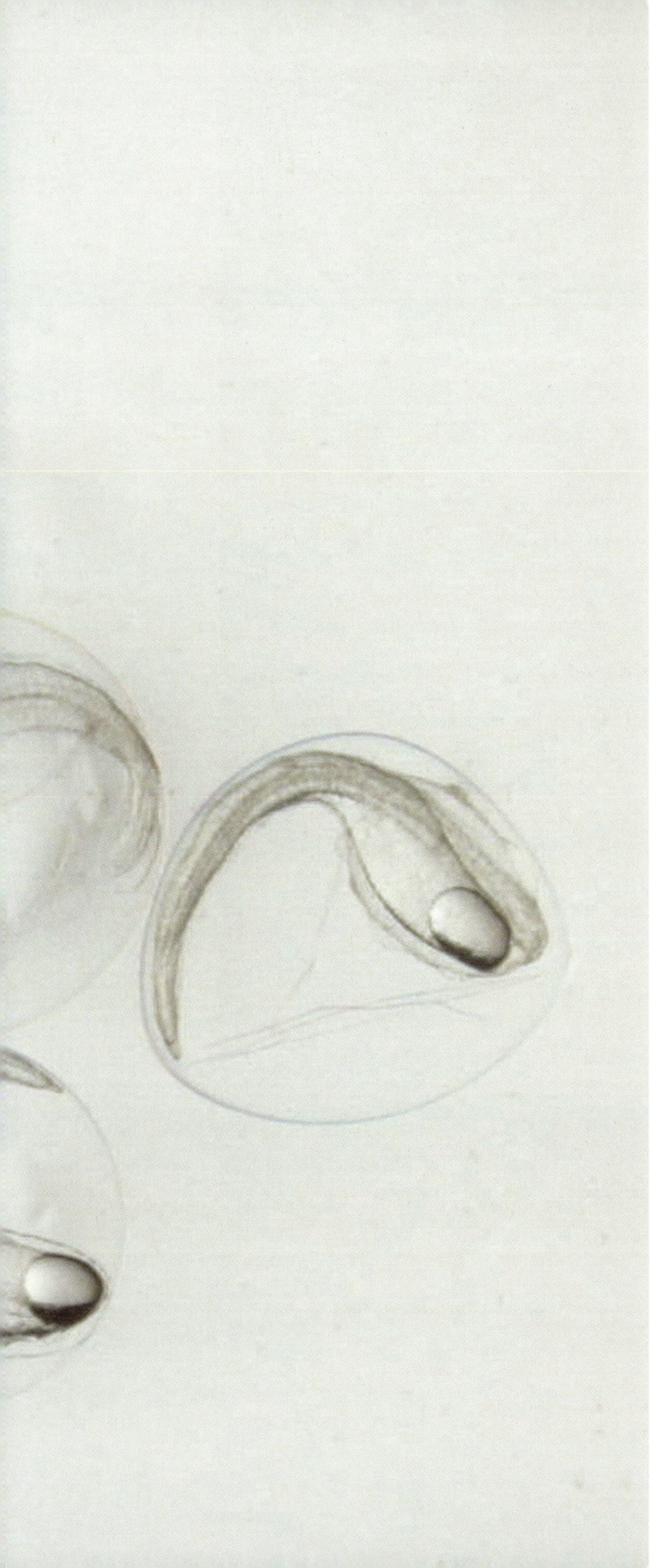

卵の発見
Discovery of Egg

2009年5月22日未明(新月の2日前),西マリアナ海嶺南端部の海山域でニホンウナギの受精卵31個が採集された(Tsukamoto et al. 2011).人類が初めて目にする天然の卵だ.卵は船上で直ちに遺伝子解析され,ニホンウナギ卵と同定された.海山仮説と新月仮説は証明された.また採集地点は,塩分の高い水塊と低い水塊が接してできる塩分フロントと西マリアナ海嶺の海山列の交差した点の第3象限であった.親魚が産卵海域に形成される塩分フロントを目安に産卵地点を決めるという第3象限仮説を裏づけるものだった.卵の分布水域は極めて狭く,およそ10 km四方に限られた.卵は広い囲卵腔をもった胚体期の発生段階で,直径は平均1.6 mm,受精後約30時間,新月3日前の夜間産卵されたものと推定された.

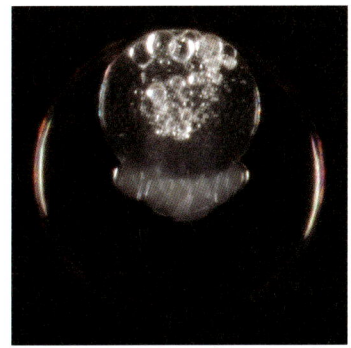

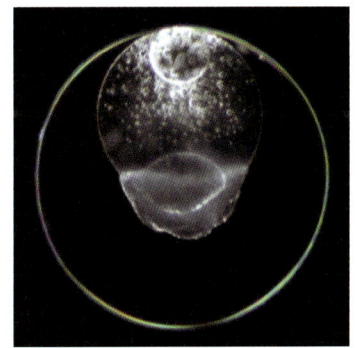

受精2時間後(上)と10時間後(下)の卵.いずれも人工受精したニホンウナギ卵.

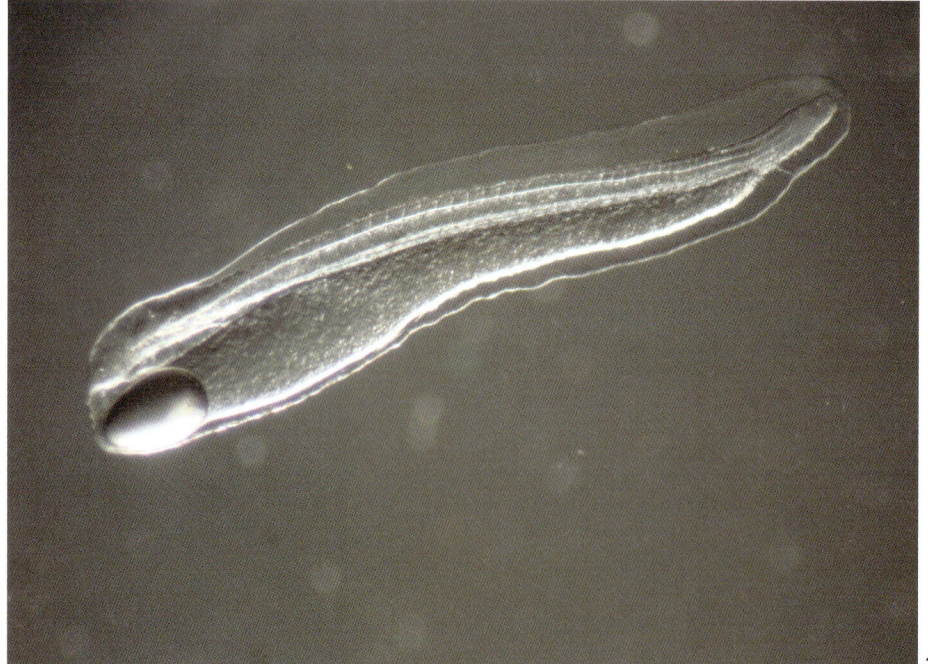

1. 天然ニホンウナギの孵化の瞬間.
2. 船上で孵化した直後の天然ニホンウナギ.

誕生の瞬間
The Moment of Birth

卵は直径1.6 mmの分離浮性卵だ．海中を漂いながら分散する．浮性卵の中では比較的大きく，大きな卵黄と油球が1つある．卵割が進み，胚体ができると，やがて眼や内耳の原型が現れる．孵化の前には心臓の拍動が始まり，水温25℃では受精後約30時間で孵化する．かなり未発達の状態で孵化するウナギの仔魚は，眼に色素はなく，口もできていない．時折体を激しく震わせて運動するが，外敵から逃避する能力はほとんどもち合わせていない．

卵膜は受精後に硬くなり，強靭な構造を作る．外界の様々な刺激から守られた卵内で発生が進む．しかし，逆にこの強固な卵膜は，卵からでる孵化時には妨げとなる．ウナギはどのようにして卵から出てくるのか？スムーズに孵化するための特別な仕組みが用意されている．孵化の前になると胚体の吻端と卵黄嚢の前端に孵化腺細胞 hatching gland cellと呼ばれる細胞が多数発現する．この細胞から孵化酵素 hatching enzymeという卵膜に特異的に働くタンパク分解酵素が分泌され，これが硬い卵膜を内側から溶かす（Hiroi et al. 2004）．脆くなった卵膜をつき破って，ウナギの胚は容易に外界に出てくることができる．

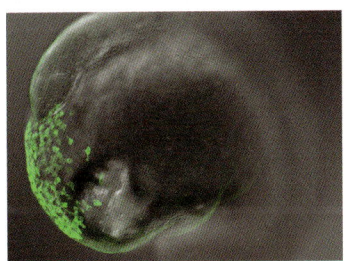

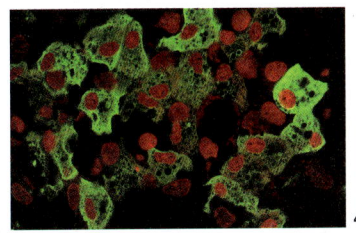

3．人工受精によるニホンウナギの孵化腺細胞（青紫）の発現（Hiroi et al. 2004）．左列は体側面から，右列は頭部を正面からみたもので，上から受精 20, 26, 32, 38, 44時間後．

4．蛍光染色された人工受精32時間後の頭部．孵化腺細胞は緑，核は赤に染色されている（photo: 廣井準也・金子豊二）．

水中を浮遊する受精卵（photo: Sune Riis Sørensen, DTU Aqua）．

孵化する水深
Depth at Birth

卵が孵化する水深は意外と浅い。150-200 mの間と推定されている（Tsukamoto et al. 2011）。卵が発見された海域は所々に比較的低い海山が点在する海山域ではあるが、平均すると水深3,000-4,000 mの深海である。こうした深海域の表層近くでウナギは生まれる。その水深はちょうど、水温が急激に変化する温度躍層 thermoclineの最上部にあたる。また、光の豊富な有光層で増殖した植物プランクトンやその死骸が沈降・集積してクロロフィル濃度が最大になる層（150 m）の直下でもある。

おそらく水深200 m前後で産み出された卵は、その場の海水より僅かに軽いため、発生に伴ってゆっくりと浮上する。卵や孵化したプレレプトセファルスは海水の密度が大きく変わる温度躍層に集積する。温度躍層の上層は海水の密度が低く、逆にウナギの方が重いので、それ以上は浮上できない。下層からウナギの卵やプレレプトセファルスが浮上し、ウナギの餌と推測されるプランクトンの死骸が分解されてできるマリンスノー marine snowが上層から沈降してきて両者が温度躍層の最上部で遭遇すると考えれば、実にうまくできたウナギの生き残りの戦略である。

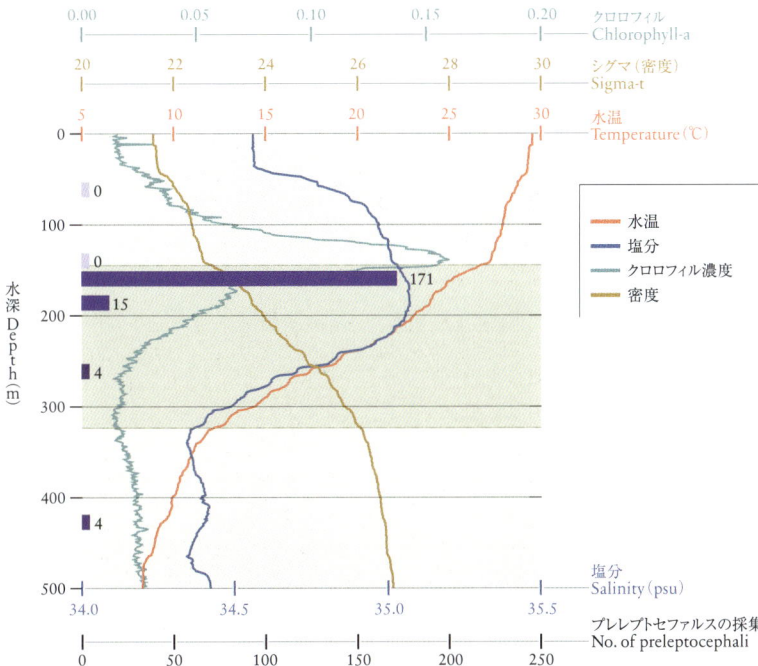

孵化直後のウナギの仔魚。
比重の軽い油球（丸く輝く部分）が上になる。
（photo: Sune Riis Sørensen, DTU aqua）

ウナギ卵が採集された地点の水温、塩分、クロロフィル濃度、密度の鉛直分布とプレレプトセファルスの分布水深（2009.5.23）。プレレプトセファルスは水深160mに集中し、その上層は皆無で、下層は160 m層からのコンタミのためか、僅かに採集がある。

I-2

DRIFTING-LE

漂う —レプトセファルス—

"小さな頭"という意味のレプトセファルスは別名,葉形幼生といい,
柳の葉のように偏平な体をした透明な仔魚の総称だ.
ウナギ目,カライワシ目,ソコギス目,フウセンウナギ目の魚が仔魚期にレプトセファルスとなる.
すべて系統的にウナギに近縁の分類群である.レプトセファルス幼生を経て成体になることが,
これらのグループに共通した分類学的特徴となっている.レプトセファルス幼生の特徴は,
長い仔魚期間と大きいサイズにまで成長することである.
一般の魚の仔魚より成長率が大きいことも特筆される.
卵から孵化したプレレプトセファルスは,1週間ほどすると母親由来の卵黄物質を消費し尽くし,
全長6 mm程度で,やがて外界の餌を食べるようになる.
体高が高くなり,柳の葉状の体つきになると,仔魚はレプトセファルスと呼ばれる発育段階に入る.
このレプトセファルスの期間は長く,4ヵ月前後続く.
1日に0.5 mmずつ成長して,全長がおよそ60 mmになると変態が始まる.
レプトセファルス期にウナギは海流に輸送され,長い旅をする.
産卵場から陸地の淡水域までの旅だ.ウナギの一生の旅の中では往路にあたる.

TOCEPHALI

遊泳するウナギのレプトセファルス（photo：いらご研究所・山田祥朗）．

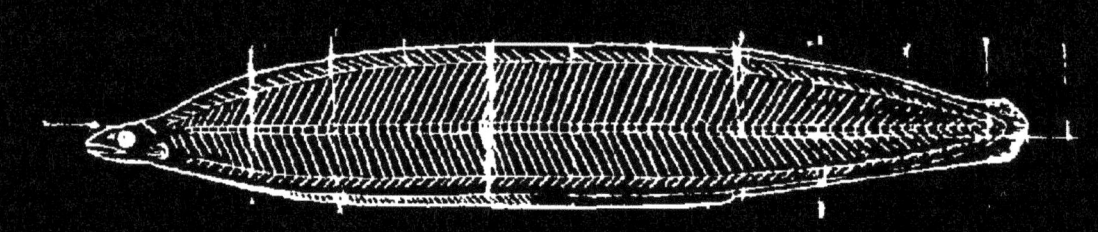

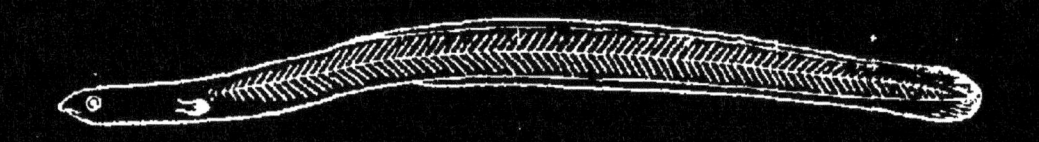

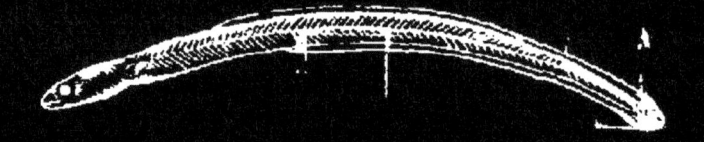

FIG. 1.—Leptocephalus brevirostris.   Natural size.
FIG. 2.—Leptocephalus brevirostris.   Later stage.   Natural size.
FIG. 3.—Anguilla vulgaris.   Transition stage.   Natural size.
FIG. 4.—Anguilla vulgaris.   Definitive habit (Elver).   Natural size.

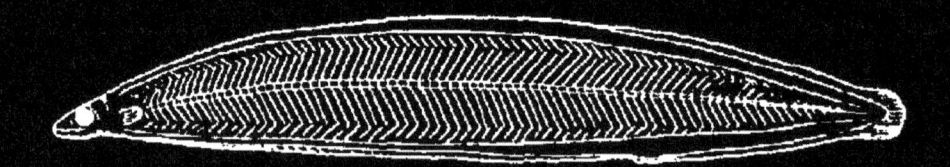

ヨーロッパウナギの変態過程 (Grasii 1896)。
グラッシーはこの実験によってウナギとレプトセファルスが親子関係にあることを証明した。
図のキャプションは変態前と変態後で属名が *Leptocephalus* から *Anguilla* へと変わっている。

1893年にグラッシーがイタリアのメッシナ海峡で採集したヨーロッパウナギのレプトセファルス(パドヴァ大学動物学博物館 Zoological Museum, University of Padova)に保管されている (Casellato 2002).

1905年にシュミットからグラッシーに送った手紙. 当時, ウナギの研究を始めて間もないシュミットが, 既に研究者として名の通ったグラッシーにおずおずと文献を送ってもらえないかと依頼しているのがわかる. (ローマ・サピエンザ大学, 比較解剖学博物館 Museum of Comparative Anatomy, Sapienza University of Rome)に保管されている (Casellato 2002).

レプトセファルスという名称
Drifting "Leptocepalus"

海でプランクトンネットを曳くと様々なプランクトンサンプルが得られる. その中で, ひときわ異彩を放っている生き物がレプトセファルスだ. ウナギはもちろん, アナゴ, ウツボ, ハモ, ウミヘビなどカライワシ目に属する魚類はすべて仔魚期をレプトセファルスとして過ごす. レプトセファルスはウナギとは形態的に似ても似つかぬ体型をしていたために, 1763年に記載された当初は, 全く別の独立した魚の一群と考えられ, "レプトセファルス属"という属名が設けられたほどだ. しかし19世紀後半になると, レプトセファルスという特別な魚の一群があるのではなく, レプトセファルスはこれまで既に知られている魚の幼期の形態に過ぎないのではないかとの考えが出てきた. Gill (1864)は*Leptocephalus morrisii*として記載されたレプトセファルスはアナゴの仲間の*Conger conger*であると示唆し, Delage (1886)はそのGillの仮説を水槽中でレプトセファルスを変態させて証明した.

ウナギに関して有名な発見は, 1892年のイタリアの動物学者ジョバンニ・バティスタ・グラッシーGiovanni Battista Grassi (1854-1925)とサルバトーレ・キャランドルシオ Salvatore Calandruccioによるものだ. 彼らはメッシナ海峡で採れ, 当時*Leptocephalus brevirostris*と命名されていたレプトセファルスを水槽中で飼育した. すると, その体高が徐々に低くなり, やがてヨーロッパウナギ*Anguilla anguilla*のシラスウナギへと変態した (Grassi 1896). それ

カライワシ上目に属するレプトセファルス　1：シンジュアナゴ属 Gorgasia（garden eel），2：ギンアナゴ Gnathophis nystromi nystromi，3：クロアナゴ属 Conger，4：ギンアナゴ Gnathophis nystromi nystromi，5：ツマグロアナゴ属 Bathycongrus，6：ウミヘビ亜科 Ophichthinae，7：ホラアナゴ亜科 Synaphobranchinae，8：イトアナゴ属 Saurenchelys，9：シギウナギ属 Nemichthys，10：リュウキュウホラアナゴ亜科 Ilyophinae（rostral filament），11：ゴテンアナゴ属 Ariosoma（exterillium gut type），12：ムカシウミヘビ属 Neenchelys，13：ゴテンアナゴ属 Ariosoma，14：カイゾクヘラアナゴ Nessorhamphus danae，15：ニンギョウアナゴ亜科 Myrophinae，16：ウミヘビ亜科 Ophichthinae，17：クビナガアナゴ属 Derichthys serpentinus，18：ウツボ科 Muraenidae，19：ノコバウナギ科 Serrivomeridae（変態期仔魚），20：クビナガアナゴ Derichthys serpentinus（変態期仔魚），21：ハリガネウミヘビ属 Moringua，22：ハシクズアナゴ属 Nettenchelys，23：カワリアナゴ Robinsia catherinae（変態期仔魚），24：ギンアナゴ属 Gnathophis，25：イワアナゴ科 Chlopsidae，26：ホラアナゴ亜科 Ilyophinae，27：ギンアナゴ属 Gnathophis，28：未記載種 Type I，29：ヤバネウナギ Cyema atrum，30：イワアナゴ科 Thalassenchelys，31：フクロウナギ Eurypharynx pelecanoides，32：クズアナゴ属 Nettastoma，33：カライワシ科 Elopidae（photos: Michael J. Miller）.

レプトセファルスの分類
Classifying of Leptocephali

レプトセファルスの大部分はウナギ目魚類に属する.ウナギ目には現在,15科141属751種が認められている(Nelson 2006).レプトセファルスの形態は種によって実に多様性に富んでいる(Miller & Tsukamoto 2004).レプトセファルスを種同定するには,体形,体長,消化管の形態,色素沈着,頭部,吻部,眼,尾部の形態,垂直鰭の位置,垂直血管の位置,筋節数,背鰭条数,臀鰭条数などが重要な識別形質となる.

ウナギ科のレプトセファルスは,筋節数が102-119で,吻がやや尖り,色素沈着が乏しい.消化管は直線状で,肛門が全長の75-90%の部位に位置する.これらの特徴的な形態形質によって,他の科のレプトセファルスとは明瞭に区別できる(Mochioka 1994).

しかしウナギ属魚類の中では,同定は簡単ではない.有用な分類形質は総筋節数と肛門-背鰭始部間筋節数くらいしかない.北大西洋のヨーロッパウナギとアメリカウナギのレプトセファルスは総筋節数によってほぼ識別可能であるが(Boëtius & Harding 1985),同所的に多くの種が分布する熱帯海域では,これらの形質の値が種間で重複するので,形態形質に加えて遺伝子を用いた同定がおこなわれる(Kuroki et al. 2006, 2008b).

カライワシ上目に属するレプトセファルスの頭部.1: オオウナギ *Anguilla marmorata*, 2: ゴテンアナゴ属 *Ariosoma* (normal gut type), 3: シンジュアナゴ属 *Heteroconger* (garden eel), 4: ウツボ科 Muraenidae, 5: クロアナゴ属 *Conger*, 6: ツマグロアナゴ属 *Bathycongrus*, 7: ギンアナゴ属 *Gnathophis*, 8: イワアナゴ科 Chlopsidae (変態期仔魚), 9: ハモ *Muraenesox cinereus*, 10: ノコバウナギ科 Serrivomeridae, 11: ウツボ科 Muraenidae, 12: ギンアナゴ属 *Gnathophis*, 13: イワアナゴ科 Chlopsidae, 14: ハシクズアナゴ属 *Nettenchelys*, 15: ニホンウナギ *Anguilla japonica*, 16: ホラアナゴ科 Synaphobranchinae, 17: リュウキュウホラアナゴ亜科 Ilyophinae, 18: フクロウナギ *Eurypharynx pelecanoides*, 19: ヤバネウナギ *Cyema atrum*, 20: *Ariosoma* (exterillium gut type), 21: リュウキュウホラアナゴ亜科 Ilyophinae (rostral filament), 22: ムカシウミヘビ属 *Neenchelys*, 23: クズアナゴ科 Nettastomatidae, 24: クズアナゴ科 Nettastomatidae (photos: Michael J. Miller).

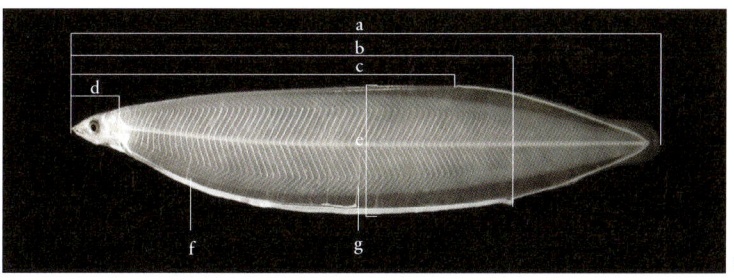

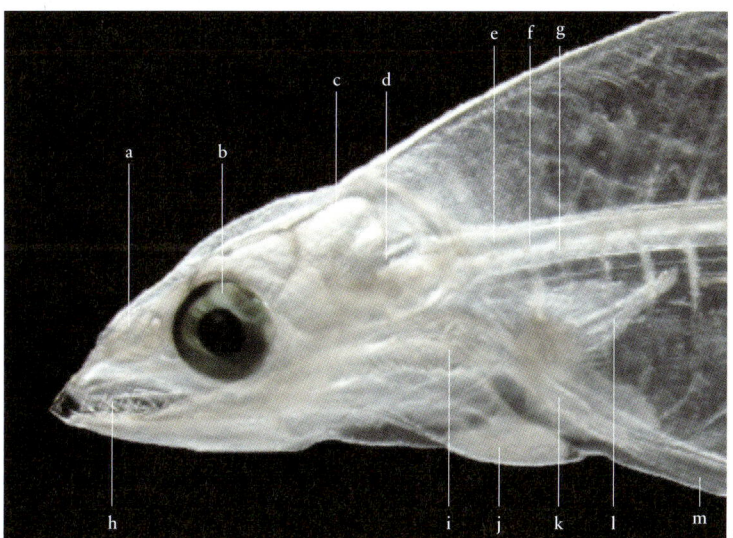

1. レプトセファルスの外部形態形質.
a: 全長 total length, b: 肛門前長 preanal length, c: 背鰭前長 predorsal length, d: 頭長 head length is arterior of pectoral fin, e: 体高 body depth, f: 第1垂直血管 1st vertical vessel, g: 最終垂直血管 last vertical vessel

2. レプトセファルス頭部名称
a: 嗅板 olfactory organ, b: 目 eye, c: 脳 brain, d: 内耳 inner ear, e: 脊髄 spinal chord, f: 脊索 notochord, g: 背大動脈 dorsal aorta, h: 歯 teeth, i: 鰓弓 gill arches, j: 心臓 heart, k: 食道 oesophagus, l: 胸鰭 pectoral fin, m: 消化管 digestive tract

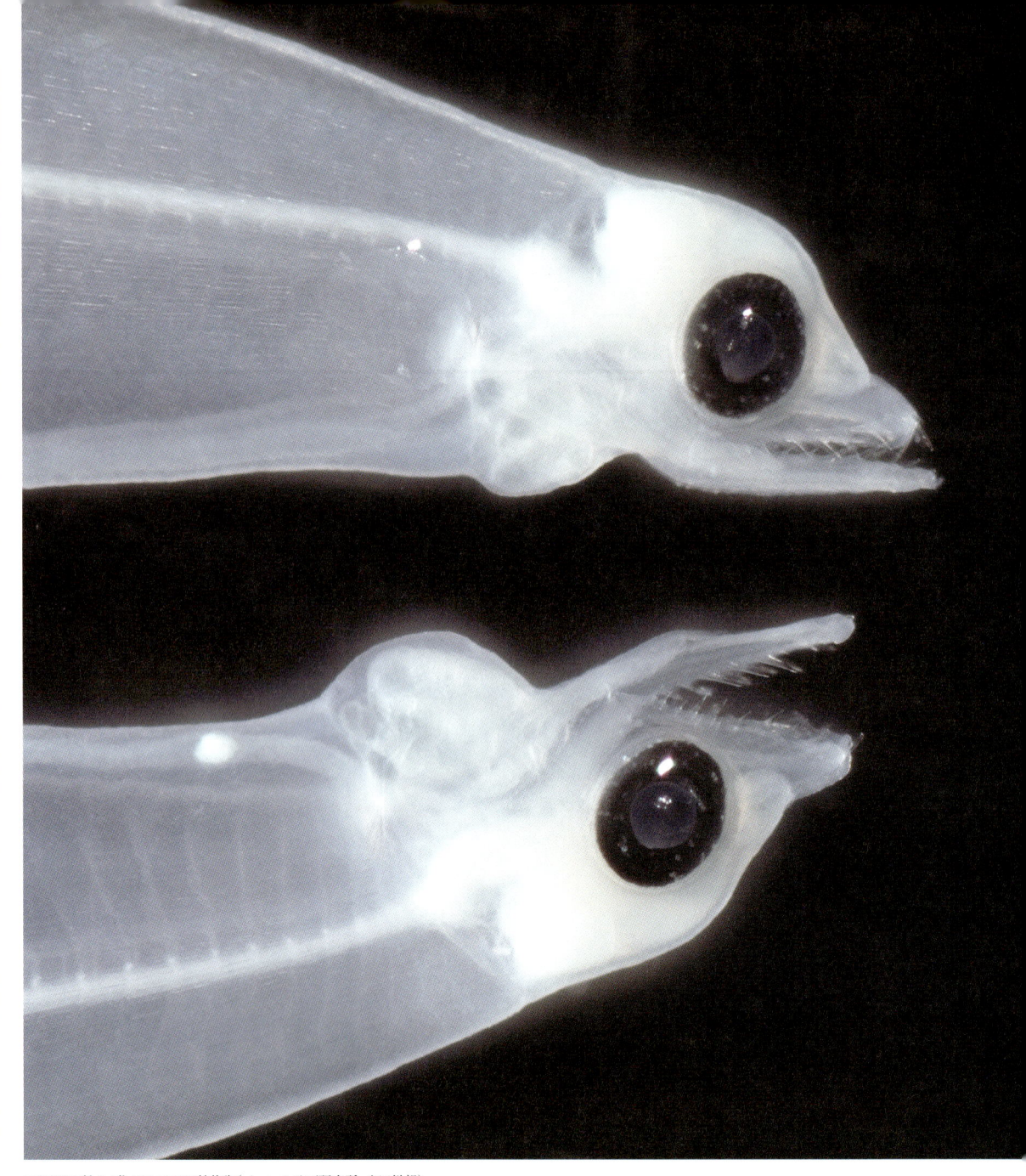

ニホンウナギ・レプトセファルスの針状歯（photo：いらご研究所・山田祥朗）.

鋭利な歯
Needle-like Teeth

ウナギのプレレプトセファルスの口部には，体に不釣り合いな長い針状の歯が突出している．当初，この立派な歯のためにウナギの仔魚は著しい肉食性であろうと推測されていたが，いまではこの鋭利な歯は実際に動きの早い餌を捕るには適さないといわれる．サメや他の魚食性の魚類の歯の形状をみてもわかるように，前歯は決して前方に突出せず，噛みついた獲物を逃さぬように後方へ，それも口の内側へと傾斜している．これは魚類に限ったことではなく，肉食性陸上動物の歯を思い浮かべてみれば納得できる．プレレプトセファルスの歯は，レプトセファルスに成長すると消失する．摂餌のためよりもむしろカルシウムの貯蔵庫として働き，レプトセファルスへの発育過程で再吸収されるという説もあるが，その機能についてはよくわかっていない．

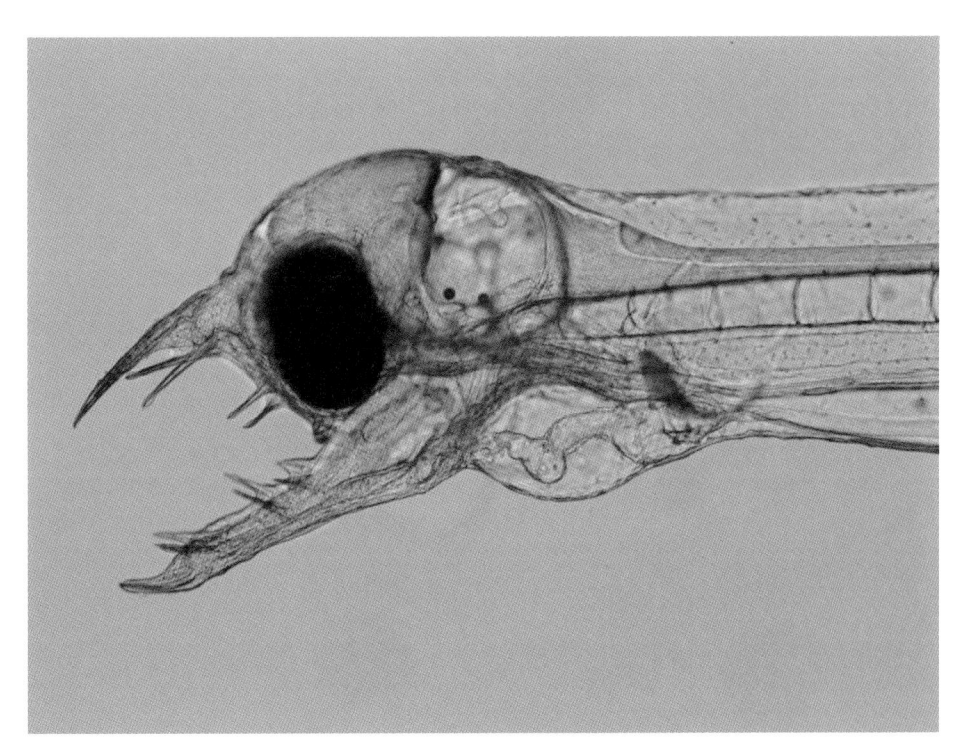

ヨーロッパウナギ・プレレプトセファルスの針状歯 (photo: Christian Graver, Danish Eel Farmers Association).

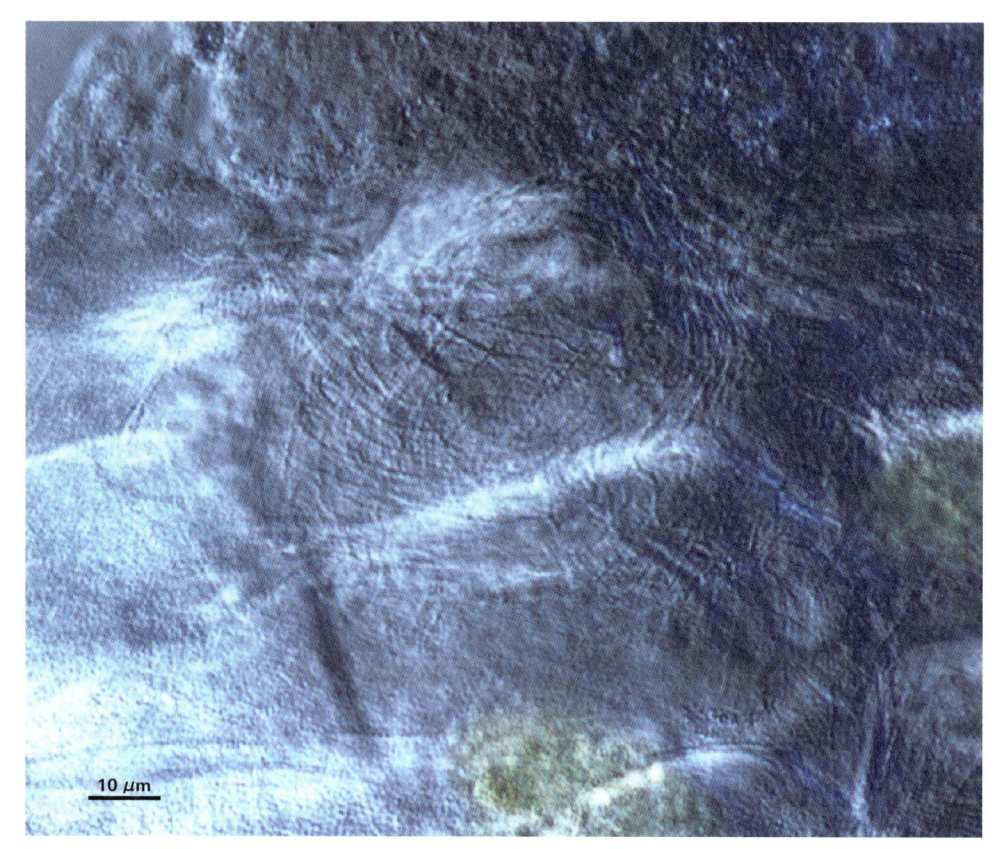

レプトセファルスの消化管内容物の拡大. メッシュ構造はオタマボヤのハウスらしい (photo: 望岡典隆).

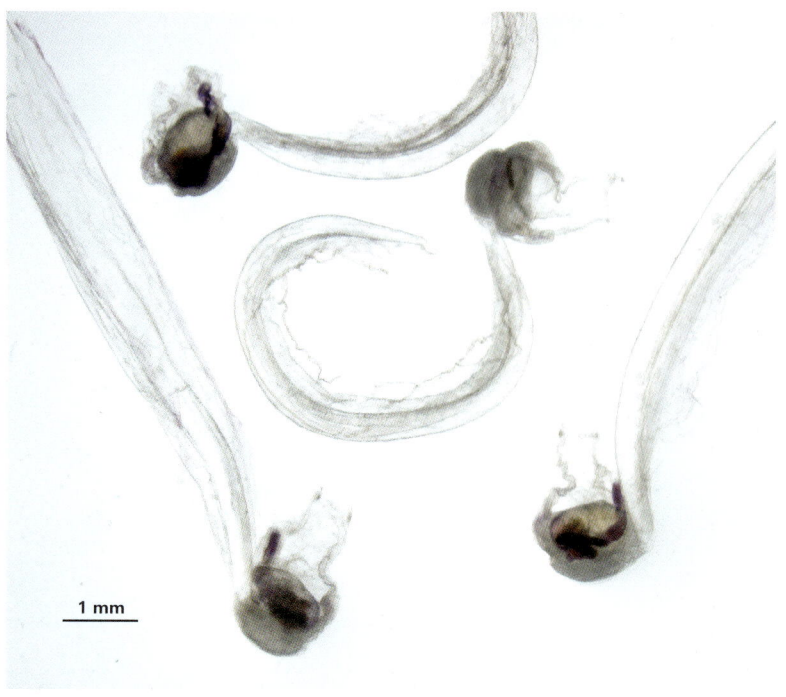

レプトセファルスの餌のひとつと推測されているオタマボヤのハウスをつくる虫体.

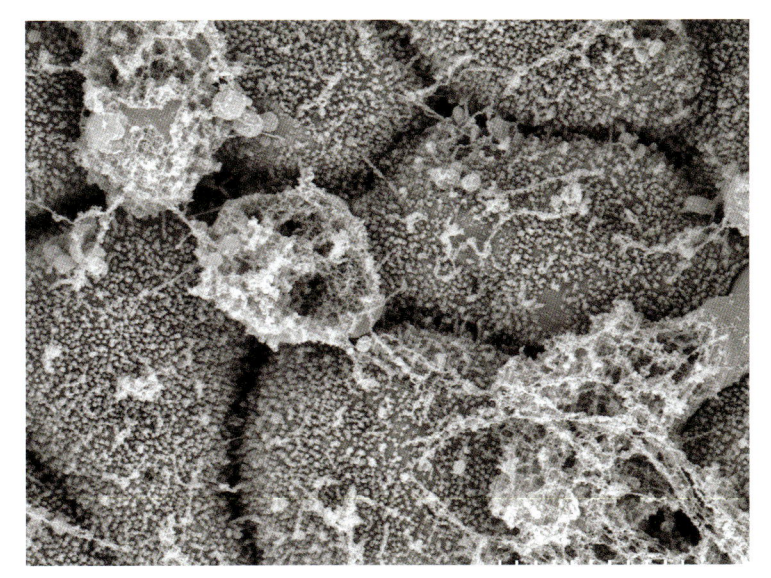

走査電子顕微鏡で観察した消化管内部. 腸吸収細胞の微柔毛の上に球形または繊維状の粘液様物質が多数確認される.

見えない餌
Invisible Food

ウナギのレプトセファルスは通常の魚類に比べて仔魚の期間が長く, 大きなサイズにまで到達する. この間, 何を食べて成長しているのだろうか? レプトセファルスの消化管を調べてみてもごく少量のドロドロした無定形物しか見えない. そのためレプトセファルスは口から餌を摂取するのではなく, その大きな体表を利用して, 海の中の有機物を直接体表から取り込んでいるという説もあった. 最近では, プランクトンの糞粒やオタマボヤのハウスが消化管の中から見つかり, レプトセファルスもやはり口から摂餌すると考えられている (Mochioka & Iwamizu 1996, Otake 1996). 同位体組成や脂肪酸組成の分析の結果から, ウナギのレプトセファルスの栄養段階は海洋生物の中で極めて低く, オタマボヤのハウスや糞粒も含むマリンスノーが餌の有力な候補となっている.

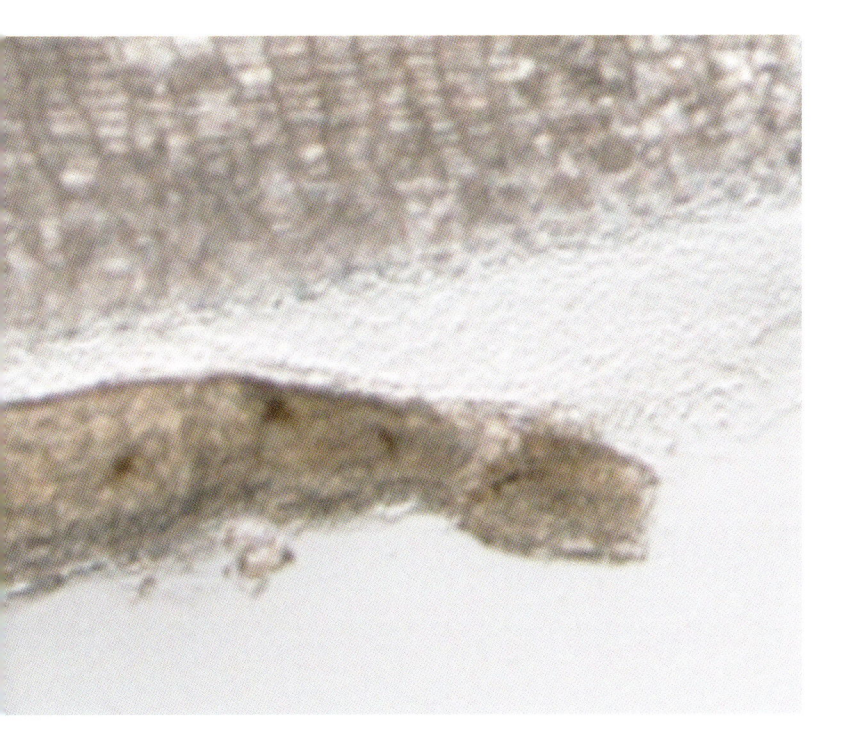

レプトセファルスの消化管. 消化管の中に糞粒 (ふんりゅう) が見える (photo: 望岡典隆).

1 旅するウナギ：ウナギの自然科学

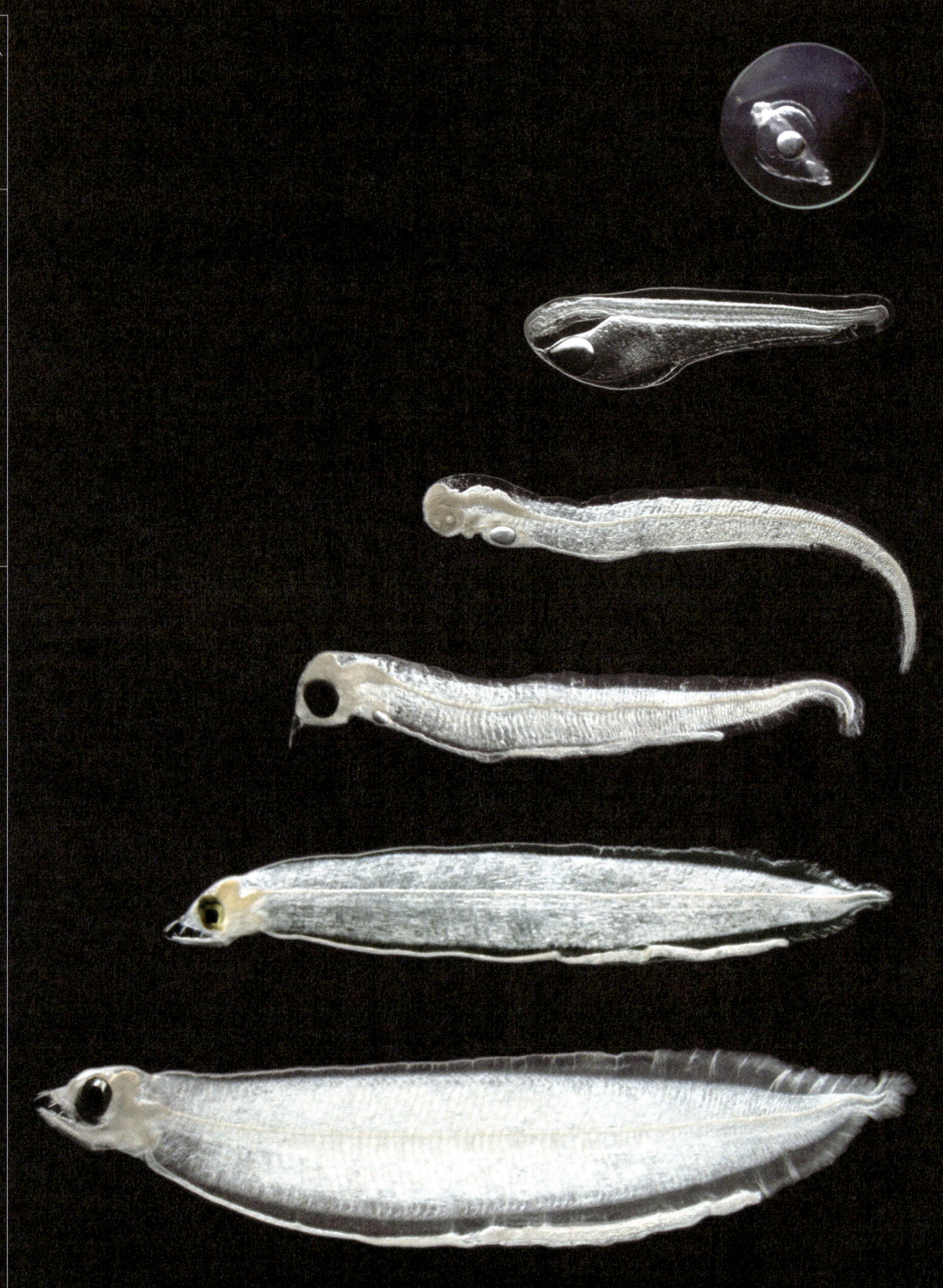

2 漂う――レプトセファルス――

卵からレプトセファルスにいたる発育段階（photo: Michael J. Miller）.

沈まぬ工夫
Body Plan for Planktonic Life

海の生物は，表層の海流や風を利用して分散したり，餌に効率よくありついたりするために，少なくとも幼生期にはほとんどすべてが海の表層に集まって生活する．しかし，実際に海洋生物の比重を計ってみると海水よりも重い種類が多く，何もしなければ奈落の深海底に沈み込んでしまうことになる（Tsukamoto et al. 2009a）．海の表層に留まるという1つの目的のために，生物は様々な工夫をしてきた．

クラゲやサルパ，ゾウクラゲは，透明で低比重の寒天質の体をもつ．これらは海水より僅かに重いだけなので，緩やかな体の収縮や体表の繊毛の動きによって容易に中性浮力を得ることができる．カメガイやカイアシ類，エビ・カニ類は，キチンや炭酸カルシウムの重い外殻をもつために，翼や遊泳肢を活発に動かして沈むのを防いでいる．イカ・タコ類や脊椎動物の魚類稚仔などは重い外殻がない分，僅かな遊泳運動で表層を漂うことができる．中には，幼生期に体を著しく偏平にしたり，鰭や棘を伸張させたりすることで，体表面の摩擦抵抗を増大させて，沈みにくくしている生物もいる．

同じタイプの沈まないための工夫が系統的に大きく離れた動物群にまたがってみられる．この沈まない工夫が海洋のプランクトンや小型の稚仔魚の生残と進化に大きな役割を果たした．

ウナギの初期発生過程の比重の変化．卵は海水より軽く，浮く．孵化直後のプレレプトセファルスは最も軽くなり，卵黄物質や油球の吸収に伴って急速に重くなる．レプトセファルスは発育に伴ってグリコサミノグリカンを体に蓄積し，徐々に軽くなっていく．変態直前の最大伸長期には再び最小比重のピークを示し，やがて変態を開始する．変態に伴い急速に重くなり，シラスウナギはこれまでで最も重くなる．

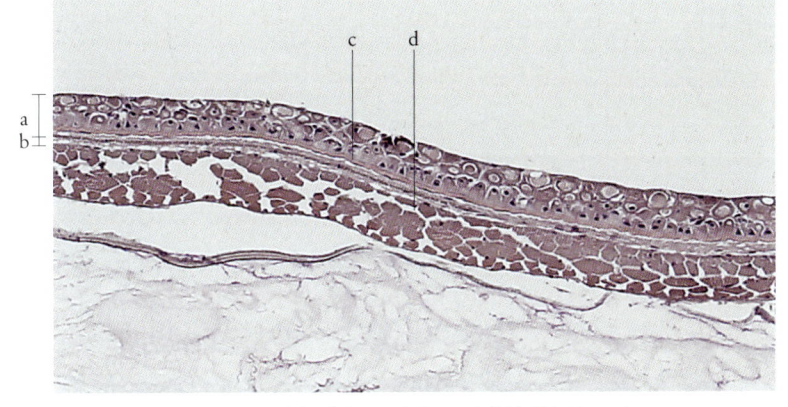

レプトセファルスの体の横断面．薄い皮膚と筋肉の下に大量のムコ多糖類で満たされている．
a: 表皮 epidermis, b: 真皮 dermis, c: 基底膜 basement membrane, d: 筋肉 muscle.

038

1 ｜ 旅するウナギ：ウナギの自然科学

2 ｜ 漂う──レプトセファルス

奇妙なカタチ
Weird Shape

レプトセファルスがなぜこのような奇妙な形をとるのか？少なくとも浮遊適応としての意義があるのは間違いない．つまり，扁平で大きな体表面積は水中での摩擦抵抗を大きくし，沈みにくくしている．事実，変態前のレプトセファルスの体表面積は，変態後のシラスウナギの3倍以上も大きい．またレプトセファルスの体の高い水分含量は全体の比重を軽くし，海中をふわふわ漂うのに適している．こうした体の特徴は，レプトセファルスの長期にわたる浮遊生活を可能にしている (Tsukamoto et al. 2009a)．一方で，大きな皮膚の面積はレプトセファルスの未発達な鰓の呼吸機能を助け，皮膚呼吸としての意味があるらしい．さらにレプトセファルス幼生の適応的意味としては，体が透明に近いために外敵から発見されにくいことが挙げられる．シャーレの中を滑らかに泳ぐレプトセファルスは，じっと目を凝らしてもなかなか見つからない．

ウナギのレプトセファルスとともにプランクトンネットで採集される様々な海の生き物．

040

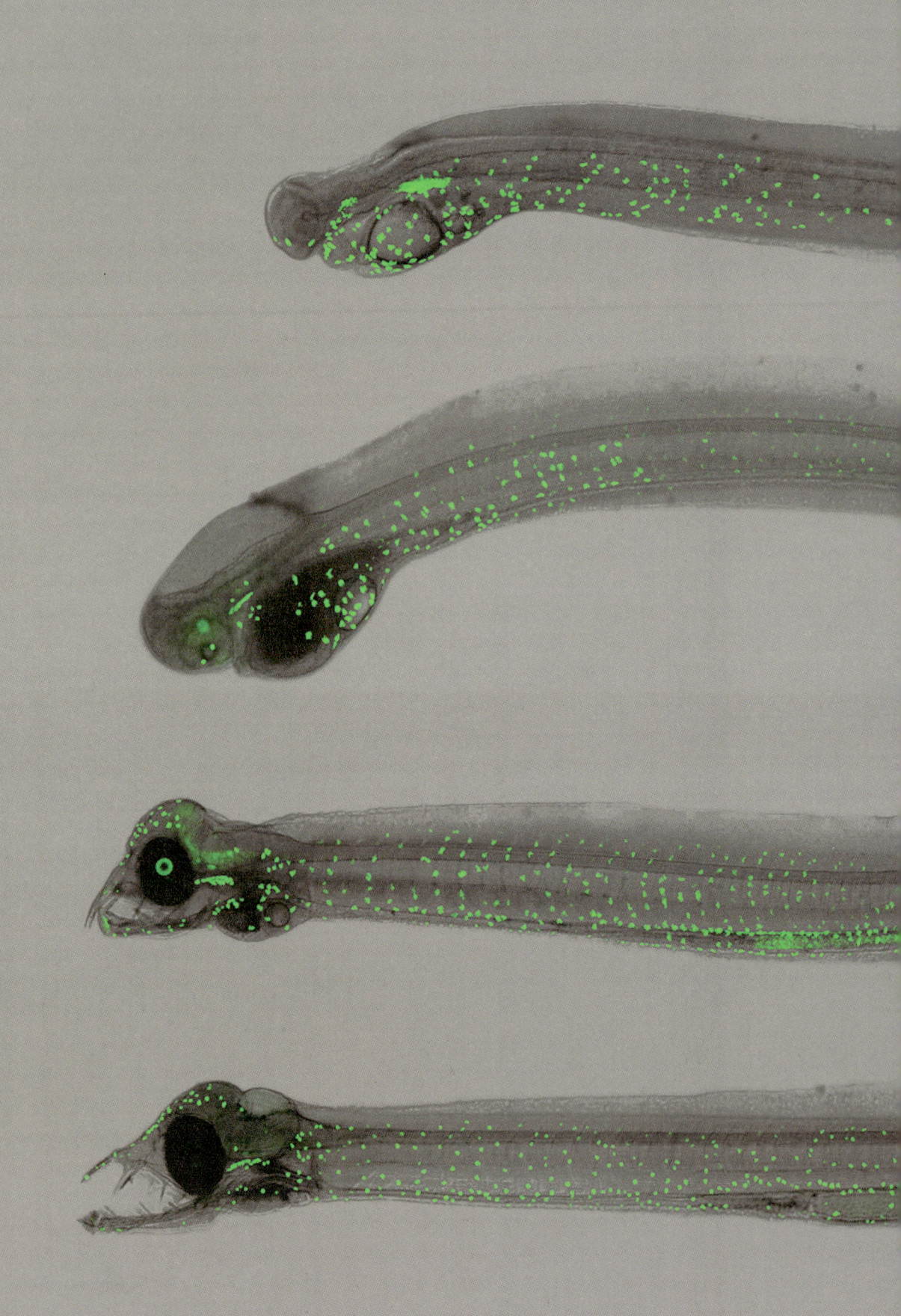

1 ｜ 旅するウナギ：ウナギの自然科学

2 ｜ 漂う—レプトセファルス—

浮遊適応
Planktonic Adaptation

レプトセファルスの体の中にはグリコサミノグリカン glycosaminoglycan（GAG）と呼ばれる粘液多糖類が大量に蓄積される（Pfeiler 1991, Bishop et al. 2000）．これは細胞外マトリックスで，多くの細胞間隙をレプトセファルスの体内に作る．この細胞間隙は水で満たされ，体全体の水分含量を上げている．さらに体表面にびっしりと存在する浸透圧調節のための塩類細胞は，GAGの間隙に溜まった水の浸透圧を外界の海水より低張に保ち，体全体の比重をさらに小さくしている（Kaneko et al. 2003, Tsukamoto et al. 2009a）．レプトセファルスの成長と共にGAGの蓄積が進み，比重はさらに小さくなっていく．やがて全長約30 mm以上になると海水の比重より小さくなり，変態直前には最小となる．

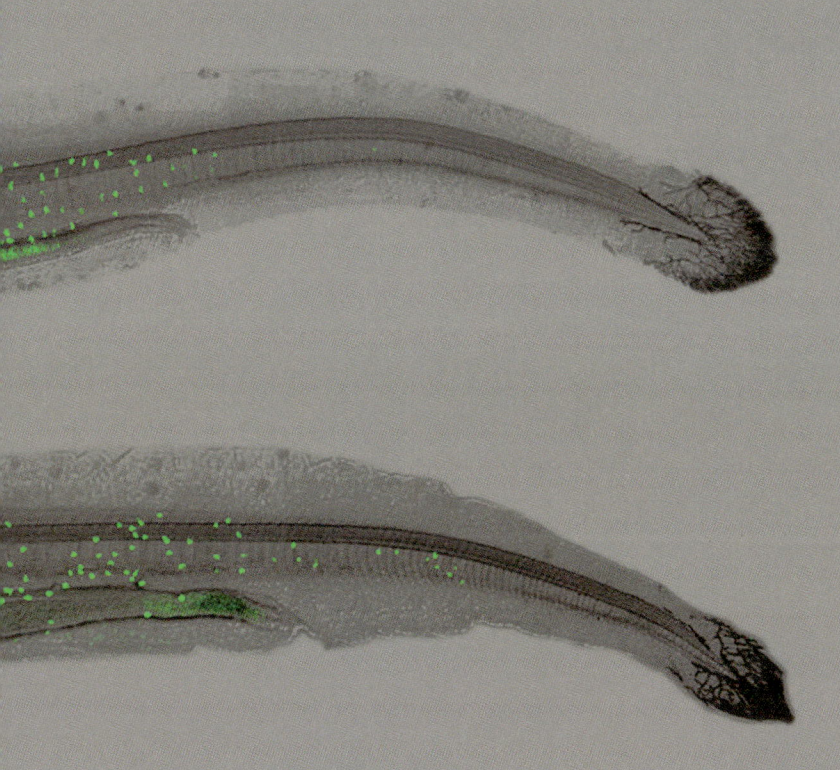

人工孵化した生後1, 4, 7, 10日目のウナギレプトセファルスの塩類細胞．緑に光っているのが塩類細胞で，体表面に多数存在している（photo：廣井準也・金子豊二）．

042

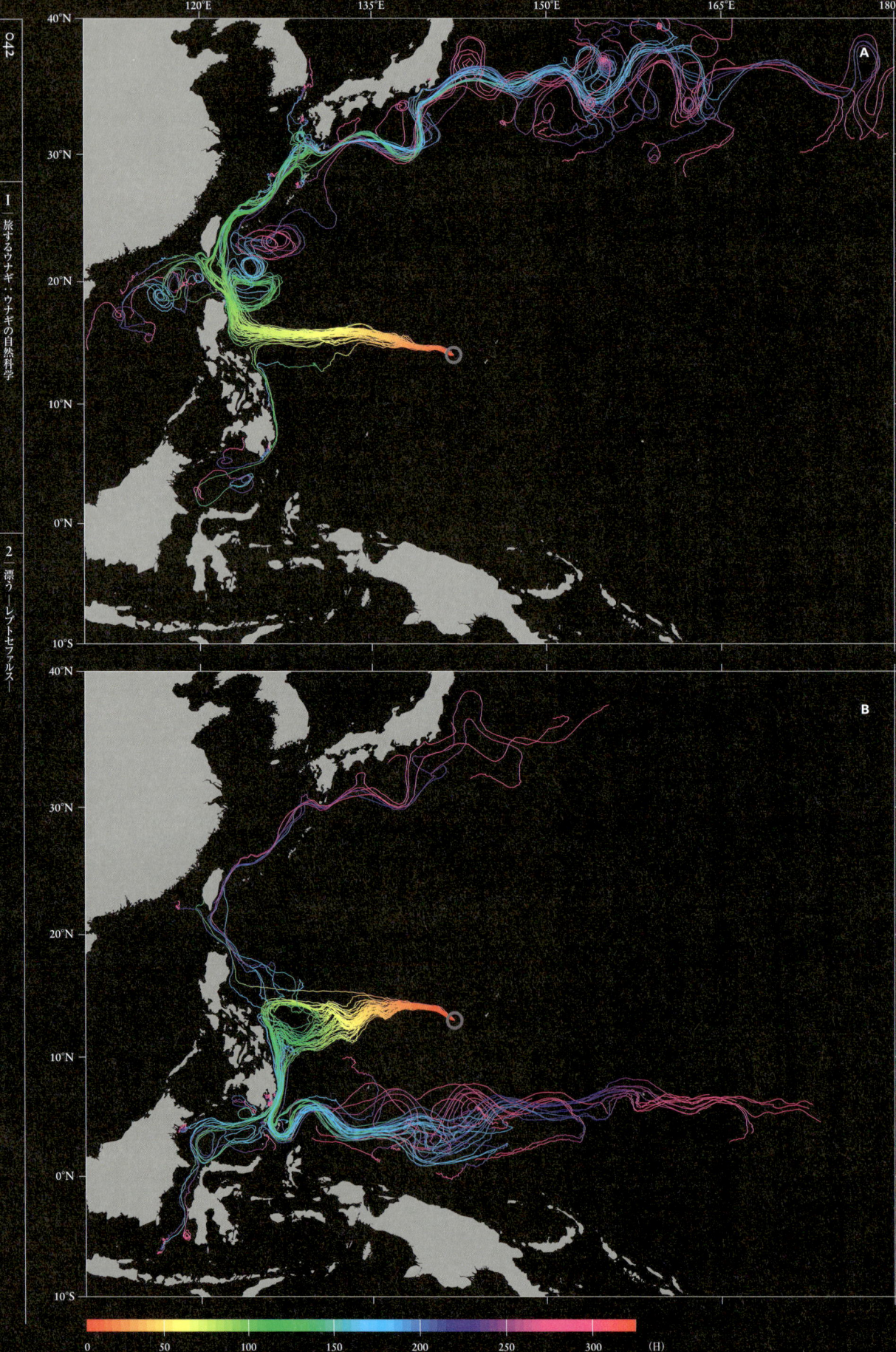

I 旅するウナギ・ウナギの自然科学

2 漂う―レプトセファルス―

親ウナギの産卵地点とウナギ仔稚魚の輸送・加入過程に関する粒子追跡シミュレーションモデル．
（A）北緯14°，東経142°から仮想仔魚粒子を放流．大部分の仔魚は北赤道海流から黒潮に乗り換え，東アジアに加入する．
（B）北緯13°，東経142°から放流．大部分の仔魚は北赤道海流からミンダナオ海流に取り込まれ，インドネシア海域に運ばれる（Kuroki et al. 2009a）．（A）の場合と比べ，ほとんどが本来ニホンウナギの分布しない熱帯域に輸送され，無効分散になってしまう．産卵地点の僅か1°の差がレプトセファルスの輸送とシラスウナギの加入に大きな影響を与えるらしい．

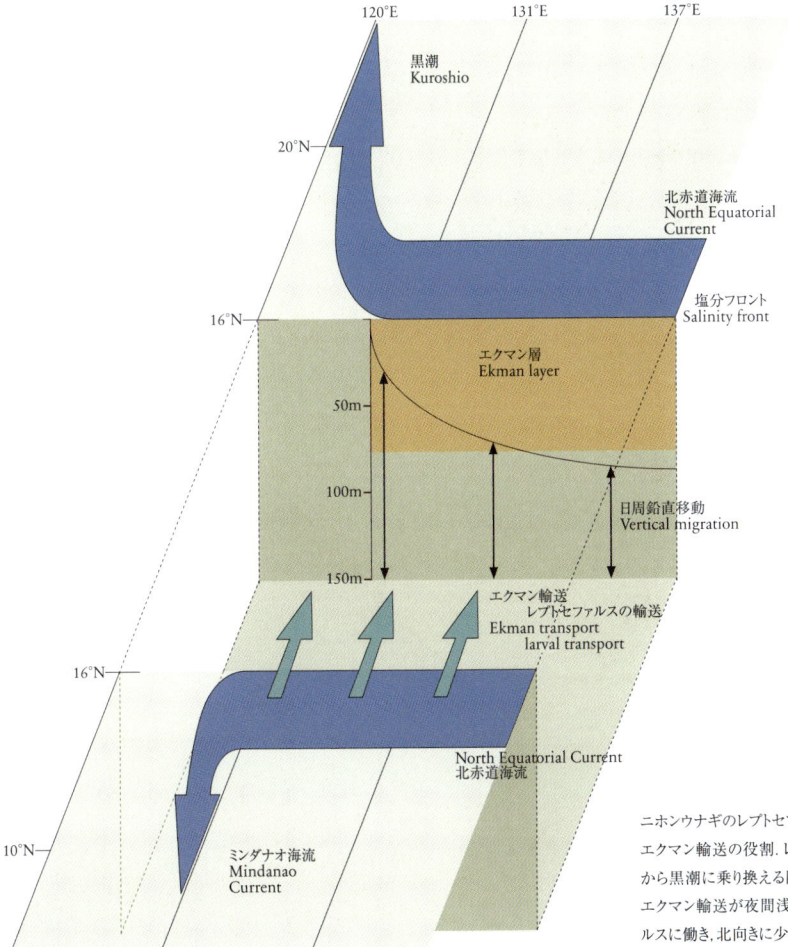

輸送
Larval Transport

ニホンウナギのレプトセファルスは，西向きに流れる北赤道海流に乗ってフィリピンに向かって輸送される．フィリピン沖で北上する黒潮に乗り換え，台湾，中国，韓国，日本の東アジアへ来遊する．北赤道海流中を輸送される過程で，成長に伴いレプトセファルスは日周鉛直移動を開始する．夜は水深100 m前後の浅い層に浮上し，昼は200 m前後の深い層へ潜行する行動を毎日繰り返す（Otake et al. 1998）．この特異な行動は，外敵による捕食を軽減し，餌との遭遇を確実にする役割があると考えられている．また夜間表層付近に浮上することで，エクマン輸送Ekman transportの影響を強く受け，北赤道海流から黒潮への乗り換えが促進される（Kimura et al. 1994）．海流の乗り換えがうまくいかず，北赤道海流に乗り続けた場合には，フィリピン沖を南下するミンダナオ海流に取り込まれ，そもそもニホンウナギが分布しない熱帯域へと運ばれ，東アジアに加入するウナギの資源量が減少するといわれる（Kim et al. 2007）．

ニホンウナギのレプトセファルスの輸送と加入におけるエクマン輸送の役割．レプトセファルスが北赤道海流から黒潮に乗り換える際，地球の自転によって生じるエクマン輸送が夜間浅層に浮上してきたレプトセファルスに働き，北向きに少しずつ移動させることで，黒潮への乗り換えを助ける（Kimura et al. 1994）．

TRANSFORMING-META

変身する —変態仔魚—

イモムシはチョウになり，オタマジャクシはカエルになる．
発育過程において形態が急激に変わることを変態という．ウナギも変態する．
レプトセファルスという仔魚期と，シラスウナギの稚魚期の間に，2-3週間の変態期がある．
この間，葉っぱのように平べったいレプトセファルスは，親と同じ円筒形で紐状のシラスウナギに変わる．
変態に伴って全長は数ミリ縮まる．負の成長である．
変態は形態の変化だけでなく，生理機能や生態特性の変化も引き起こす．
変態期は幼期の生理生態が成魚と同じタイプのものへ変化する過渡期と捉えることができる．
生き残りや発育を主体とした仔魚期から，成長と繁殖を目的とした稚魚期・成魚期への大転換点なのだ．

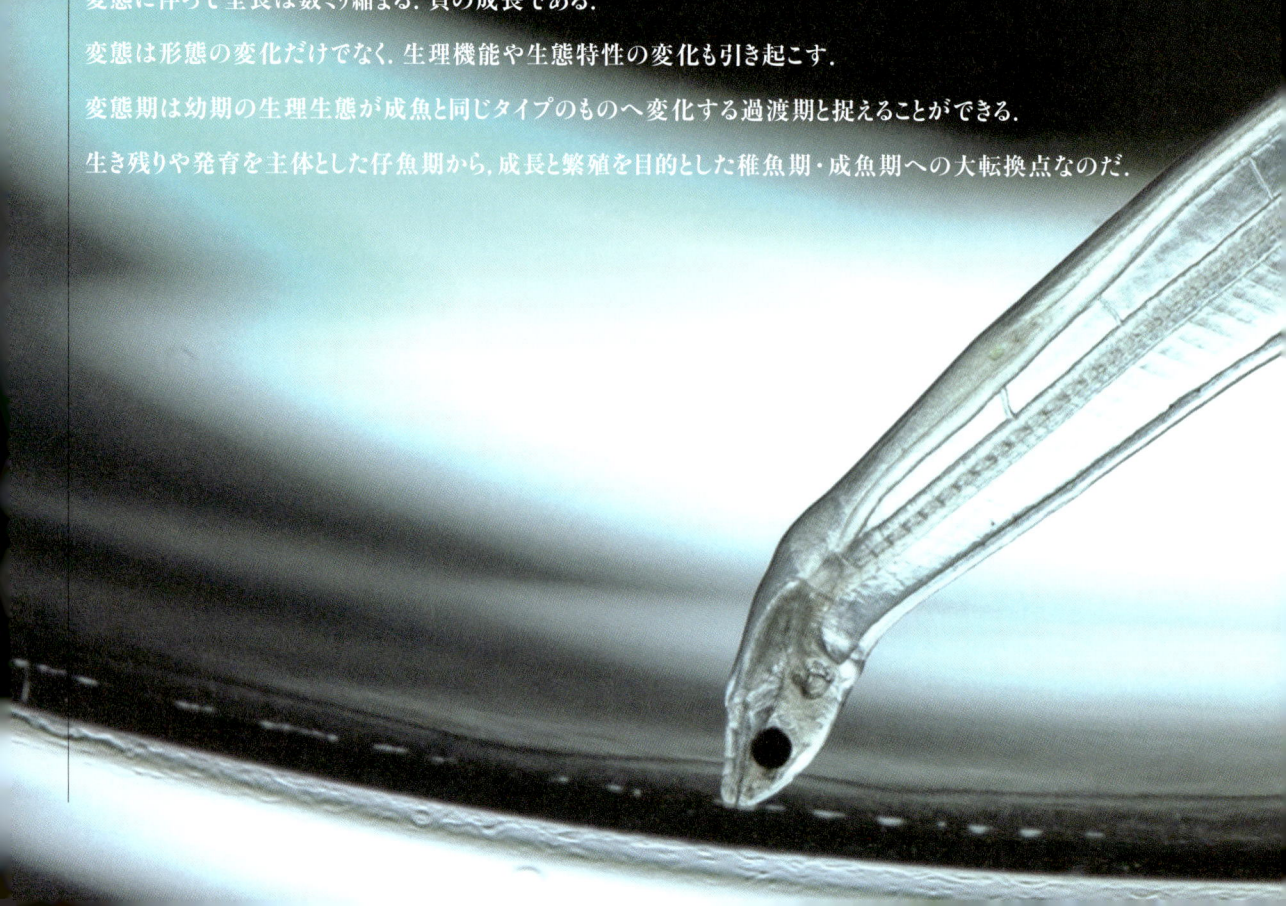

MORPHOSING LARVAE

人工孵化したニホンウナギの変態期仔魚（photo：いらご研究所・山田祥朗）

046

1　旅するウナギ：ウナギの自然科学

3　変身する ─ 変態仔魚 ─

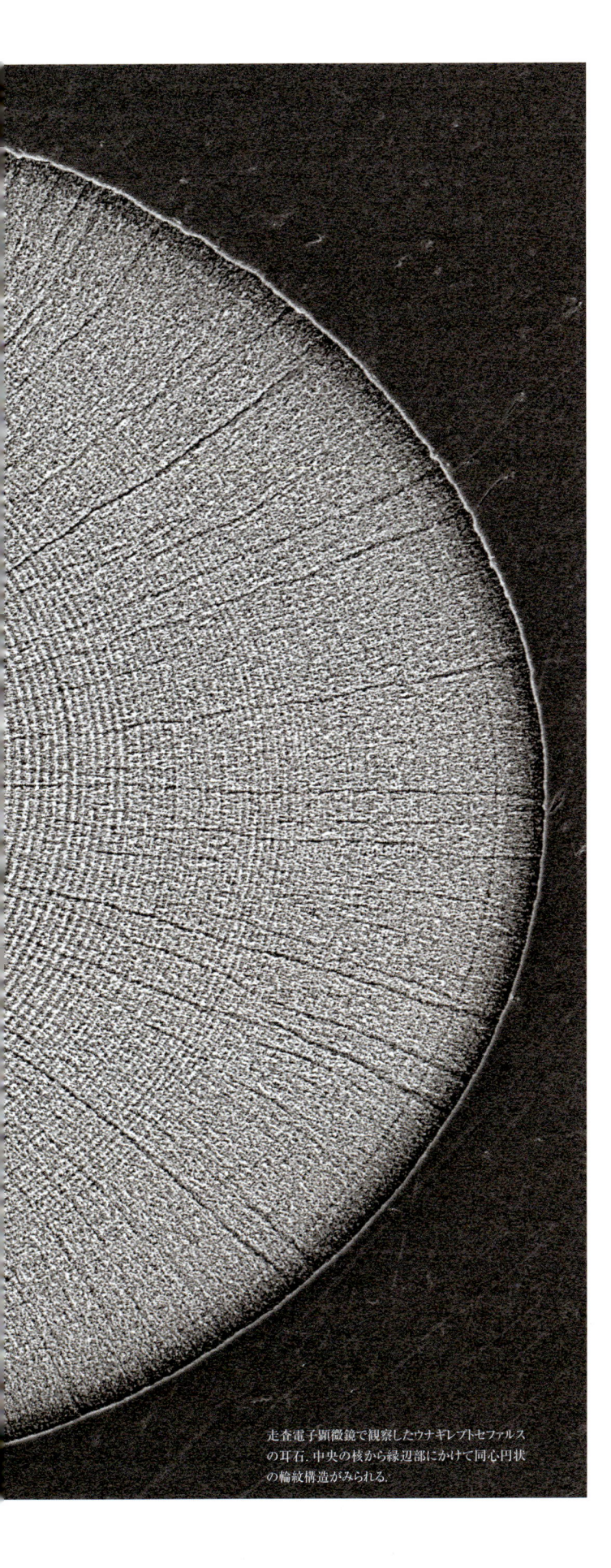

耳石の輪紋
Otolith Increments

シラスウナギの耳石を取り出し，電子顕微鏡で観察すると，中心部に直径10μm程度の深く刻まれた穴が見える (Tzeng 1990)．この穴の外縁は卵から孵化するときの急激な環境の変化に対応して形成される孵化輪 hatching checkとされる．孵化輪の外側には10本前後のやや不明瞭な輪紋がある．これらの輪紋は卵黄物質と油球を主たる栄養源として成長している期間に形成されたものと考えられる．つまり，この期間はプレレプトセファルス期に相当する．10本前後の不明瞭な輪紋とその外側の明瞭な輪紋の間には摂餌開始輪 first feeding checkと呼ばれる顕著な不連続輪（チェック）がある．これは卵黄物資を吸収し終え，外部の栄養に切り替わるときに形成される輪紋と考えられており，この輪の外側からレプトセファルス期が始まる．ニホンウナギでは耳石の中心から90-150本目の日周輪の輪紋幅は急激に広くなる．この点はレプトセファルスからシラスウナギへの変態期に対応する (Kuroki et al. 2005)．このように耳石はウナギの初期生活史を読み解く鍵となる．

走査電子顕微鏡で観察したウナギレプトセファルスの耳石．中央の核から縁辺部にかけて同心円状の輪紋構造がみられる．

レプトセファルスから耳石を摘出する．

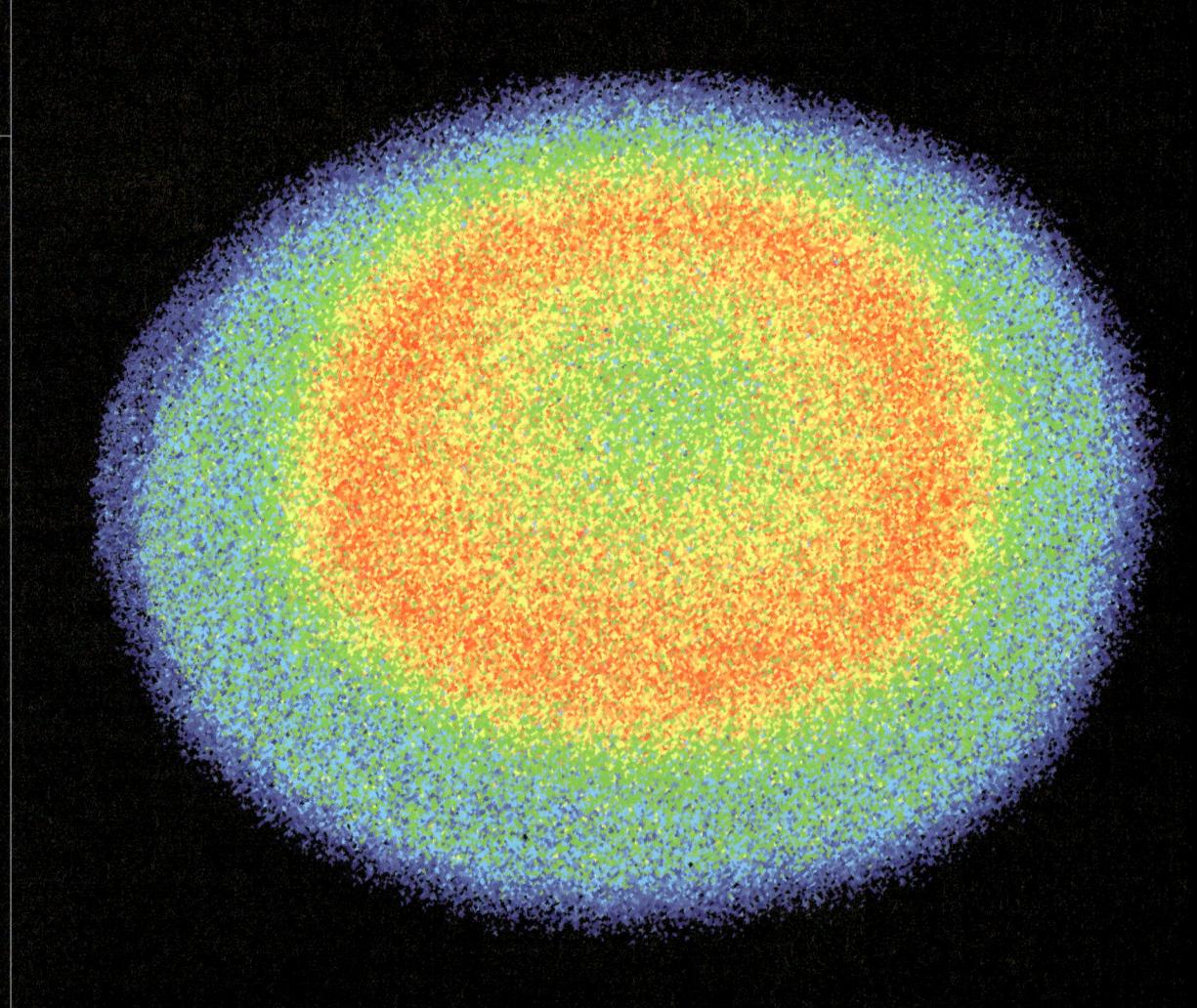

シラスウナギの耳石におけるストロンチウムの分布．
レプトセファルス期における高濃度（赤）のストロンチウムは，変態期になると急減（緑-青）し，シラスウナギになって淡水へ入ると最低値（ほとんどゼロ：青）になる．

変態と耳石微量元素
Metamorphosis and Otolith Microchemistry

耳石にはごく微量のストロンチウム(Sr)が含まれる．この微量元素の解析から変態と耳石輪幅の関係がわかった．変態直前の最大伸長期のレプトセファルスと変態直後のシラスウナギにおいて耳石の輪幅とSrの変化が比較検討された(Kuroki et al. 2005)．耳石はほとんど炭酸カルシウムの結晶できているが，カルシウム(Ca)の代わりに同じ2価イオンのSrがごく微量結晶中に取り込まれる．レプトセファルスは体にGAGと呼ばれる粘液多糖類を多量に保持しているが，変態によってウナギはこれを失う(Bishop et al. 2000)．GAGはSrとの親和性が高く，レプトセファルス期のウナギは海水中のSrをGAGに取り込み，体内のSr濃度は高くなっている．変態に伴ってGAGと共にSrは体外に代謝される．体内のSr濃度の急低下に対応して耳石中のSr濃度も急激に減少する(Otake et al. 1994)．輪幅の急増するタイミングは，このSrの急減の点と一致し，変態の開始を意味する．輪幅が最大に達した時点で変態はほぼ完了する．

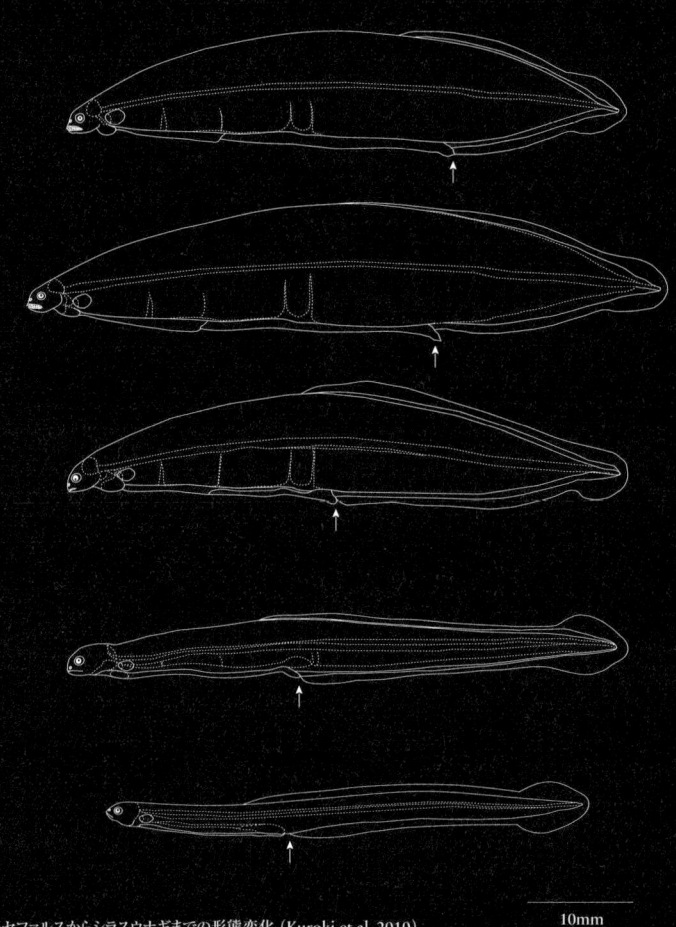

レプトセファルスからシラスウナギまでの形態変化(Kuroki et al. 2010)．全長は僅かに収縮して体高は急激に低くなる．肛門は前方へ移動する．

ヒアルロン酸の化学式．ウナギのレプトセファルスの体構成成分として重要なGAGの中で，ヒアルロン酸がその大半を占めている．

I｜旅するウナギ：ウナギの自然科学

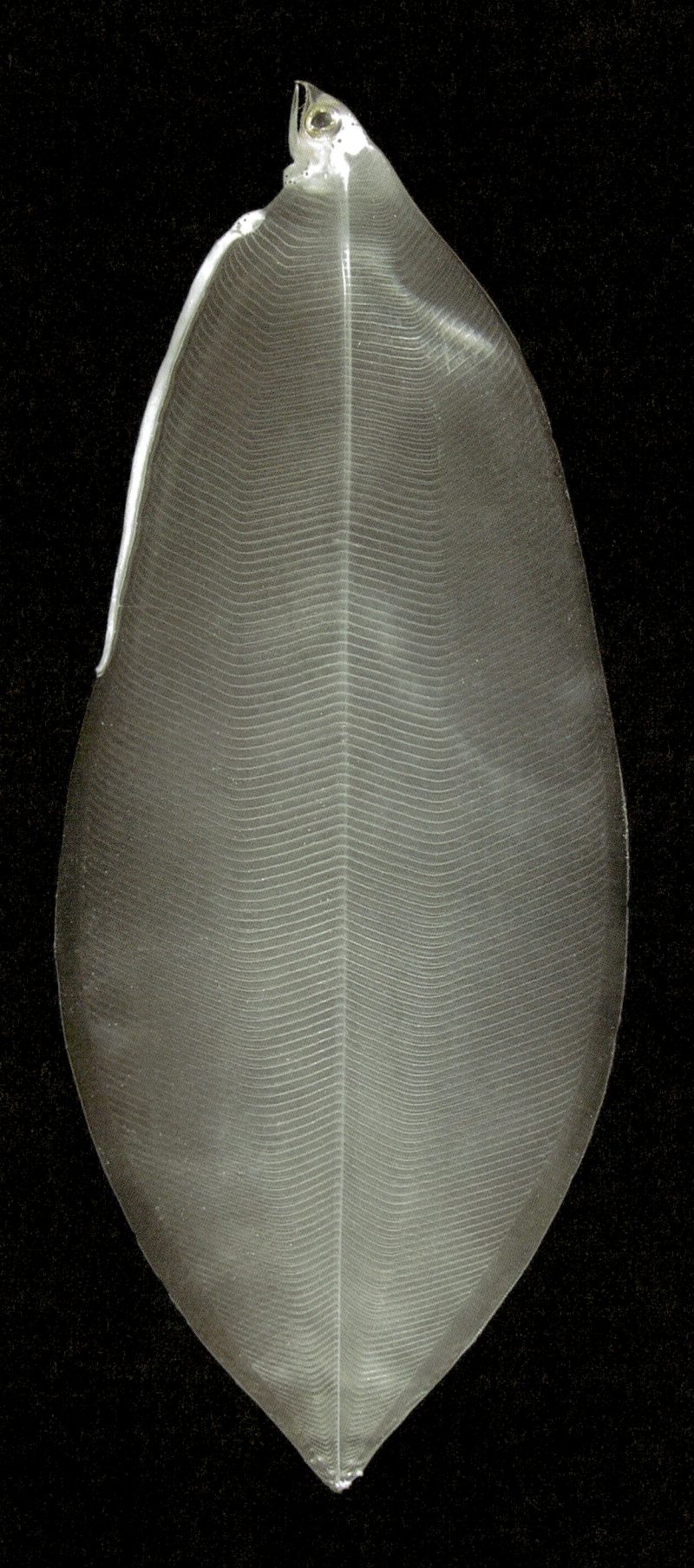

3｜変身する──変態仔魚──

イワアナゴ科 *Thalassenchelys* 属のレプトセファルス．

変態のきっかけ
What Triggers Metamorphosis?

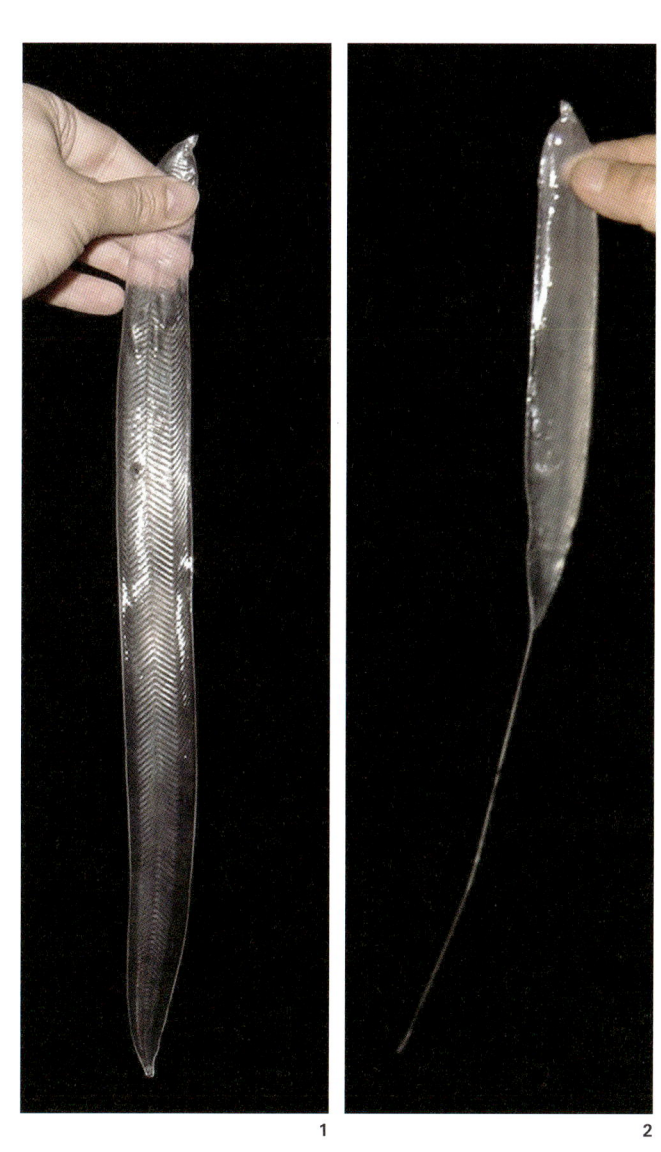

レプトセファルスは,最大伸長期の体サイズまで成長すると変態を始める.この最大伸長期サイズは種によってほぼ決まっている.最大伸長期になっても,適切な変態のきっかけをつかめない場合は成長が続き,過成長になることがある.ソコギス目の*Leptocephalus giganteus*というレプトセファルスは,全長が893 mmにもなるとの報告がある(Castle 1959).

人工種苗生産されたレプトセファルスを使って,変態のきっかけが調べられた(Kuroki et al. 2010).水温22℃で飼育していた変態間近のレプトセファルスを15, 20, 25, 30℃の水槽に移すと,25℃の実験区で最も多く変態が始まった.変態に対する水温の影響は大きいと考えられるが,その他,陸起源のにおい物質が変態を引き起こす可能性も指摘されている.ウナギの変態の研究は,いま始まったばかりだ.

1. ゴテンアナゴ属*Ariosoma*のレプトセファルス(全長 382 mm).
2. ゴテンアナゴ属*Ariosoma*のレプトセファルス(外腸型)(全長 159 mm).

I ─ 旅するウナギ：ウナギの自然科学

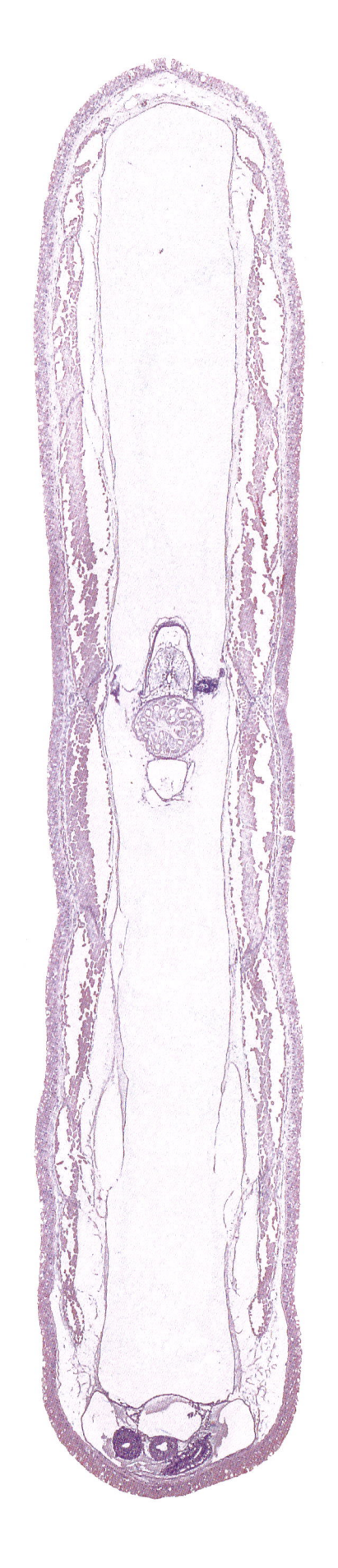

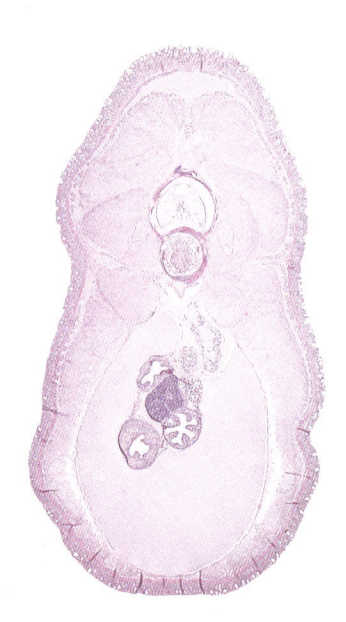

3 ─ 変身する ─ 変態仔魚 ─

1. レプトセファルス（左）とシラスウナギ（右）の体部横断面．
2. レプトセファルス（上），変態期仔魚（中），シラスウナギ（下）の体前部横断面．変態過程における脳容積の増大に伴って脳断面は左右方向に幅広くなり，シラスウナギに変態した後は特に背腹方向に押しつぶされた形になる．これはレプトセファルスの側扁した体つきから，シラスウナギの円筒型の体型に変化することに対応している（photo：黒木真理・金子豊二）．

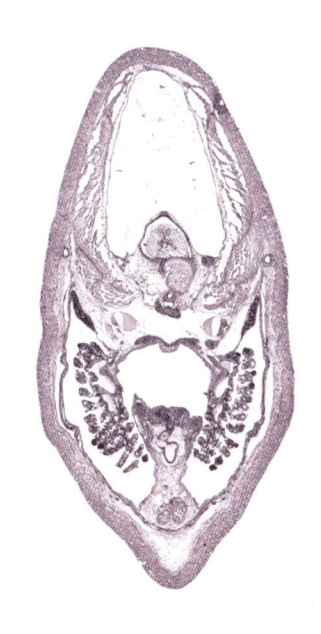

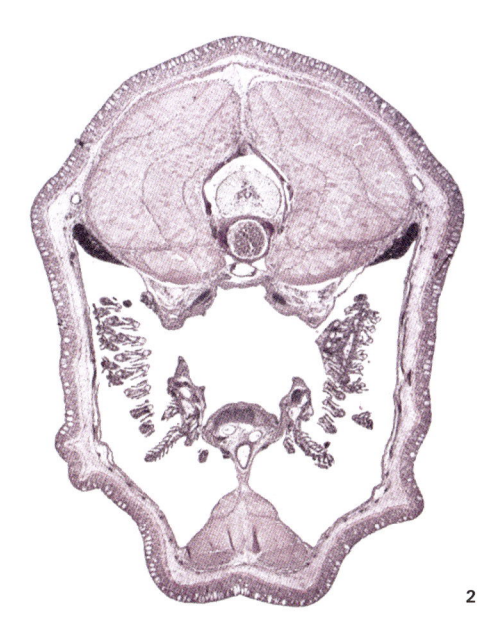

変態と機能
Metamorphosis and Functions

変態時には外部形態が大きく変化する.中枢神経系,感覚器,内臓諸器官も劇的に変化し,種々の機能にも大きな変化が生じる.レプトセファルスには赤血球がなく,白血球もほとんどない.変態が完了し,シラスウナギになると,初めて腎臓で造血像がみられ,血液中に赤血球が現れる.レプトセファルスに赤血球がない理由は,体の大きい割に,主要な酸素消費器官の筋肉は皮下に薄く一層あるだけなので,必要な酸素は皮膚呼吸で十分賄えるためらしい (Suzuki & Otake 2001).

全長 10 mm のレプトセファルスでも,既に嗅球端脳・間脳・視蓋・中脳被蓋・小脳弁・小脳冠・延髄など,脳の基本構造は整っている (Tomoda & Uematsu 1996).視覚中枢の視蓋はレプトセファルスで脳全体の約30%の体積を占めるが,シラスウナギになると15%強に減少し,さらに成魚では10%弱と,レプトセファルスの約3分の1に減少する.嗅覚中枢の嗅球と端脳は,共にレプトセファルスからシラスウナギを経て成魚まで増大し続ける.また,姿勢制御や機械感覚に関係した縦走隆起と側線系の情報を束ねる顆粒隆起は,レプトセファルス中期からシラスウナギ期にかけて明瞭となり,以後成魚になるまで機能は向上し続ける.これはレプトセファルスの行動が視覚に強く依存しているのに対し,変態後のシラスウナギ以降は,視覚から嗅覚や機械感覚へ移行していくことを示す.

海洋で浮遊生活を送るレプトセファルスはシラスウナギへ変態して接岸後,底生生活へ移行する.そして泥中や川岸の穴に潜み,夜行性となる.したがって,視覚系の役割は減少し,夜間の索餌に不可欠な化学感覚と底生生活に必要な正の走触性に関係する側線感覚が発達するのだろう.

西部北太平洋におけるニホンウナギの採集地点（Shinoda et al. 2011）.

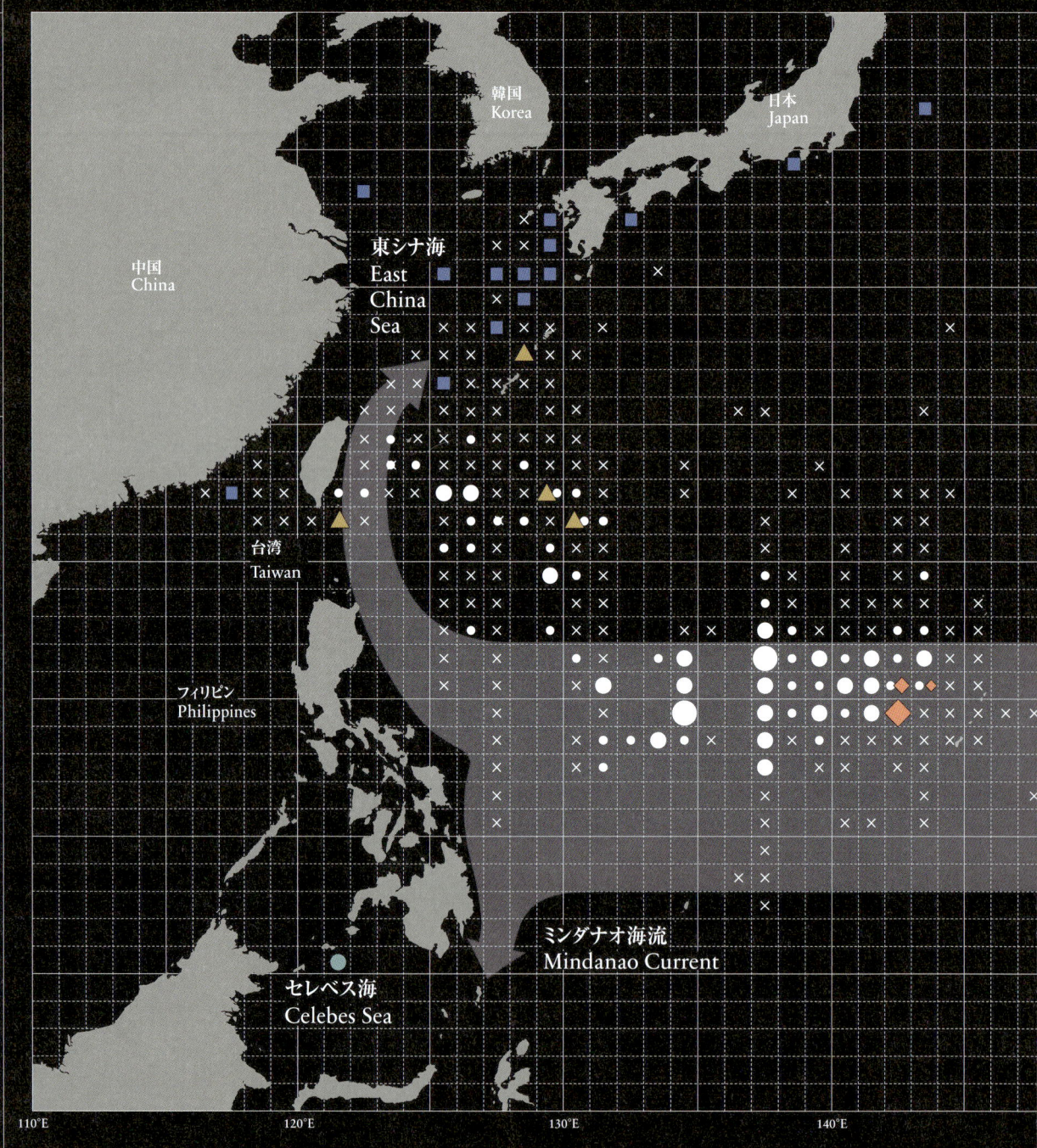

仔魚の旅の終わり
The End of Larval Migration

◆…プレレプトセファルス
○…レプトセファルス
▲…変態期仔魚
■…シラスウナギ
●…分布域外で採集されたレプトセファルス
×…調査したが,ニホンウナギが採れなかった地点

西部北太平洋
Western North Pacific

北赤道海流
North Equatorial Current

海洋でニホンウナギの変態仔魚が採集された例はこれまで計6尾と多くない(Shinoda et al. 2011). レプトセファルスが何千尾も採集されていることに比べると対照的である. レプトセファルスの期間に比べ変態仔魚の期間が僅か3週間と短く, 変態に伴って分布や行動が変化するために採集されにくいのだろう. 変態中のレプトセファルスの採集場所は, 台湾東方海域の黒潮の東側にできる渦流域に限られ, 黒潮の西側では採れるウナギはすべて変態後のシラスウナギである. このようなことを考えると, 変態は黒潮に入る直前から始まり黒潮中で進行し, 変態が完了してから黒潮を離脱するらしい. 変態完了のタイミングは, 海流離脱とそれに続く能動的な接岸回遊の開始時期・場所を決定する(Cheng & Tzeng 1996, Kuroki et al. 2008a). さらに, ニホンウナギの地理分布と地域ごとのシラスウナギの接岸量を決めているのは, 変態の進行と黒潮の流況であると考えられる.

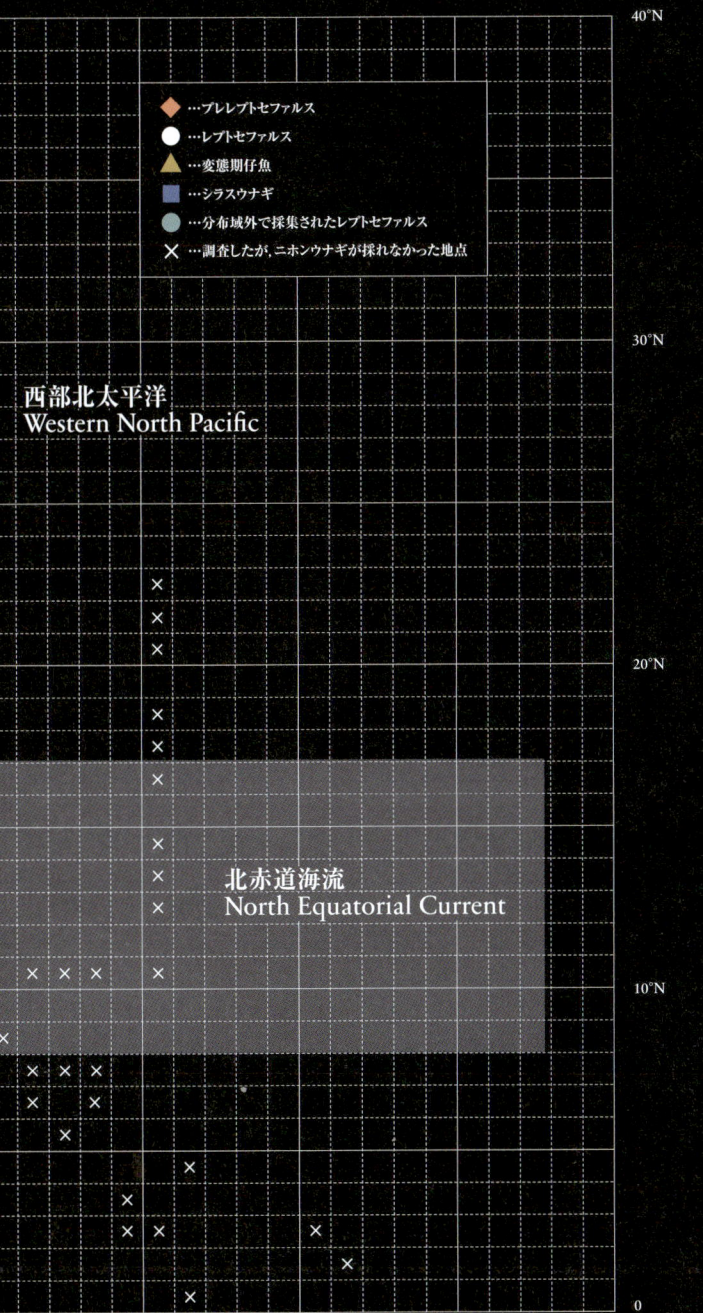

I-4 ENTERING RIVER

遡る —シラスウナギ—

レプトセファルスは変態してシラスウナギになる.一般に透明な小魚を総称してシラスという.
マイワシ,カタクチイワシ,アユ,イカナゴ,ニシンの仔魚もシラスである.
シラスウナギも単にシラスと呼ばれることもある.
ただウナギの場合は,仔魚期をレプトセファルスとして過ごし,シラスウナギになると色素が未発達である点を除けば,
親とほぼ同じ体形と体制を備えているので,厳密にいうと発育段階は稚魚に分類される.
シラスウナギは成長すると黄ウナギになるが,さらに細かく分類すると,この間にクロコと呼ばれる段階がある.
クロコはシラスウナギとほぼ同サイズか僅かに大きい.しかしシラスウナギより色素が格段に発達している.
共に変態後間もない小さな稚魚を指すので,シラスウナギとクロコはよく混同され,両者の区別は曖昧だ.
英語でそれぞれglass eelとelverというが,研究者の間でも時々間違って使われる.
シラスウナギとクロコの時期は"移動"のときと位置づけられる.
しかし,レプトセファルスが海流に輸送されて受動的な回遊をするのに対し,
シラスウナギとクロコは自ら運動して能動的に旅をする.
シラスウナギへの変態が完了すると黒潮を降り,沖合から岸を目指して接岸回遊する.この期間は餌を採らない.
河口に到着したシラスウナギは淡水と海水が混じる汽水域で体を慣らし,しばらくするとクロコになって川を遡上する.
大別すれば,シラスウナギは海から河口への接岸回遊,クロコは河口から上流への遡上行動に対応している.
クロコは川に棲み場所を見つけ,定着する.

ER-ELVERS

河口域に接岸したシラスウナギ．

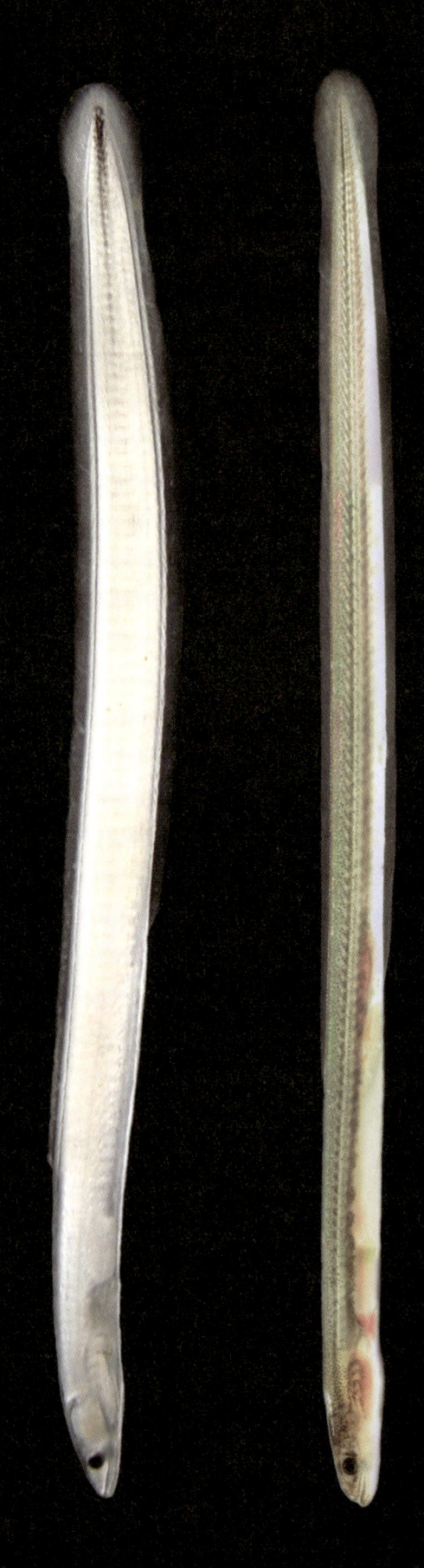

シラスウナギ（左）とクロコ（右）．
体長はほとんど差がないが，色素発達段階は大きく異なる．

(a) V_A
(b) V_{B1}
(c) V_{B2}
(c) VI_{A0}
(e) VI_{A1}
(f) VI_{A2}
(g) VI_{A3}
(h) VI_{A4}
(i) VI_B

色素発達段階.色素発現はまず尾部と脊索から始まり,頭部と体表へと進行する.クロコ(VI_B)の腹腔内壁にグアニン色素の沈着が完了すると,黄ウナギ(VII)の発育段階に移行する(Fukuda 2010).

色素発達
Pigmentation

ヨーロッパウナギについては,古くからシラスウナギやクロコの色素発達段階が区分されている(Strubberg 1913, Elie et al. 1982).最大伸長期のレプトセファルスをStage Iとし,変態仔魚をII, III, IV,変態後の稚魚をV_A, V_B, VI_{A0}, VI_{A1}, VI_{A2}, VI_{A3}, VI_{A4}, VI_Bに細分している.シラスウナギとクロコの名称については明確な定義づけがなされず,研究者間でも混乱していたが,ニホンウナギの飼育実験により,体サイズが負の成長を続けるVI_{A2}までシラスウナギ,成長が正に転じるVI_{A3}以降がクロコと定義された(Fukuda 2010).

ヨーロッパウナギとニホンウナギの色素発達の過程はほぼ同じであるが,熱帯種とこれら温帯種とは接岸時の色素発達段階も発達様式も異なるようだ.島の北部が亜熱帯気候,南部は熱帯気候の台湾では,ニホンウナギだけでなく,その他2-3種の熱帯ウナギが接岸する.これらは相互に尾部の色素発達の様子が異なり,色素の有無とその形状で種の判別ができる.

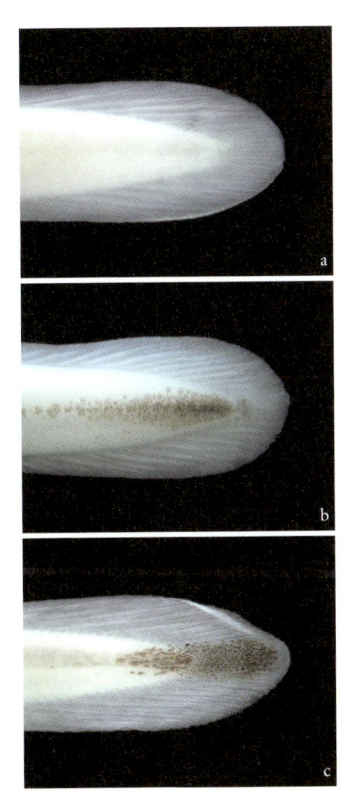

各種の尾部の色素発現(Leander et al. 2011).
a: *Anguilla japonica*. b: *A. bicolor pacifica* c: *A. marmorata* or *A. luzonensis*.

シラスウナギの色素発達状態の観察(photo: 福田野歩人).

1 ― 旅するウナギ：ウナギの自然科学

4 ― 遡る――シラスウナギ

硬骨化
Ossification

レプトセファルスは体を浮きやすくするため，強固な骨はもたない．レプトセファルスの脊髄は脊索に包まれているが，変態に伴って神経棘を備えた椎体ができてくる．骨の硬骨化により脊椎が形成され，脊髄を保護するようになる．脊椎の形成と共に，頭部の主要な骨も硬骨化する．変態が完了して硬骨化したシラスウナギの体の比重は急激に大きくなる．この変化が海流から降りて，陸を目指して接岸回遊するきっかけとなる．

ニホンウナギの透明骨格標本
透明骨格標本は，骨格標本の作製が困難な小型脊椎動物や脊椎動物の胚の骨格要素を観察する技法である．軟組織は酵素を用いて透明化し，骨は色素で染色する．軟骨は青，硬骨は鮮やかな赤紫に染め分けられる．シラスウナギはこの方法で透明骨格標本を作り，脊椎骨を計数して種を同定する．
(photo：いらご研究所・宇藤朋子)．

種子島で採集されたシラスウナギ．黒色素が脊椎骨に沿って点々と発現している．

接岸
Recruitment

掬い網によるシラスウナギの採集. 冬の新月に河口に接岸するシラスウナギを, 灯をつけて掬いとる.

変態後は, 黒潮から分かれ, 沿岸に向かう分支流を利用して河口を目指す. この時期のシラスウナギは体に脂肪を蓄積し, まるまるとよく太っている. このエネルギーを使って泳ぎ, 淡水が混じって塩分濃度が低くなった河口の水を求めて接岸する. ニホンウナギの場合, 接岸時のシラスウナギの全長は約 55-60 mm, 熱帯に棲むウナギの 50 mm に比べて少し大きい (Kuroki et al. 2006). 亜寒帯にも分布するヨーロッパウナギの場合はさらに大きく, シラスウナギの全長は約 75 mm にもなる (Jespersen 1942). 接岸時の齢も分布域の緯度により違っている. 熱帯のウナギは孵化後 3-4ヵ月経ってから接岸するのに対し, ニホンウナギはおよそ 5-6ヵ月 (Tsukamoto 1990), ヨーロッパウナギはさらに高齢になって接岸し (Lecomte-Finiger 1992), 1年あるいは 2-3年以上という説もある (Bonhommeau et al. 2010). 接岸時期の幅も分布域で異なる. 熱帯に生息するウナギでは, ほぼ周年シラスウナギが接岸するのに対し, 明瞭な季節変化のある温帯に生息するウナギの接岸時期は季節が限られている.

低塩分の水に導かれて河口に集まったシラスウナギは, やがて河口のある特定の場所に着底する. 海の旅を終えたウナギがひとまず落ち着く特別な場所である. そこは河口から少し上流の淡水と汽水の境界で, 海の"息"がかかった最上流部にあたる. ここに集まったシラスウナギは河川の淡水に慣れる準備した後, 溯上が始まる. このとき興味深いことに, 海へと戻っていく個体もいる. 着底場所の息苦しいほどの高密度に耐えきれず, 河川の上下流に脱出していった結果であろう.

シラスウナギが接岸する種子島の伊原川河口. 冬から早春の新月の上げ潮に乗って多くのシラスウナギが接岸する.

ヨーロッパのダムに設置されたウナギ梯子（緑色の細い魚道）（photo: Antoine Legault）.

遡上
Upstream Migration

色素発現が進み，シラスウナギはクロコになって河川遡上する．クロコは河岸を伝って上流を目指す．湿った岩盤を登るウナギの姿が知られている．しかし近年，河川にダムや堰堤の建設が進み，ウナギの遡上を妨げている．ウナギを効率よく確実に遡上させるために，ウナギ梯子 Eel Ladderと呼ばれる特別な魚道が設計された．こうした装置がなければ，陸水でのウナギの住み家が大幅に減少し，やがて資源の枯渇につながることは想像にかたくない．

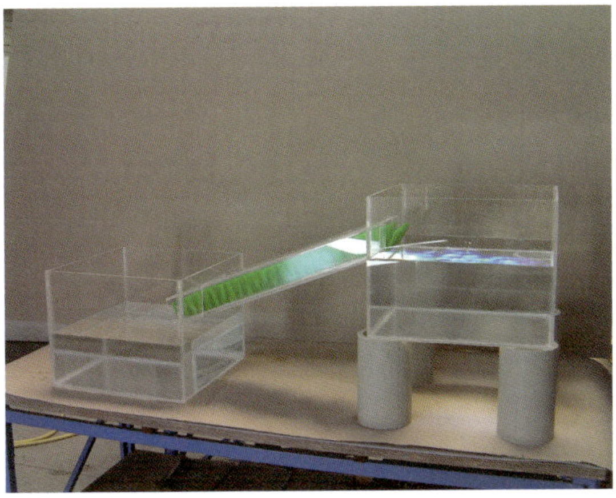

ウナギ梯子のモデル．デッキブラシによく使われる塩化ビニール繊維が多数植えつけられ，クロコが遡上しやすいように設計されている（Fish-Pass）．

クロコの岩登り（浜名湖・江川）（photo: 福田野歩人）．

セントローレンス川のMoses-Saunders水力発電ダムに設置されている最大級のウナギ梯子（photo: Antoine Legault）．

ウナギ梯子を這い登るクロコ（photo: Antoine Legault）．

GROWING-YE[L]

I-5 成長する —黄ウナギ—

黄ウナギという名前は淡水生活期のウナギの体が全体に黄味がかっていることに由来する．
背と腹が黒白にくっきりと分かれた養殖ウナギの体色とは違って，背腹の境目が明瞭でない．
川を遡上したクロコは，やがて定住生活に移行し黄ウナギとなる．主に夜間活動して餌を捕る．
ウナギの成長には，生息域，性，餌の種類・量によって大きな変異が生じる．
しかし，接岸時のシラスウナギを0歳として平均的な値をいうならば，
1歳で体長10 cmあまり，3歳で25 cm前後，5歳で約40 cm，7歳で50 cm前後となる．
淡水生活期に僅か体重0.2 gのシラスウナギから0.5-1.0 kgの成魚になることを考えると，
実に2,500-5,000倍の成長を遂げていることになる．
生活史全体が旅の中にあるウナギにとって，
ゆっくり落ち着いて成長できる唯一の期間がこの黄ウナギの時代である．
黄ウナギは，"定住"と"成長"の2つのキーワードで理解できる．

LOW EELS

ウナギの生息するインドネシア・スラウェシ島の河川．
世界で最も多くの種がインドネシアに生息している
（photo：萩原聖士）．

心臓 Heart

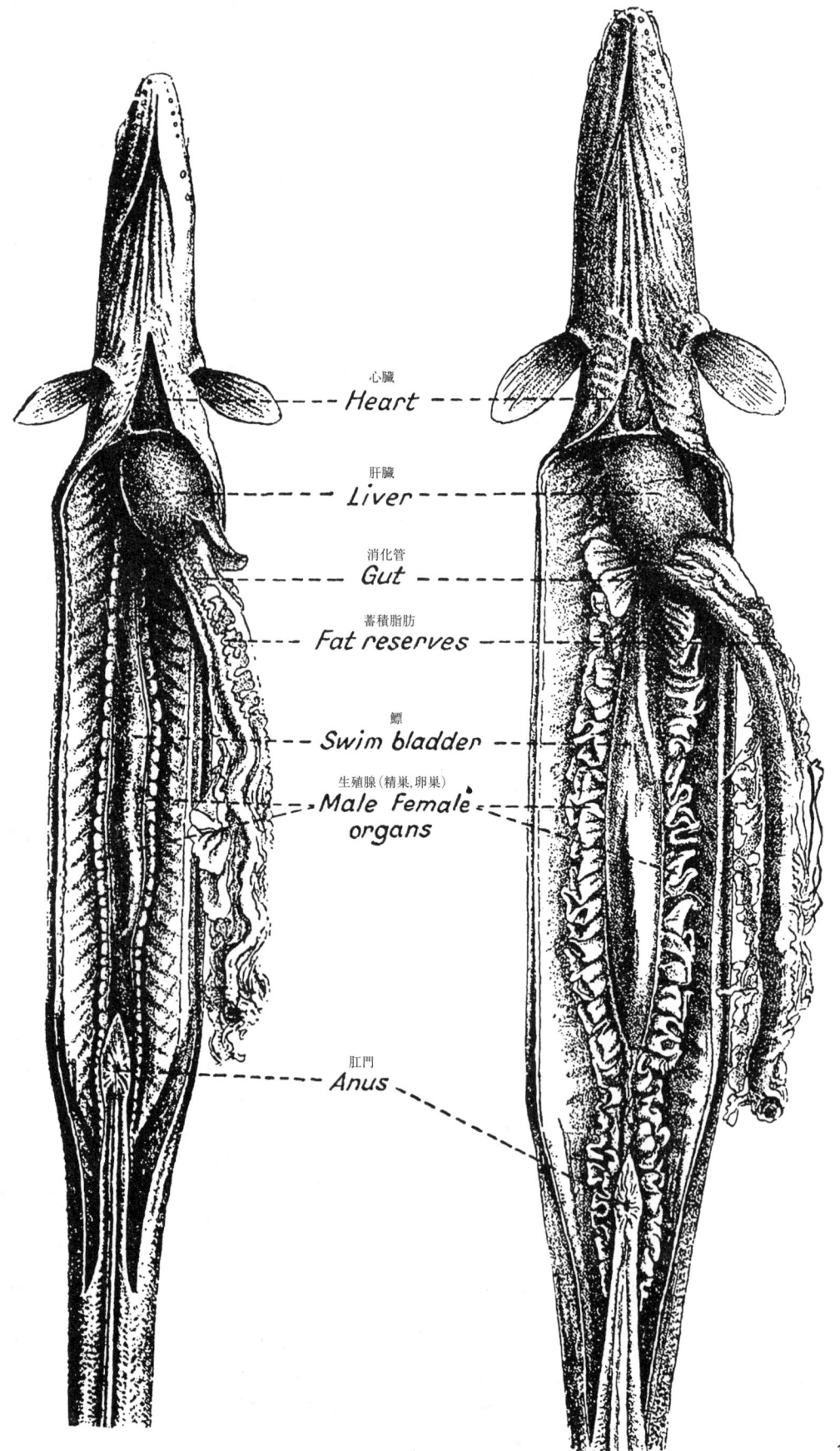

肝臓 Liver

消化管 Gut

蓄積脂肪 Fat reserves

鰾 Swim bladder

生殖腺（精巣，卵巣） Male Female organs

肛門 Anus

性分化
Sex Differentiation

輸精管

生殖腺の形態的分化が起こり始めて,ウナギの性分化が始まるのは,全長20-30 cmである(Chiba et al. 1993, Colombo & Grandi 1996). 胸鰭が丸く大きい個体が雌,細長く小さい個体が雄といわれるが,外部形態だけでウナギの雌雄を見分けるのは,なかなか難しい. 雄は50 cm前後で銀化して産卵回遊に旅立つので,ニホンウナギは体長50-60 cm以上の大型魚はほとんどが雌と考えてよい.

オーストリアの精神分析学者ジークムント・フロイトSigmund Freud(1856-1939)がウィーン大学の医学生の頃,魚類の研究に取り組み,初めての論文がヨーロッパウナギの精巣に関するものであったことは意外と知られていない(Freud 1877). 当時は,ウナギの精巣がどのようなものかさえ,よくわかっていなかった.

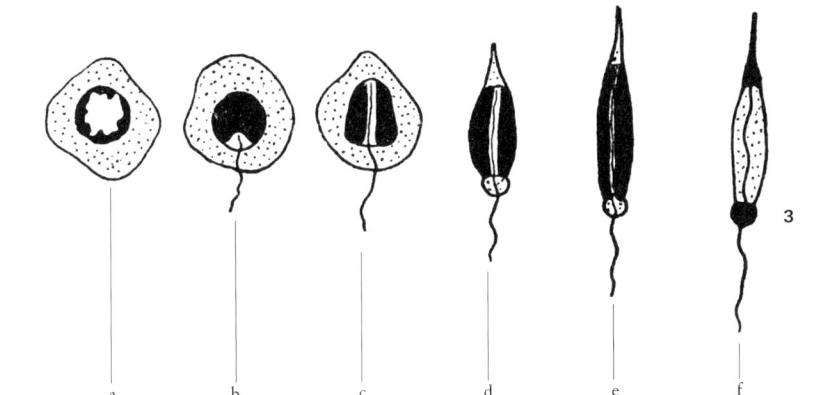

1. ウナギ生殖腺の解剖図(Bertin 1956).
   左が雄,右が雌のウナギ.
2. ウナギの性分化の模式図(Bertin 1956).
   a, b: 未分化の生殖腺, c: 皮質に卵原細胞を有する状態, d: 卵母細胞と精原細胞の両方を有する状態, e: 精巣, f: 卵巣.
3. ウナギ精子の発生過程(Bertin 1956).
   a-c: 精子細胞, d-f: 精子.

ニュージーランドのロトルア湖を遊泳する *Anguilla dieffenbachii* (photo: TBS, NIWA).

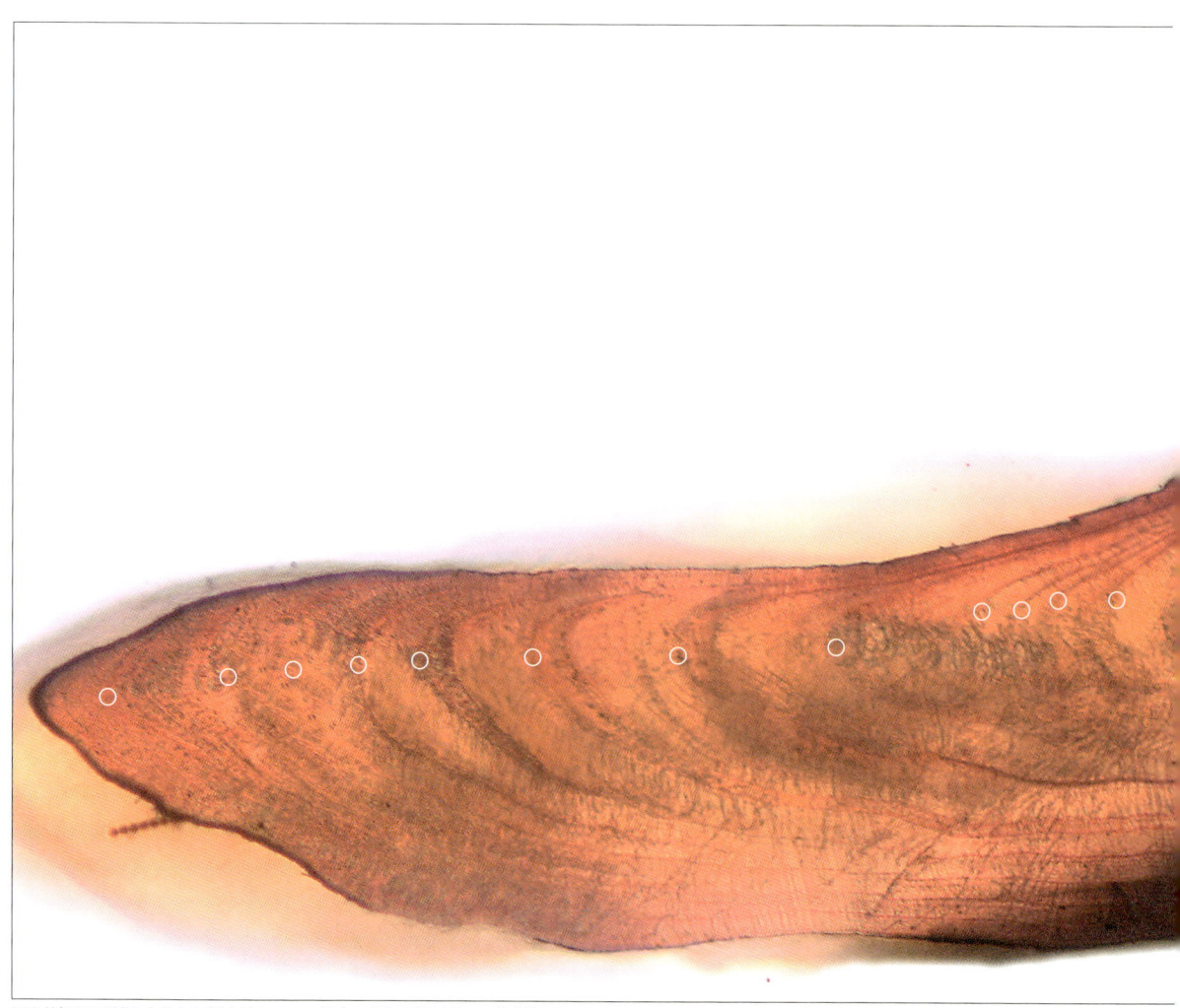

岡山県旭川で採集した黄ウナギ（全長625 mm, 年齢16歳）の耳石（photo：海部健三）．

寿命
Longevity

ウナギの年齢は耳石に現れる年輪を数えて知る.寿命はニホンウナギの雄で数年,雌で十数年といわれるが,これも生息環境によって大きく異なる.ニホンウナギでは浜名湖で22年の雌が採集されている(Sudo 2011).アイルランドのヨーロッパウナギの調査では,銀ウナギの最高齢は雄で33年,雌で57年と推定されている(Poole & Reynolds 1996).ニュージーランドの *Anguilla dieffenbachii* では35歳との報告もある(Todd 1980).ウナギは,魚類の中では長寿命の魚といえる.

ニュージーランドに生息する固有種 *Anguilla dieffenbachii*.本種はオオウナギ *A. marmorata* と並んで,ウナギの中で最も大きく成長する種類である(photo: Don Jellyman).

◎はエルバーマーク elver mark で,シラスウナギの接岸から淡水侵入を経てクロコ初期にできる輪紋.年齢査定の折,便宜的に0歳とする(実際は生後半年くらい経っている).この個体では○印を年輪と解釈し,16歳と推定された.

船の生け簀から頭を出すニホンウナギ.天草沖で産卵回遊に出発する銀ウナギが採集された.

頭の形
Head Shape

ウナギの頭部を上から見ると2型あることに気づく.吻端が丸く,口唇がやや肥厚し,顎が左右に張り出した"広頭型"と,吻端が尖り,口唇が薄くて頭部がほっそりした"狭頭型"である.これら2型が生じる原因は,遺伝や性差の他に,生息域や餌の種類といった環境が考えられてきた.ヨーロッパウナギでは両型の値が大きく重なることから,遺伝的な違いではなく環境による個体変異であるといわれる(Thurow 1957).広頭型は淡水浅所や沿岸で魚類や大型の甲殻類を捕食し,活発で成長が早いのに対し,狭頭型は淡水の深みや海辺で水底の無脊椎動物など小型の餌を捕食し,運動性が低く成長が遅いとの報告がある(Torlitz 1922).一方,ニホンウナギでは,淡水域に広頭型,汽水域に狭頭型が多く出現する点は同じであるが,成長率は逆に狭頭型の方が高いと報告されている(Kaifu et al. 2011).頭の幅の成長率は広頭・狭頭で差がないが,汽水域の狭頭型において全長の伸び率が著しいため,相対的に頭が小さく見えるという.

ニホンウナギ頭部側面(上図)と背面(下図)各図中,上が広頭型,下が狭頭型(photo:海部健三).

I ｜ 旅するウナギ：ウナギの自然科学

5 ｜ 成長する —黄ウナギ—

銀ウナギの耳石のストロンチウム濃度分布.a: 海ウナギ,b: 河口ウナギ,c: 川ウナギ
耳石に蓄積されたストロンチウム濃度によって個体毎に過去の回遊履歴がわかる.

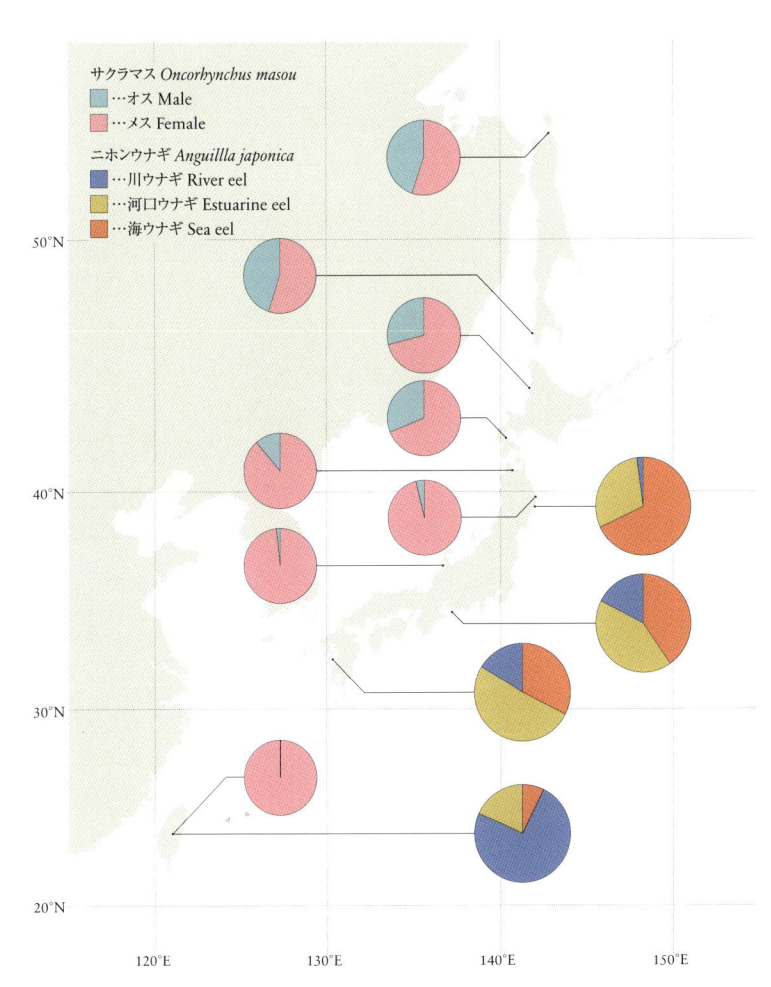

海ウナギの存在
Sea Eels

黄ウナギ期に河川に遡上せず海で一生を過ごすウナギがいる（Tsukamoto et al. 1998）. さらに, 河口に棲み着く個体や淡水域と海水域を移動する個体も報告されている. こうした回遊履歴における多様性を「回遊多型」もしくは「生活史多型」という. これらのウナギは同種内の生態的に異質な個体群で, 遺伝的には差がない. シラスウナギはいったん河口汽水域の最上流部へ着底した後, 1年以内に肥満度の高い個体が河川に遡上し, その他の個体は河口に残留するか海に戻る傾向がみられる（Yokouchi et al. 2011）. 海水には淡水のおよそ100倍のSr元素が存在している. この差を利用し, 環境水から耳石に取り込まれたSrの分布を調べることで, 個体の移動履歴がわかる. 日本沿岸で採集された産卵回遊中の銀ウナギ約600個体の回遊履歴を調べると, 河川遡上した経験のある川ウナギは僅か20%前後と意外に少なく, 他はすべて海ウナギか河口ウナギであった. この結果は, 現在産卵場で次世代の繁殖に貢献しているのは, 主に海ウナギか河口ウナギであることを示している. しかし直ちに現在貢献の少ない川ウナギを捕り尽くしてもよいということにはならない. 昔は河川環境がウナギにとって現在より良好で, 川ウナギの割合が多かったかもしれない. 産卵場到達成功率や卵質の点で, 親魚としては川ウナギの方が優れている可能性もある. ウナギの回遊履歴の研究は, ウナギの保全のために河川, 河口, 沿岸を一貫して環境改善する必要があることを教えている.

ニホンウナギとサクラマスの回遊型の緯度別出現頻度（Tsukamoto et al. 2009）. 遡河回遊魚のサクラマスの場合は高緯度の淡水魚起源なので, 南に行くほど降海する個体が少なくなり, 河川に残留するものが増える. これは遡上産卵親魚の性比の中に雄の占める割合が南に行くほど少なくなり, 残留する割合が増えることでわかる. 一方, 降河回遊魚のウナギの場合は, 熱帯の海水魚起源と考えられており, 北に行くほど河川に遡上せず, 沿岸域で一生を過ごす海ウナギの割合が増えることがわかる. 起源した本来の場所から遠ざかるにつれて, 回遊型の多様性は失われ, 元々その種がもっていた回遊型のみ残る個体群に変わっていく. ある種の先祖返りといえるかもしれない.

1個の穴が地下で繋がって管状の巣穴を作っている.内部はウナギの粘液で固められ崩れにくくなっている.1対の出入口しかなく,片側の穴から入って他方から出る単純な紐型巣穴も多い.両端の平たい部分は水底の地面(巣穴の出入口).

住み家
Home

定住生活に入った黄ウナギの住み家は様々だが,岩陰,石の下,水中の倒木,泥中の巣穴など,ウナギの負の走光性と正の走触性を満たすことが条件となる.黄ウナギは原則として単独生活を送るが,越冬の際,数尾から数十尾のウナギが集団を形成している場所がヨーロッパウナギやアメリカウナギで見つかっている(LaBar et al. 1983, 1987).ウナギは棲み場所の条件さえ満たされれば,他個体と同所的に集合して暮らすことにさほど抵抗がないのかもしれない.一般に小型のウナギは水深の浅い水域,大型の個体はより深い場所に分布する傾向がある(Yokouchi 2009a).しかし,浅い場所から驚くほど大きな個体が採集されることもあり,体サイズによる水深の棲み分けは厳密なものではないらしい.住み家についても最低条件さえ満たしていれば,柔軟にあらゆる場所を利用して生きていける魚だ.

アイルランドのエネル湖における電気ショッカーを用いた河川調査.黄ウナギを捕獲して分布を調べる.

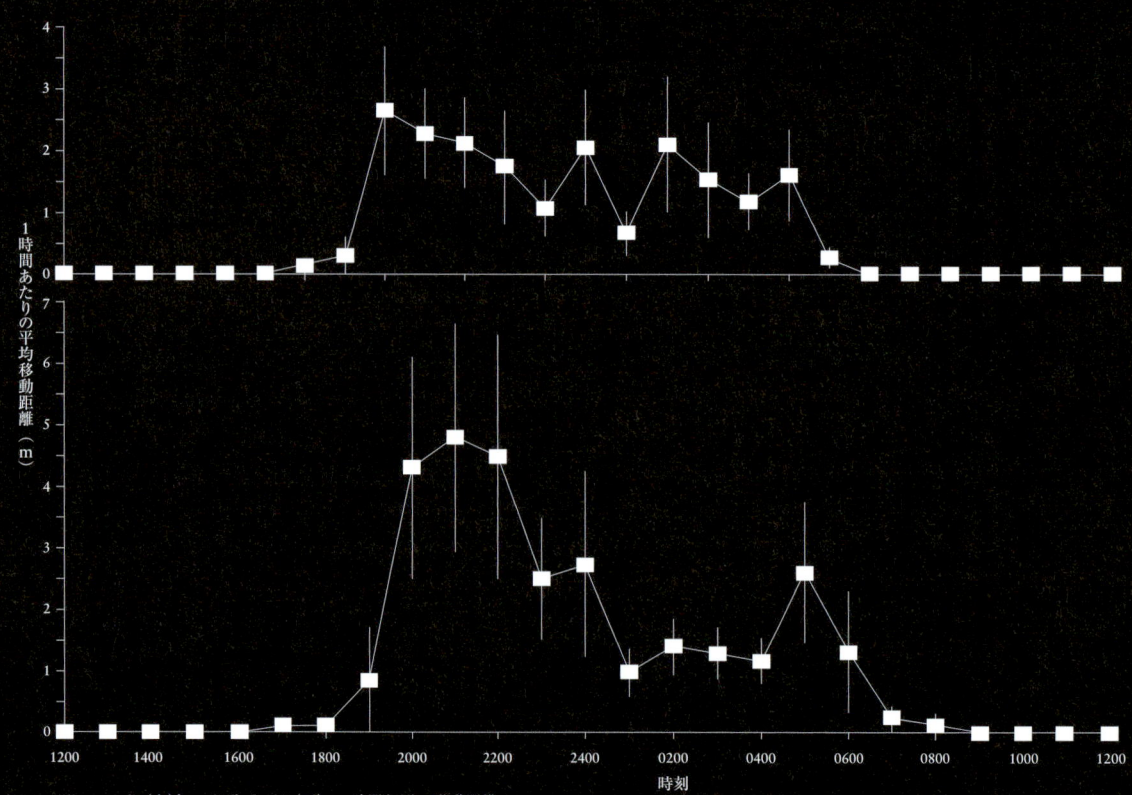

Anguilla australis(上)と*A. dieffenbachii*(下)の1時間あたりの移動距離
(Jellyman & Sykes 2003).電波タグを使った調査によると,昼間は全く移動せず,
夜間に平均10-30 m程度移動している.

ホームレンジと帰巣性
Home Range and Homing

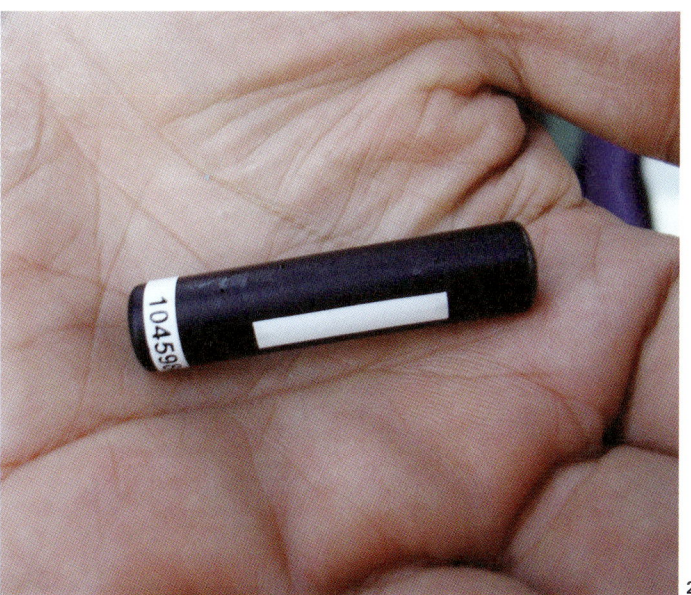

生物の行動範囲や生活圏の広さをホームレンジという．ここにはねぐらと索餌の範囲が含まれる．定着期の黄ウナギにもホームレンジがある．浜名湖に流入する西神田川で行われたニホンウナギの標識放流調査では，3年間で移動した範囲は，最大でも僅か流程710 mと意外と狭かった (Yokouchi et al. 2009b)．ミシシッピー川下流のアメリカウナギやエルベ川のヨーロッパウナギの例でも，大部分が放流点から数十m以内の場所で再捕された．電波標識をつけて湖におけるウナギの動きを追跡したところ，ホームレンジの面積はおよそ2ヘクタール以内であった．これらのことは黄ウナギの定着性の強さを示している．一方で，越冬のために川にあったホームレンジを沿岸域に移すことも知られている．また逆方向への季節移動も知られている．困難な環境条件下では黄ウナギの強固な定着性も一時変化するらしい．

ウナギにもハトやサケのような帰巣性があるのだろうか．採集地点から上流または下流に10-17 km離れた地点でアメリカウナギに超音波標識をつけて放流したところ，56%は平均9日で元いた地点に帰ったという記録がある (Parker 1995)．嗅覚を使って適切な方向の潮汐流を検知し，元いた住み家の方向定位をしているという (Barbin 1998)．オランダのデン・ウフェルで採捕され，100 km以上離れたアメランド島沖合に放流された110尾のヨーロッパウナギのうち，26尾は正確にデン・ウフェルに帰着した (Deelder & Tesch 1970)．黄ウナギは地磁気を検知する能力をもち，これによって元々いたホームレンジの定位ができるのだろう．これらのことは黄ウナギが元いた場所を記憶し，かなり短期間のうちに帰巣する能力があることを示している．

1. 赤いイラストマー蛍光タグがついたニホンウナギ (photo: 横内一樹)．魚類の比較的透明な皮下に蛍光塗料を注入するもので，小さな魚にも装着可能で魚体への負担が少ない．肉眼で容易に識別でき，タグの保持率も高い．
2. 小型の超音波発信器 (ピンガー)．ウナギの背中にくくりつけたり，腹腔内に押し込んで，行動追跡する．電池の寿命にもよるが，約1週間-1ヵ月程度の追跡ができる．

Returning-

帰る —銀ウナギ—

十分に成長した黄ウナギは銀ウナギになる.

眼が大きくなり,金属光沢を放つ暗褐色の体に変化する.

一見,ウナギとは思えないような外観だ.

これはウナギの一生の中で2度目の変態で,海への旅支度である.

秋の終わり,川の増水と共に降海し,河口から海にでる.

その後は産卵場まで長い海の旅が始まる.産卵場に至る経路はまだよくわかっていない.

ウナギの生活史の中で謎の部分として残されている.

旅立ちの年齢や体サイズは性や種により異なる.

しかしいずれの種でも雌の方がより高齢,大サイズで銀化し,産卵場へ旅立つ.

雌が卵を1つ作ろうと思うと,雄が精子1つを作るより遥かに大きなエネルギーを要す.

したがって生涯に一度の産卵の際に,少しでも多くの子孫を残すためには,

雄雌で成長,成熟,回遊,繁殖など生活史の在り方が違ってくる.

つまり,雄は小さいサイズで成熟を始め,若齢で旅立ち繁殖に参加した方が効率がよい.

一方,雌は大きな卵を多くもって繁殖に臨む方が有利なので,

ゆっくり時間をかけて成長し,十分にエネルギーを蓄えたのち成熟を始める.

そして,高齢で旅をして産卵に参加する.

雄はライフサイクルを早く回転させ,雌はじっくりと回しているのだ.

同一種でありながら雄雌別々のサイクルで生きている.

両者の接点は唯一産卵場における繁殖のときだけだ.

SILVER EELS

熊本・天草沿岸を外洋に向かって泳ぐ銀ウナギ
(photo: 中村征夫).

熊本・天草沿岸で採集された銀ウナギ.

銀化
Silvering

銀化変態は海の旅への適応である．お腹が銀色になった銀ウナギは海面から差し込む光に紛れて，下方から獲物を狙う捕食者に発見されにくい．黒光りする背は深海の暗黒を背景に上方から襲う敵に見つかりにくい．深海の極めて弱い光も感知できるように拡大した眼で昼夜のリズムを知る．また銀ウナギの鰾は黄ウナギより発達している．鰾の壁は肥厚し，内部のガス圧の調節機能が向上する(Yamada et al. 2001)．高い水圧に抗して鰾の体積を保ち，浅深移動を助ける(Kleckner 1980)．銀ウナギでは成熟が始まっており，生殖腺も僅かながら大きくなり始める．しかし，温帯ウナギでは一般に体重に対する生殖腺の重量は10％以下で(Wenner & Musick 1974, Todd 1981, Sasai et al. 2001)，産卵直前の40％前後に比べると未熟な状態で旅を始めることになる．実際，何千kmの長旅を大きなお腹を抱えて旅するのはリスクが大き過ぎる．

銀化インデックス．黄ウナギから銀ウナギへ変態する過程を4つの銀化発達段階に分けている (Okamura et al. 2007)．Y1とY2は黄ウナギ，S1とS2は銀ウナギ．胸鰭縁辺の黒色素の発達状態と体側の背腹境界の明瞭さで区別する (photo：岡村明浩)．

黄ウナギ(上)と銀ウナギ(下)の鰾．銀化すると鰾が大きくなり，鰾の壁が肥厚する．鰾内へガスを分泌する機能をもつ赤腺(鰾の背側についている豆粒状の毛細血管の塊)が大きくなり活性化する．これらは浮力調節機能の増進を示している．ウナギは黄ウナギから銀ウナギに変態することで，外洋における長い回遊のための準備を行う (photo：山田祥朗)．

ニホンウナギの卵巣卵．成熟が進んで，核移動期に入っている（photo: いらご研究所・山田祥朗）．

卵と精子
Eggs and Sperm

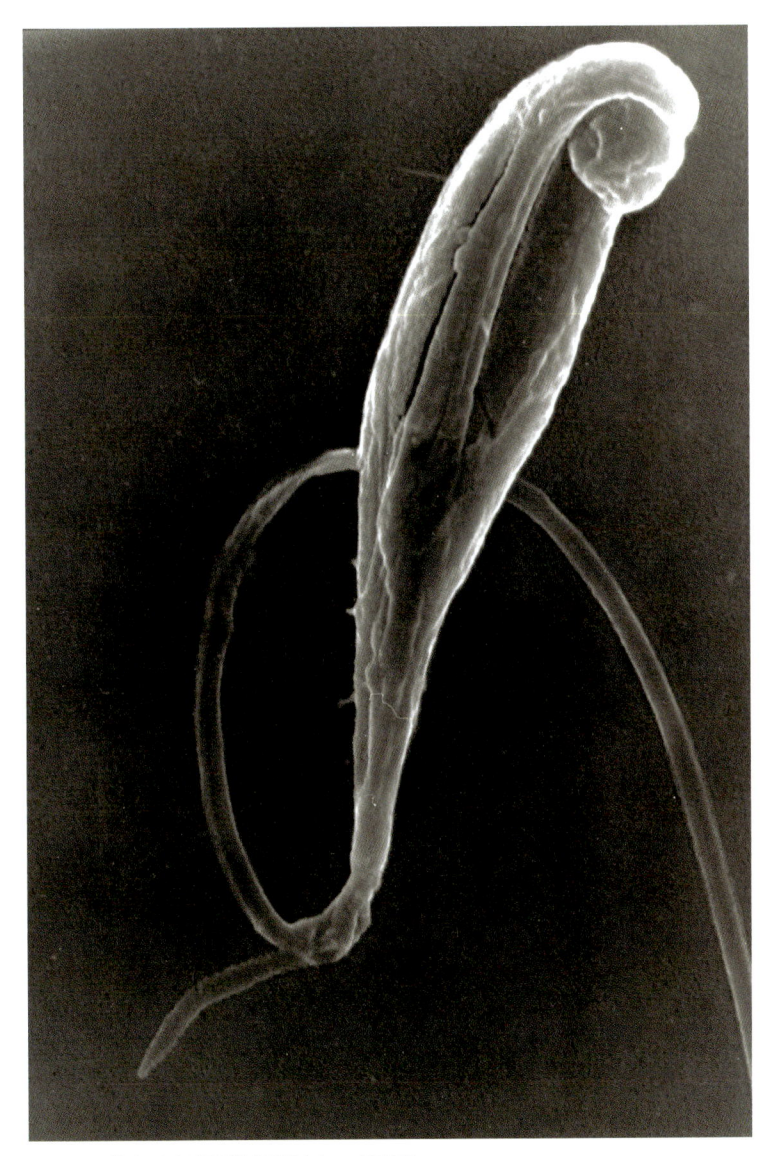

一般の魚卵と同様,ウナギの卵は球形である.成熟して排卵直前になると直径は約 900 μm 程度になる.一方,精子は鎌形で,特殊な形をしている.そのため尾部を震動させると大きく旋回しながら進む.これは一見効率が悪そうに見えるが,幅広い範囲を探索でき,卵との遭遇率を高める効果が期待できる.ラットやシジミも鎌形の精子をもつ.ウナギの精子は長い尾部を除くと,頭部は僅か 5 μm(幅 1 μm)程度だ.体積のディメンジョンで比べると,精子は卵の 1 億分の 1 程度に過ぎない.材料の量のみ比べてみても,雄に比べ,雌の繁殖にかけるコストの大きさがわかるというものだ.

ニホンウナギ精子の走査電子顕微鏡写真(photo: 原政子).

086

I ｜ 旅するウナギ：ウナギの自然科学

6 ｜ 帰る―銀ウナギ―

降海
Downstream Migration

秋になると,銀ウナギは一斉に川を下る.フランスのロワール川でも銀ウナギ漁が始まる.川の中央に大きな網船を錨で止め,川を下ってくる大きなウナギを大規模な網で捕獲する.シーズンには漁師たちは船に何日も泊まり込んで漁をする.川の強い流れをいっぱいにはらんで重くなった網をウインチで上げ下げして船に獲物を取り込む.ヨーロッパウナギは,雄で3-15歳,全長35.7-46.0 cm,雌で4-20歳,45.0-86.3 cmになると銀化する(Vollestad 1992).アメリカウナギは,雄で4-15歳,22.8-39.8 cm,雌で6-20歳,40.0-86.7 cm(Oliveira 1999),ニホンウナギでは雄4-10歳,42.0-59.0 cm,雌5-10歳,50.5-70.5 cmである(Tzeng et al. 2000).どの種においても銀化して回遊を始める年齢と体サイズは,雌雄で重複はあるが,一般に雌で高齢,大サイズの傾向がある.また大西洋のウナギ2種の雌雄差は,ニホンウナギに比べて大きい.

川を下って河口にやってくると,塩分濃度の高い海へ適応するためにしばらく汽水域に留まる.淡水型から海水型へ浸透圧調節機能の切り替えが終わると,いよいよ産卵場に向けて海の旅が始まる.沿岸域では昼は海底に留まり,夜になると海表面を外洋に向かって泳ぎだす.

フランス・ロワール川における銀ウナギ漁 (photo: Eric Feunteun).

1. ニュージーランド・クライストチャーチにおける *Anguilla dieffenbachii* の銀ウナギの放流追跡実験 (photo: Don Jellyman).
雌の銀ウナギの背中にポップアップタグをつけて放流し, 1-5ヵ月後の到達点, 遊泳水深, 経験水温などを調べる. ポップアップタグには, 水温, 水深, 照度のセンサーとそれを記録貯蔵するデータロガー, またデータをアルゴス衛星に送信する基盤とアンテナ, さらにウナギとタグの時限切り離し装置や電池, および切り離し後, 装置を海面まで浮上させるための浮体がコンパクトにまとめられている.

2. ヨーロッパウナギとポップアップタグ. オレンジ色の浮遊体 はウナギの腹腔に差し込んで水温データを記録し, ウナギの死後に浮上して漂流, 回収するタイプのデータロガー (EU eeliad Project, ゴルウェイ, アイルランド 2009).

3. 最新式のポップアップタグ (2010). アンテナを除けば手の平に入る小型のタグで, さらなる小型化が進められている.

旅の道程
The Return Journey

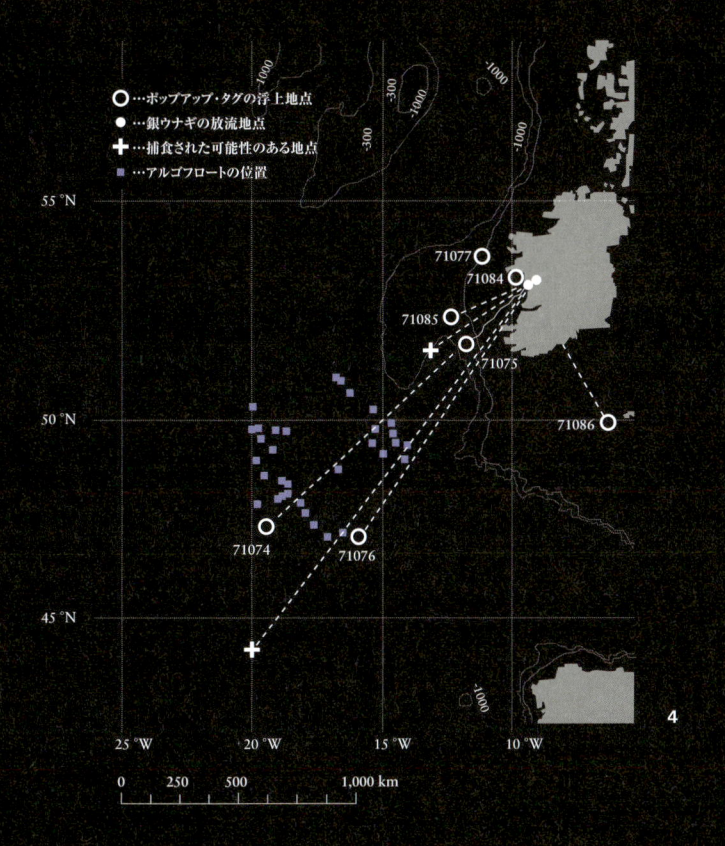

最新のテクノロジーはウナギの産卵回遊の謎を解きつつある．それはウナギにつけて回遊中の遊泳水深や経験水温を記録し，一定時間後に切り離されて海上に浮き上がってくる小型のデータロガーだ．得られたデータは人工衛星に送信され，地上局でそれを回収して解析する．ポップアップ・タグとよばれるこのシステムを使って，ウナギの回遊経路や驚くべき行動が次第に明らかになってきた．

沖合にでると昼は600 mの深みを泳ぎ，夜になると300 m前後の浅い層に浮上してくる（Aarestrup et al. 2009）．こうした日周鉛直移動はニホンウナギやニュージーランドウナギ（Jellyman & Tsukamoto 2002, 2005）でも観察されている．昼間は視覚捕食者のマグロやサメを避けるために深みへ潜って回遊し，夜間は成熟を進めるために暖かい浅層に上がってくるといわれる．毎日数℃〜十数℃の水温変化を経験することになる．ニホンウナギでは，東アジアを旅立った銀ウナギが黒潮に遭遇した後，一旦黒潮に乗って北上し，その後南に転針して産卵場を目指すことが明らかになってきた．技術開発が進みさらにタグが小型化されれば，長期の行動追跡が可能となって，産卵場までの道のりが完全に明らかになるだろう．

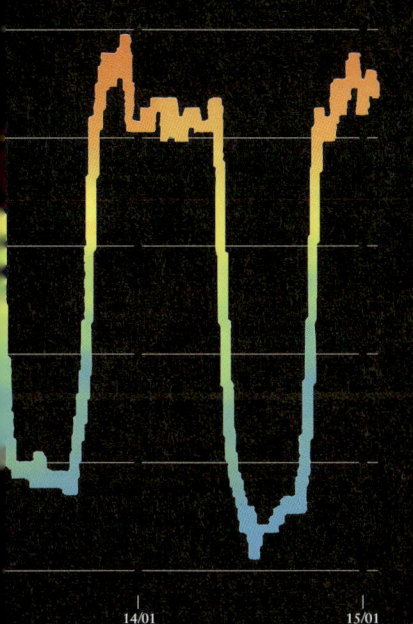

4．EUのeeliadプロジェクトによるヨーロッパウナギの産卵回遊（Aarestrup et al. 2009）．銀ウナギをアイルランド西岸から放流するとすべて南西に向かって遊泳した．

5．回遊中毎日規則正しい浅深移動を繰り返し，昼間は600 m前後，夜間は浮上して200-300 mを遊泳している．

ウナギの行動への影響を最小限に抑えるための赤色ライトの中で，悠然と遊泳する銀ウナギ (photo: van den Thillart).

スタミナトンネル
Swim Tunnel

ウナギのスタミナトンネル設計図.

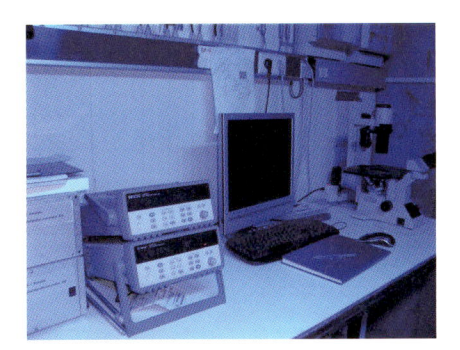

酸素消費量の測定器とコントロールユニット（オランダ・ライデン大学）.

産卵回遊にかかるエネルギーを推定するために，スタミナトンネルとよばれる回流遊泳装置が考案されている．この装置を使ってサルガッソ海までの5,500 kmに相当する距離を6ヵ月間かけて実験室で銀ウナギを遊泳させてみたところ，ウナギは驚くべき低コスト(0.5 kJ/km/kg)で遊泳していることが分かった（van den Thillart et al. 2007）．この値は，全回遊過程のコストを見積もっても，体重1 kg当たり僅か60 gの脂肪の消費に相当し，同じサイズのサケマス類の遊泳コストに比べると，5分の1の低さであった（Ginekken & Thillart 2000）．ウナギは旅立つ前に多くの脂肪を蓄積し，それを効率よく使って遊泳して，産卵場までの長旅を可能にしている．

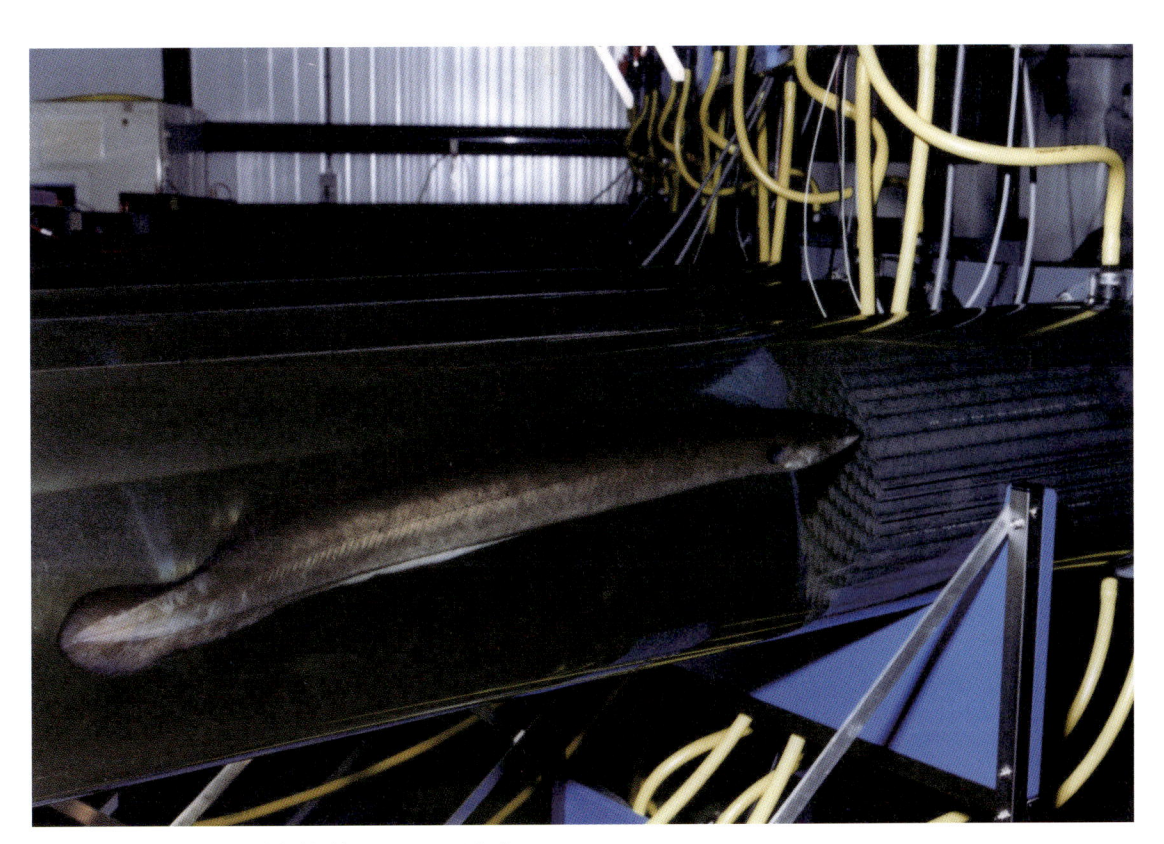

スタミナトンネルを用いた銀ウナギの遊泳行動実験(photo: van den Thillart).

SPAWNING-A
産む ―産卵親魚―

マリアナ諸島の西を南北に約1,000kmにわたって走る西マリアナ海嶺という海底山脈がある.
この海域がニホンウナギの産卵場だ.
その南端付近を東西に横切って長く伸びる塩分フロントを越えると,そこはもう産卵場.
新月が近づいてくると親魚たちは三々五々ウナギにしかわからないシグナルを探し当てて,
約束の集合場所に集まり始める.
目印はある海山の麓の地磁気かもしれない.
あるいは深い海山の谷間に生じた強い流れかもしれない.
深い海溝と複雑な海山列の織りなす地形によって産み出される渦や乱流の可能性もある.
深海底から湧き上がる湧昇流が巻き上げた,におい物質も親魚たちを引き寄せる鍵となるかもしれない.
ウナギはサケのような1対1の雌雄ペアは作らない.
産卵場で採れた天然の卵やプレレプトセファルスの遺伝子解析によると,
少なくとも雌雄100匹ずつ程度の大きな産卵集団を形成して乱婚を行うらしい.
近年産卵場で親魚が採集され,謎の産卵生態のヴェールが剥がされてきた.
夏の新月の夜,漆黒の暗闇の中で親魚が乱舞する様は,さぞ荘厳な儀式に違いない.

ADULT EELS

ヨーロッパウナギの産卵 "Eels in Love"（photo: Inge Boëtius, Jan Boëtius & Poul Schölin）. メス（上）とオス（下）が寄り添い, オスは生殖孔から精子を放出している.

094

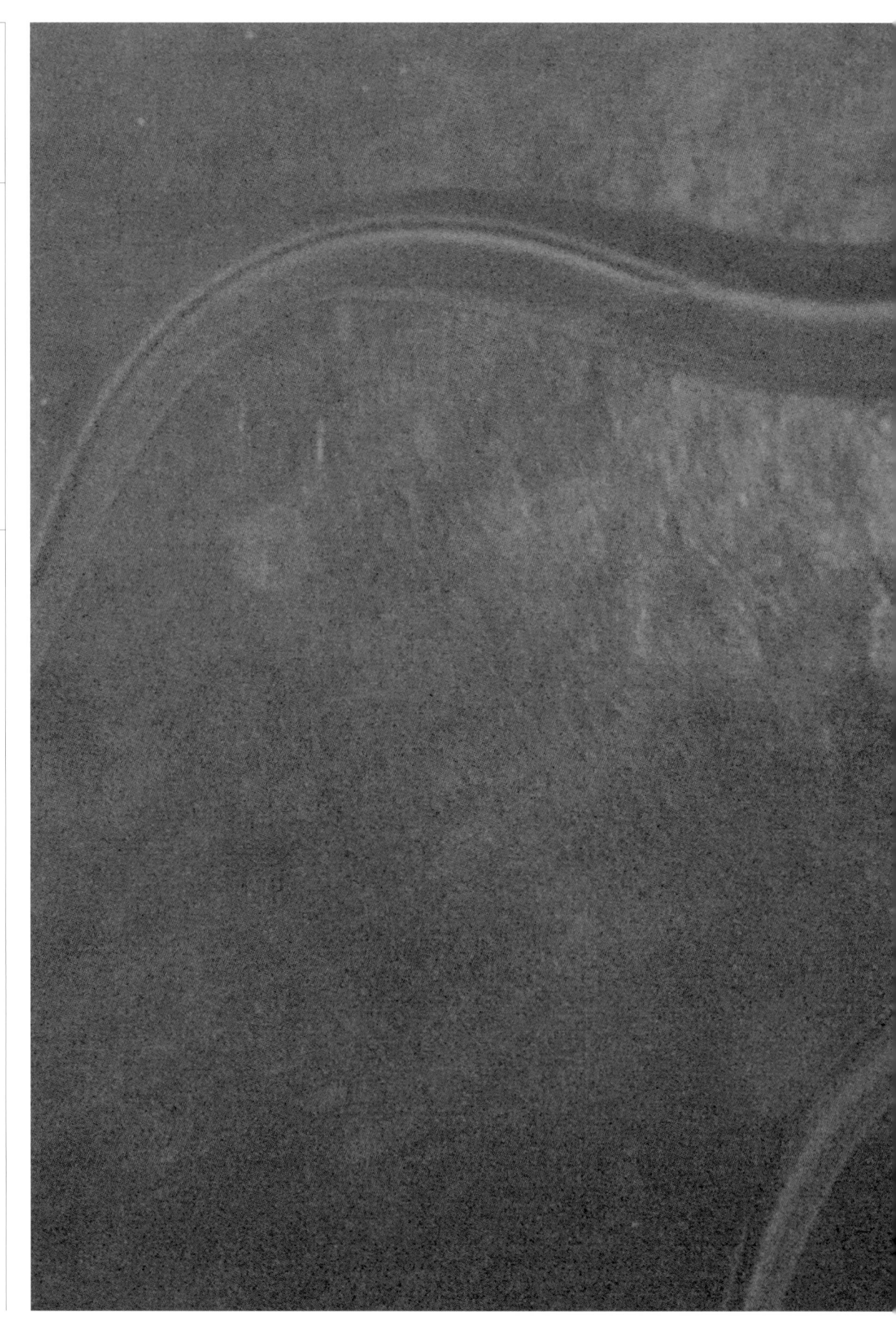

I ── 旅するウナギ：ウナギの自然科学

7 ── 産む ── 産卵親魚 ──

繁殖行動
Mating Behaviour

遙か海の彼方で行われるウナギの神秘的な産卵シーンを，人々は一目見たいと願っていた．ホルモン処理して人為的に成熟させた親魚の雌雄を実験室で観察した例がある．デンマークのBoëtius夫妻の行ったヨーロッパウナギの産卵行動実験だ（Boëtius & Boëtius 1980）．雄が雌の生殖孔を鼻で突き，放精に至った．ニホンウナギでも雄が鰓蓋や生殖孔付近のにおいを嗅ぐ行動，さらに雌の前で高速回転して放精する行動も観察されている．こうした行動実験から，いまでは自然産卵された受精卵も得られるようになった．

産卵行動実験．ホルモンにより人工催熟したニホンウナギの大きい雌1尾に対して，小さい3尾の雄を大型水槽に入れて低照度下で観察する．雄が雌の鰓蓋を鼻先でつつき，においを嗅ぐsniffing行動がみられる（photo: いらご研究所・山田祥朗）．

バルト海で捕獲されたヨーロッパウナギの雄(全長34 cm) (Schmidt 1906). 左の写真の標本と同一個体の写真.

バルト海で捕獲されたヨーロッパウナギの雄の液浸標本.
(コペンハーゲン大学動物学博物館 Zoological Museum, Natural History Museum of Denmark, University of Copenhagen)

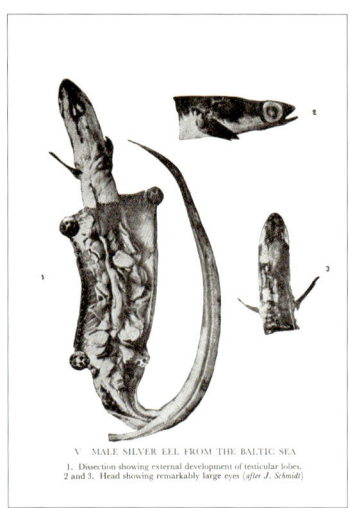

産卵
Spawning

2008年6月,西マリアナ海嶺の南端付近でニホンウナギとオオウナギの雄親魚が捕獲された(Chow et al. 2009). 同一の曳網によって2種の親魚が同時に採集され,両種のウナギが同じ産卵場を使っていることが示された. 両者の同所的産卵は,オオウナギのプレレプトセファルスがニホンウナギの産卵場で採集されていたことからも頷ける(Kuroki et al. 2009b). その後2009年の調査で雌親魚も採集され,ニホンウナギ雄6匹,雌6尾,オオウナギ雄2匹雌1匹の合計15匹の親魚が捕獲されている. これらの親魚を詳しく解析することによって,謎の繁殖生態が次第に解明されつつある(Tsukamoto et al. 2011). これまでウナギはサケ同様,一度産卵すればあとは死ぬのではないかと考えられていた. しかし産卵親魚の卵巣を調べると,発達途上の卵巣の組織像には多数の排卵後濾胞が残っていた. これは少なくとも過去に1回以上の排卵経験があり,今後さらに排卵が可能であることを示している. 雄の精巣にも様々な発育段階の精原細胞や精子が見られ,ウナギが一産卵期に複数回産卵に参加していることが証明された.

1. 2. 西マリアナ海嶺南端の産卵場で捕獲されたニホンウナギ雌(1)と雄(2).
3. 雌ニホンウナギの内臓. よく発達した卵巣が腹腔全域を占めている. 健康な鮮紅色の肝臓をもっていた.
4. 雄ニホンウナギの内臓. 腹腔はほとんど精巣で占められている.
5. 6. 西マリアナ海嶺南端の産卵場で捕獲されたオオウナギ雌(5)と雄(6).
7. 雄ニホンウナギの尾部. 産卵回遊後は骨と皮の状態に消耗しているが,鰭はまだ十分に機能していることがわかる.
8. 雌オオウナギの上顎歯. 成熟に伴って骨や歯のカルシウムが抜け,産卵後の親魚の歯は脆い.

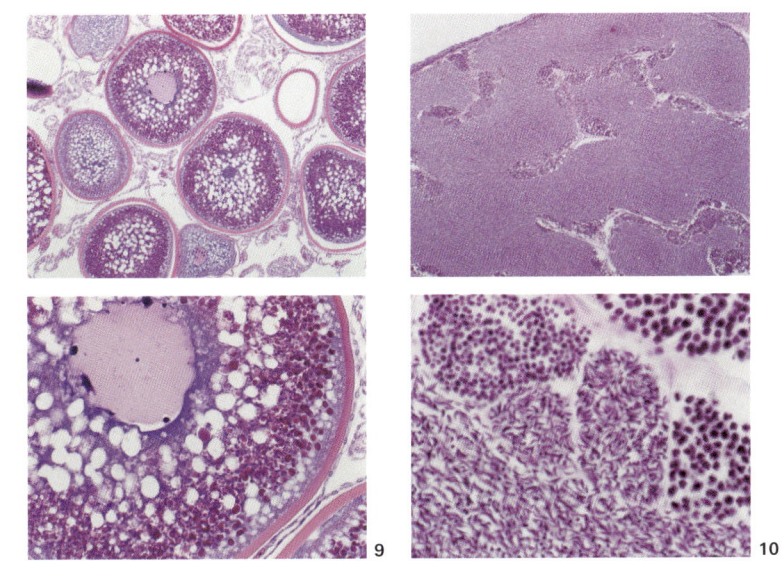

西マリアナ海嶺南端の産卵場で捕獲された天然ウナギ親魚の生殖巣.
9. 天然ニホンウナギ雌魚の卵巣(上)とその拡大写真(下).
10. 天然ニホンウナギ雄魚の精巣(上)とその拡大写真(下).

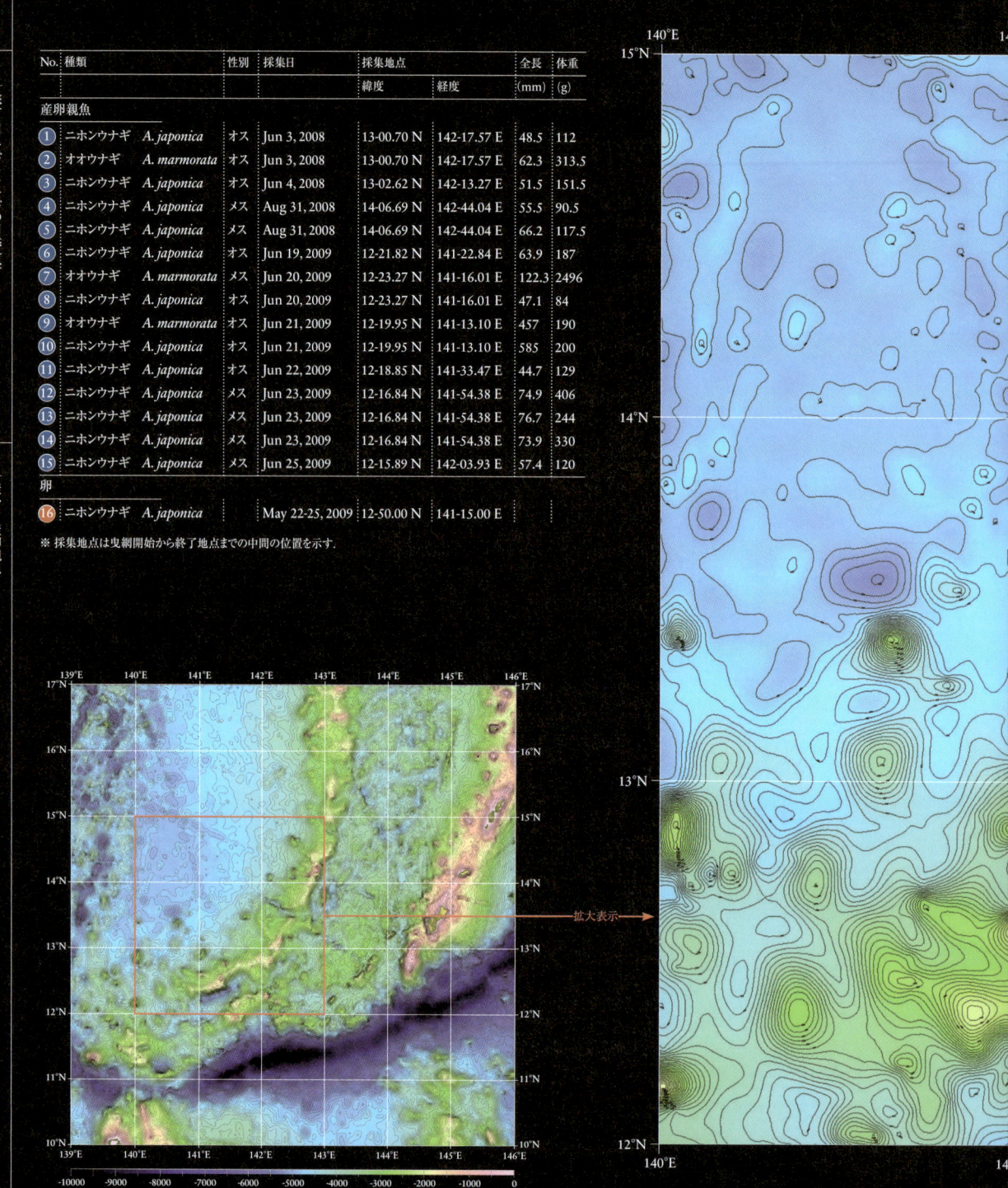

No.	種類		性別	採集日	採集地点		全長	体重
					緯度	経度	(mm)	(g)
産卵親魚								
①	ニホンウナギ	A. japonica	オス	Jun 3, 2008	13-00.70 N	142-17.57 E	48.5	112
②	オオウナギ	A. marmorata	オス	Jun 3, 2008	13-00.70 N	142-17.57 E	62.3	313.5
③	ニホンウナギ	A. japonica	オス	Jun 4, 2008	13-02.62 N	142-13.27 E	51.5	151.5
④	ニホンウナギ	A. japonica	メス	Aug 31, 2008	14-06.69 N	142-44.04 E	55.5	90.5
⑤	ニホンウナギ	A. japonica	メス	Aug 31, 2008	14-06.69 N	142-44.04 E	66.2	117.5
⑥	ニホンウナギ	A. japonica	オス	Jun 19, 2009	12-21.82 N	141-22.84 E	63.9	187
⑦	オオウナギ	A. marmorata	メス	Jun 20, 2009	12-23.27 N	141-16.01 E	122.3	2496
⑧	ニホンウナギ	A. japonica	オス	Jun 20, 2009	12-23.27 N	141-16.01 E	47.1	84
⑨	オオウナギ	A. marmorata	オス	Jun 21, 2009	12-19.95 N	141-13.10 E	457	190
⑩	ニホンウナギ	A. japonica	オス	Jun 21, 2009	12-19.95 N	141-13.10 E	585	200
⑪	ニホンウナギ	A. japonica	オス	Jun 22, 2009	12-18.85 N	141-33.47 E	44.7	129
⑫	ニホンウナギ	A. japonica	メス	Jun 23, 2009	12-16.84 N	141-54.38 E	74.9	406
⑬	ニホンウナギ	A. japonica	メス	Jun 23, 2009	12-16.84 N	141-54.38 E	76.7	244
⑭	ニホンウナギ	A. japonica	メス	Jun 23, 2009	12-16.84 N	141-54.38 E	73.9	330
⑮	ニホンウナギ	A. japonica	メス	Jun 25, 2009	12-15.89 N	142-03.93 E	57.4	120
卵								
⑯	ニホンウナギ	A. japonica		May 22-25, 2009	12-50.00 N	141-15.00 E		

※ 採集地点は曳網開始から終了地点までの中間の位置を示す.

拡大表示→

約束の場所
The Rendezvous

これまでに採集された卵と親魚の採集地点を海底地形図にプロットして見ると,西マリアナ海嶺の南端部に集中している.もう少し南下すると,そこはもう世界最深部・マリアナ海溝のチャレンジャー海淵に行きつく.なぜウナギはこんなところに産卵場を決めたのだろうか.このあたりはフィリピン海プレートの東南の角にあたる.およそ3,4千万年前,このプレートが開き始めたときから,ウナギたちはこの地の何かに導かれて産卵していたのではないだろうか.東アジアに分布するニホンウナギは,プレートが大きく開いた現在も昔から定まった産卵場に固執するため,約3,000 kmもの長旅をしなくてはならなくなったらしい.

2008-2010年に採集されたウナギ親魚と卵の地点.赤丸はウナギ卵,青丸は親魚の採集地点を示す.

I-8

THE FISH WE

ウナギという魚

ウナギとはどんな生き物か？
ヘビのようだが，もちろん爬虫類ではない．れっきとした魚だ．
しかも魚の中でもかなり古く，由緒正しい家系＝系統といえる．
しかし見た目は，およそ魚らしくない魚だ．
魚を定義する条件といえば，水中生活，鰓呼吸，鱗，鰭，変温動物であるが，
ウナギのイメージは多くの条件に当てはまりにくい．事実，空気中でも湿った環境ならしばらくは生きられるし，
鱗は皮下に埋没していて目立たない．また一見，胸鰭以外に鰭らしい鰭は見あたらない．
細長い円筒形の柔軟な体形は岩の割れ目や砂泥中に暮らす生活によく合っている．
発達した皮膚呼吸と体表を覆う大量の粘液は，海と連結しない山上湖まで長距離の陸上移動を可能にした．
また淡水から海水まで幅広い塩分濃度に適応できる広塩性をもっていることから，
河川から沿岸域まで様々な生息域を獲得している．
ウナギは魚としては一風変わってはいるが，それなりに成功した魚といえよう．
だから，この地球上で何千万年も生き延びてきた．

CALL EELS

オオウナギの頭骨（脇谷量子郎 製作）.

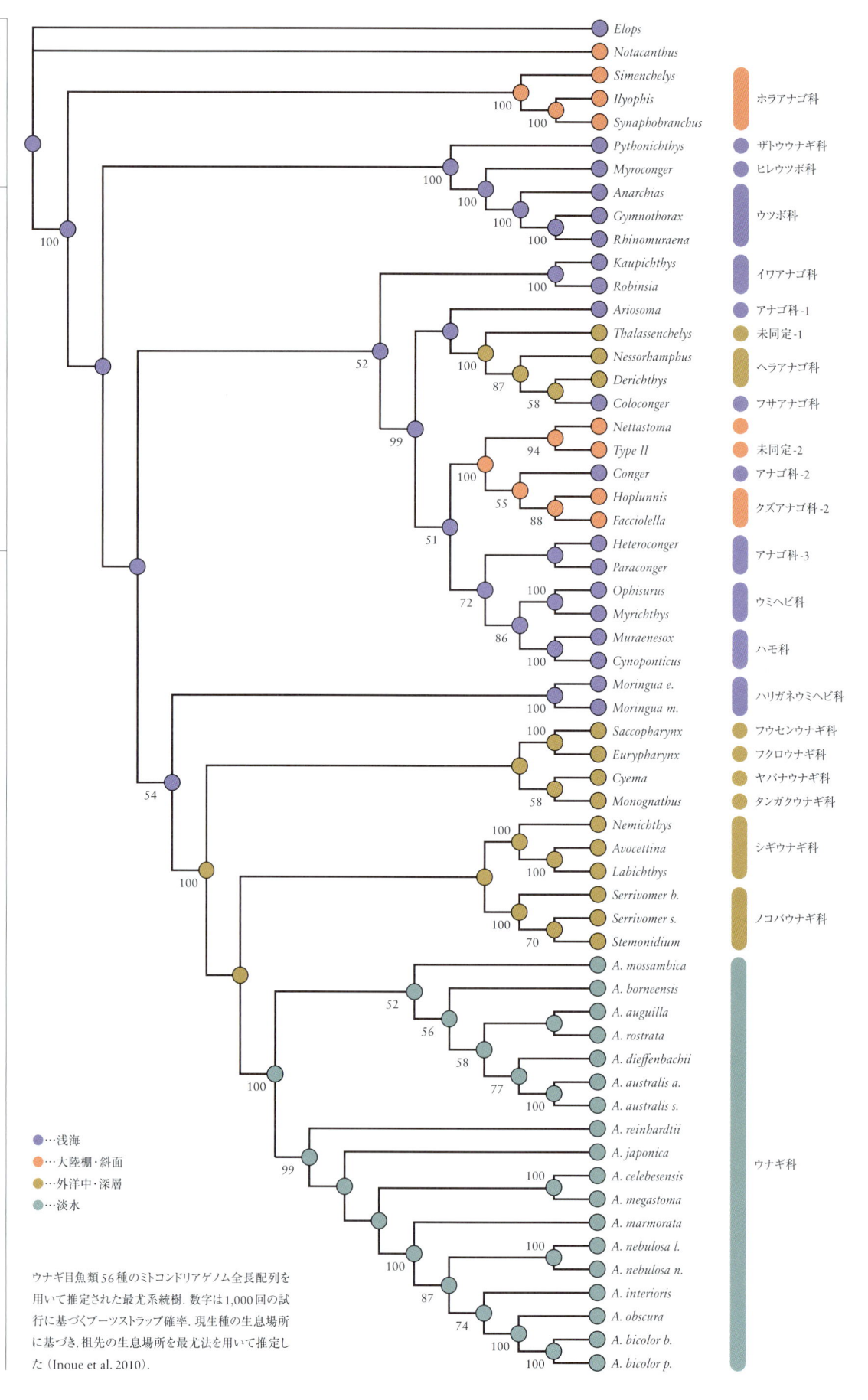

ウナギ目魚類56種のミトコンドリアゲノム全長配列を用いて推定された最尤系統樹. 数字は1,000回の試行に基づくブートストラップ確率. 現生種の生息場所に基づき, 祖先の生息場所を最尤法を用いて推定した (Inoue et al. 2010).

- ● …浅海
- ● …大陸棚・斜面
- ● …外洋中・深層
- ● …淡水

降河回遊魚
Catadromy

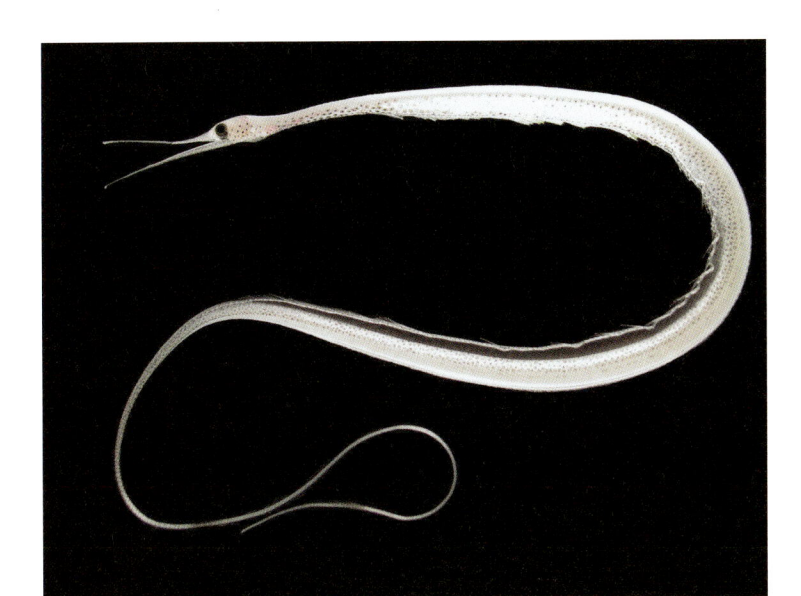

シギウナギ科 Nemichtyidae.

ノコバウナギ科 Serrivomeridae.

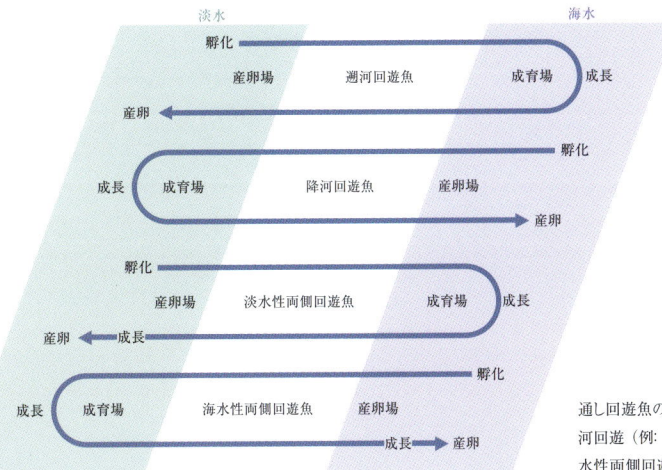

ウナギとは,分類学的には脊椎動物門,条鰭綱,ウナギ目,ウナギ科,ウナギ属の19種・亜種をいう.ヤツメウナギ,タウナギ,デンキウナギなど,細長い魚は一般に"ウナギ"という名前をつけて呼ばれているが,これらはウナギとは系統的にかなり遠い.ウナギの本当の仲間はアナゴ,ウツボ,ウミヘビ,ハモなどウナギ目に属す魚たちだ.

ウナギは一般に淡水魚と思われている.事実,淡水魚図鑑にはウナギが載っているが,海水魚図鑑にウナギが記載されていることは稀である.しかしウナギは淡水魚でも海水魚でもない.海と川を行き来する回遊魚である.海で生まれ川で育ち,産卵のために川を下って海へ帰る.この生活史パターンを降河回遊という.ウナギの仲間がすべて海水魚であることを考えると,ウナギは海水魚起源の降河回遊魚といえる.最近の分子系統解析の結果,ウナギの回遊の起源を探る有力なヒントが得られた.ウナギに最も近縁なのは外洋中深層に棲むフウセンウナギ目やシギウナギ科,ノコバウナギ科の魚類であった(Inoue et al. 2010).実際ウナギも未だに彼らとほぼ同じ熱帯海域の中深層まで帰って産卵する.ウナギは仔魚期に沿岸にやってきて淡水に遡上する回遊生態を身につけたとき,彼らと袂を分かち,独自の進化の道を歩み始めた.

通し回遊魚の回遊型.上から遡河回遊(例:サケ),降河回遊(例:ウナギ),淡水性両側回遊(例:アユ),海水性両側回遊(例:ボラ).

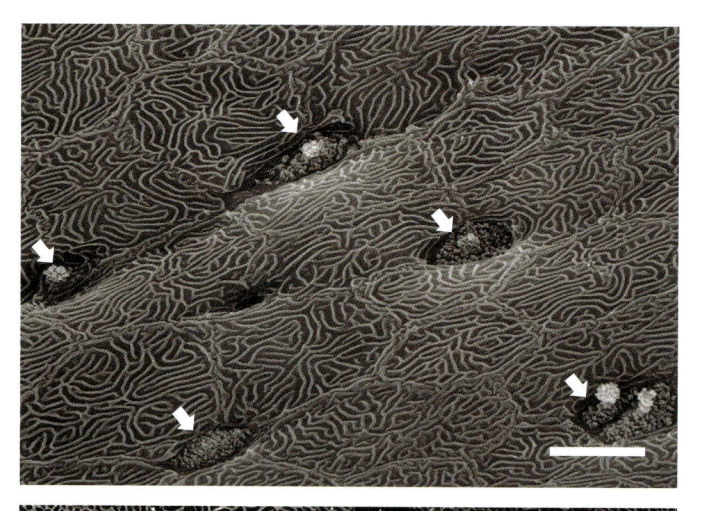

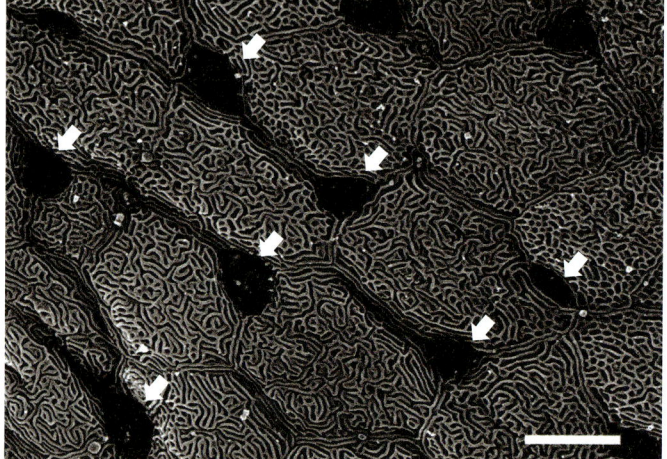

ウナギの塩類細胞の走査電子顕微鏡写真．矢印は塩類細胞の開口部を示す．上は淡水，下は海水に馴致した状態　スケールバー：5μm（photo: 徐美暎・金子豊二）．

鰓の染色組織切片．

体と機能
Bodies and Functions

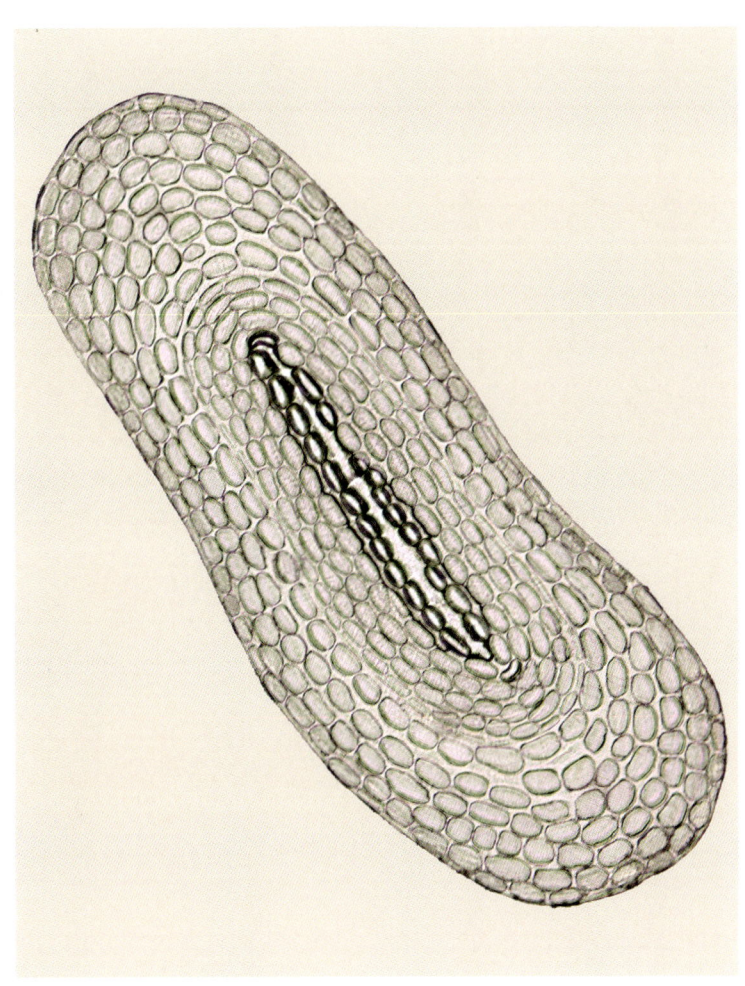

鱗の光学顕微鏡写真 (photo: 安孝珍)

ウナギは一様に円筒形の細長い体形をしている．垂直鰭の背鰭，臀鰭，尾鰭はすべて繋がって体の後半部を縁取る．対鰭として胸鰭はあるが，腹鰭はない．体色は生息環境により変異が大きく，黄ウナギの背側は青緑色から暗褐色，腹側は白色から黄白色．上顎骨と下顎骨には円錐状の小型歯がびっしりと並び歯帯を形成する．鱗は，外部からの物理・化学・生物的刺激に対して体表を防護する役目をもつ．ウナギの場合，鱗は退化して小さな小判型の鱗が皮下に埋没しているのみであるが，その代わりに，表皮に粘液細胞が発達し，多量の粘液を分泌して体を保護する．この他，表皮にはレクチンを産生する棍棒状細胞があり，これも外部の異物の攻撃から身を守る生体防御の機能をもつ．このレクチン産生細胞は既に孵化後8日のプレレプトセファルスの時期から認められる．同時にレプトセファルスの表皮には塩類細胞とよばれる特殊な細胞も多数存在し，海水中で体内に流れ込んでくる多量のNaイオンやClイオンを排出して体内の塩分を調節している．さらにレプトセファルスの鰓は未発達で十分に機能していないから，直接水中の酸素を取り込んで呼吸する機能も皮膚が備えている．つまりウナギの皮膚は，レプトセファルスの体をすっぽり包み，生体防御，塩分調節，呼吸などの多機能に働く魔法の袋といえる．

I｜旅するウナギ：ウナギの自然科学

8｜ウナギという魚

Anguilla mossambica (Peters, 1852)
Anguilla borneensis Popta, 1924 
Anguilla anguilla (Linnaeus, 1758) 
Anguilla rostrata (Lesueur, 1817) 
Anguilla dieffenbachii Gray, 1842 
Anguilla australis australis Richardson, 1841  

Anguilla megastoma Kaup, 1856
Anguilla marmorata Quoy & Gaimard, 1824 
Anguilla bengalensis labiata (Peters, 1852) 
Anguilla bengalensis bengalensis (Gray, 1831) 
Anguilla interioris Whitley, 1938
Anguilla luzonensis Watanabe, Aoyama & Tsukamoto, 2009

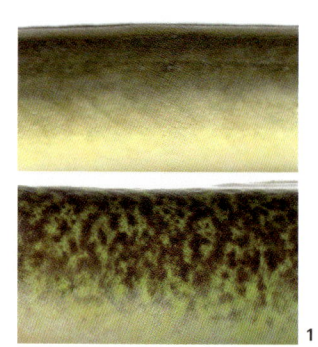

1. ウナギの皮膚．斑紋のない種類（上）と斑紋のある種類（下）．
2. ウナギの歯帯．歯帯が細い種類（左）と太い種類（右）．

分類学
Taxonomy

ウナギの分類に大きな貢献をしたのはデンマークのエーゲである (Ege 1939). シュミットが行った *Dana* II の世界一周航海で得た世界各地の標本を用いて, ウナギの分類の再検討を行い, 現代まで通用する分類体系を構築した. エーゲは斑紋, 背鰭長, および歯帯の3つの形態的特徴に着目して, 世界のウナギを4群に分類した. まず体表の斑紋の有無で2グループに分け, 斑紋のないグループはさらに背鰭が背側の前方から始まっている長鰭型と, 背側後方でほぼ肛門と同様の位置から始まっている短鰭型の2群に分けた. 一方, 斑紋のあるグループには, 上顎の歯帯が太いか細いかによって2タイプがある. 4群に属するそれぞれのウナギの地理分布を見ると互いに重複せず, 上記3形質と産地情報から種を認識できるとした. しかし, 確かな産地情報がない標本は種まで決めることができないという難点がある. 現在はウナギの国際的な商取引がされるようになり, ときには信頼できる産地情報がないこともある. そこで考案されたのが遺伝子のデータベースを用いた分類法である (Watanabe et al. 2005). これならば産地情報がなくとも, サンプルさえあれば正確に種査定ができる. いまでは現存する全19種・亜種について完全な遺伝子データベースができている.

Anguilla australis schmidtii Phillipps, 1925
Anguilla reinhardtii Steindachner 1867
Anguilla japonica Temminck & Schlegel, 1846
Anguilla celebesensis Kaup, 1856
Anguilla obscura Günther, 1871
Anguilla bicolor pacifica Schmidt, 1928
Anguilla bicolor bicolor McClelland, 1844

世界に分布する19種・亜種のウナギ属魚類標本.

ウィルヘルム・エーゲ Vilhelm Ege (1887-1962).

I｜旅するウナギ：ウナギの自然科学

8｜ウナギという魚

109

ニホンウナギのタイプ標本（lectotype）
（オランダ国立自然史博物館 National Museum of Natural History, Netherlands）．
全長 左：no. 3660a 27 cm, no. 3660b 26.4 cm, 中：no. 3661a 50.3 cm, no. 3661b 46.8 cm；右：no. 3659: 33.2 cm.

シーボルトと ニホンウナギ
Siebold and Japanese Eels

フィリップ・フランツ・フォン・シーボルト Philipp Franz von Siebold（1796-1866）とその助手ハインリッヒ・ビュルガー Heinrich Bürger（1806-1858）が，長崎・出島に滞在した1823-1834年の間に収集した動植物のコレクションの中に，ニホンウナギも含まれている．魚類の標本は長崎の町絵師，川原慶賀によって精密に描写された．ビュルガーが標本に関する記述を行い，これに液浸標本と慶賀の水彩画を加えて，オランダ・ライデンの国立自然史博物館に送った．ここで初代館長のコンラート・ヤコブ・テミンク Coenraad Jacob Temminck（1778-1858）と第2代館長のヘルマン・シュレーゲル Hermann Schlegel（1804-1884）が *Anguilla japonica* を『Fauna Japonica』（日本動物誌）の魚類編に新種として記載した．それゆえニホンウナギの正式学名は *Anguilla japonica* Temminck et Schlegel なのである．日本から江戸後期にオランダに運ばれた計5尾のニホンウナギがタイプ標本となっている（Boeseman 1947）．

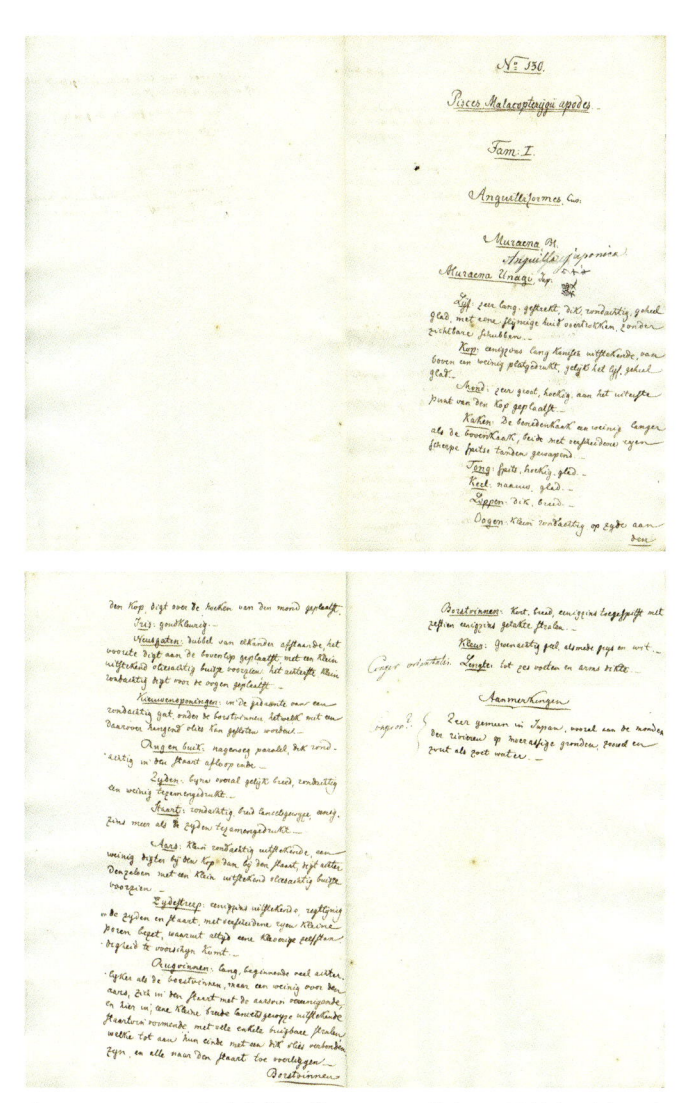

ビュルガーによるニホンウナギの記載．漢字で鰻，カタカナでウナギとあるのは川原慶賀により書かれたものである（オランダ国立自然史博物館 Naturalis, Netherlands）．

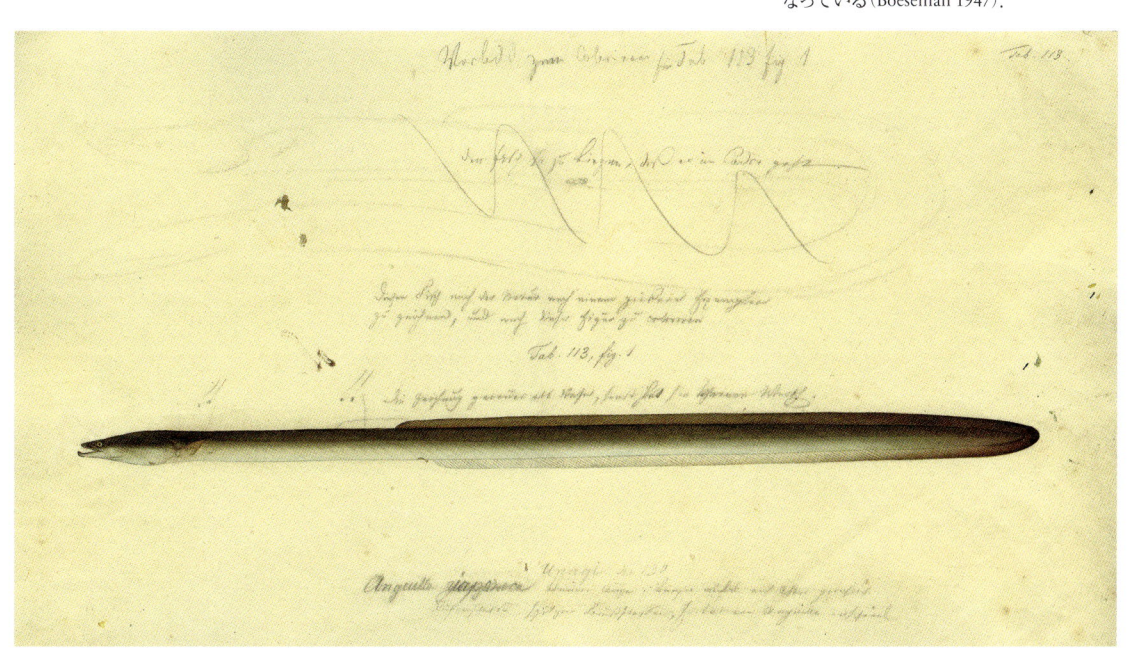

川原慶賀が描いたニホンウナギの水彩画（オランダ国立自然史博物館 Naturalis, Netherlands）．

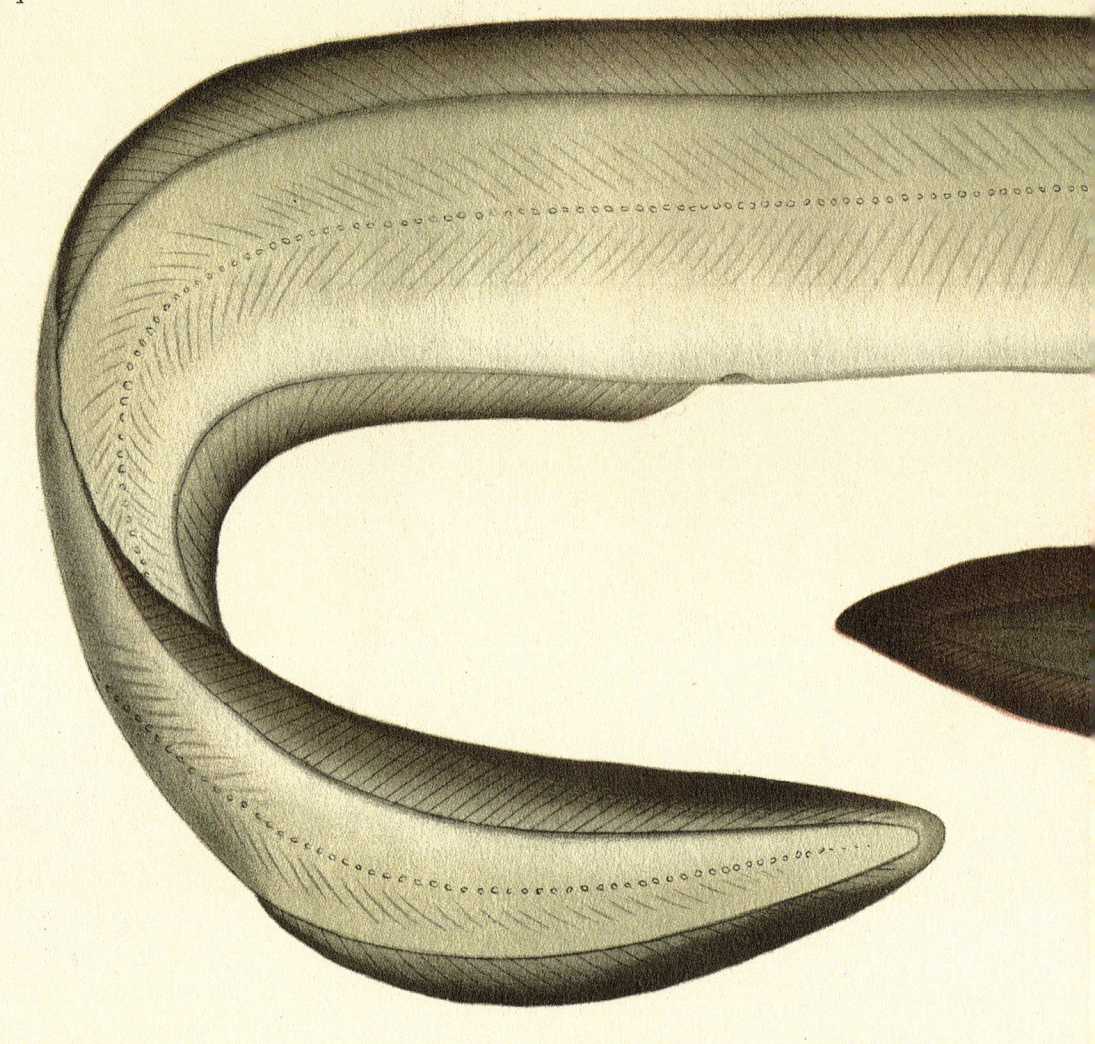

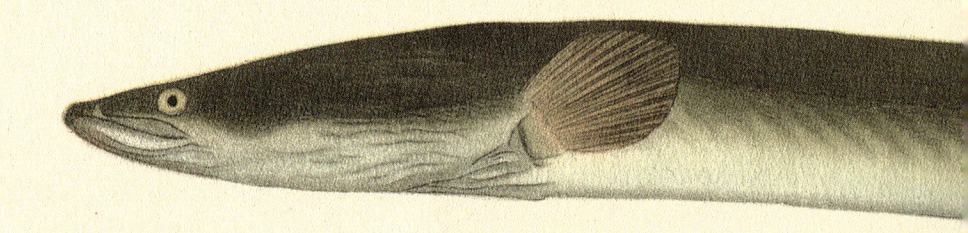

Fauna japonica

I ─ 旅するウナギ：ウナギの自然科学

8 ─ ウナギという魚

『Fauna Japonica』（日本動物誌）のアナゴ（上）とニホンウナギ（下）．原著のキャプションでは両者の学名が入れかわっている．

I, ANGUILLA JAPON.

Pisces Tab. CXIII.

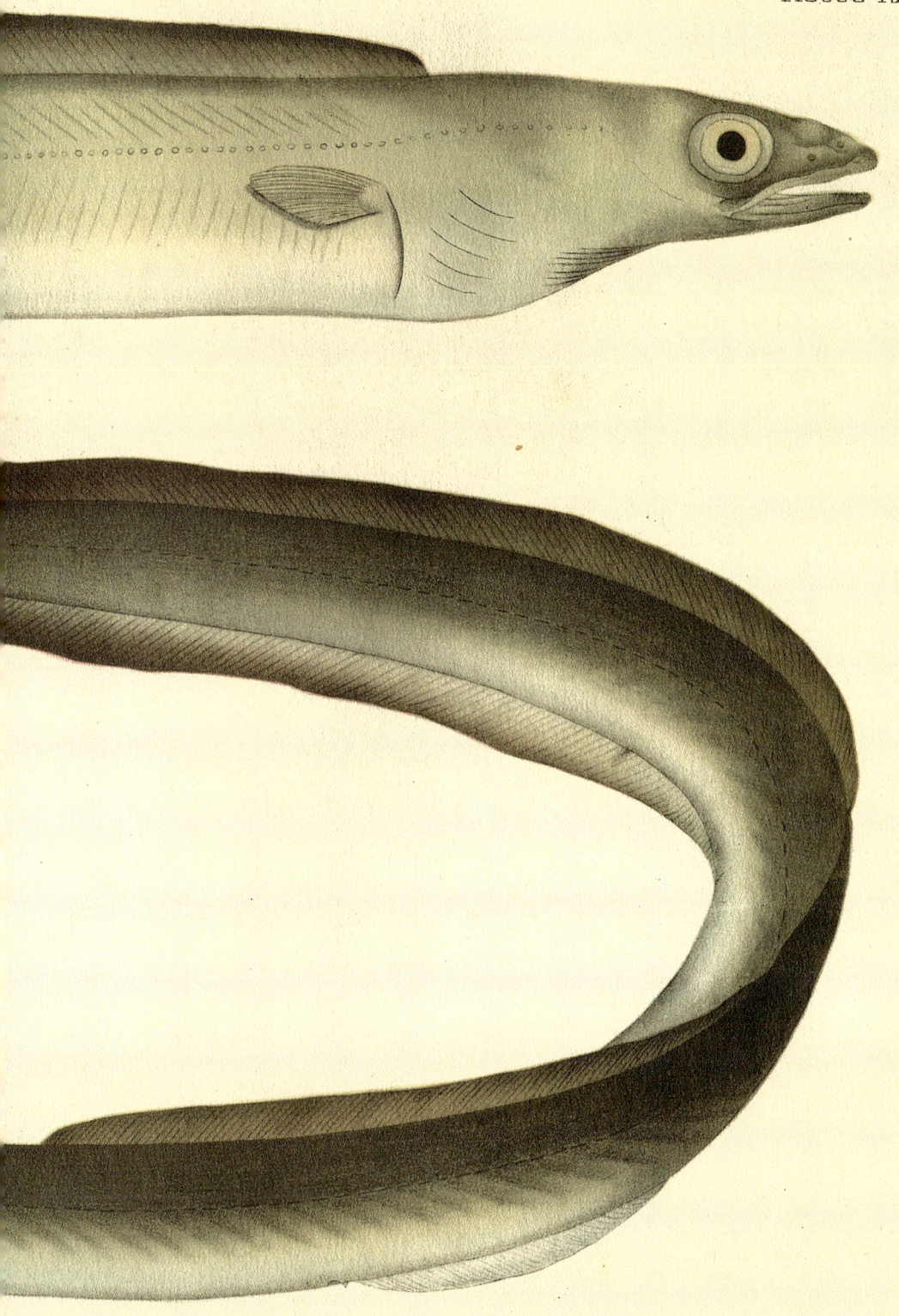

II, CONGER ANAGO.

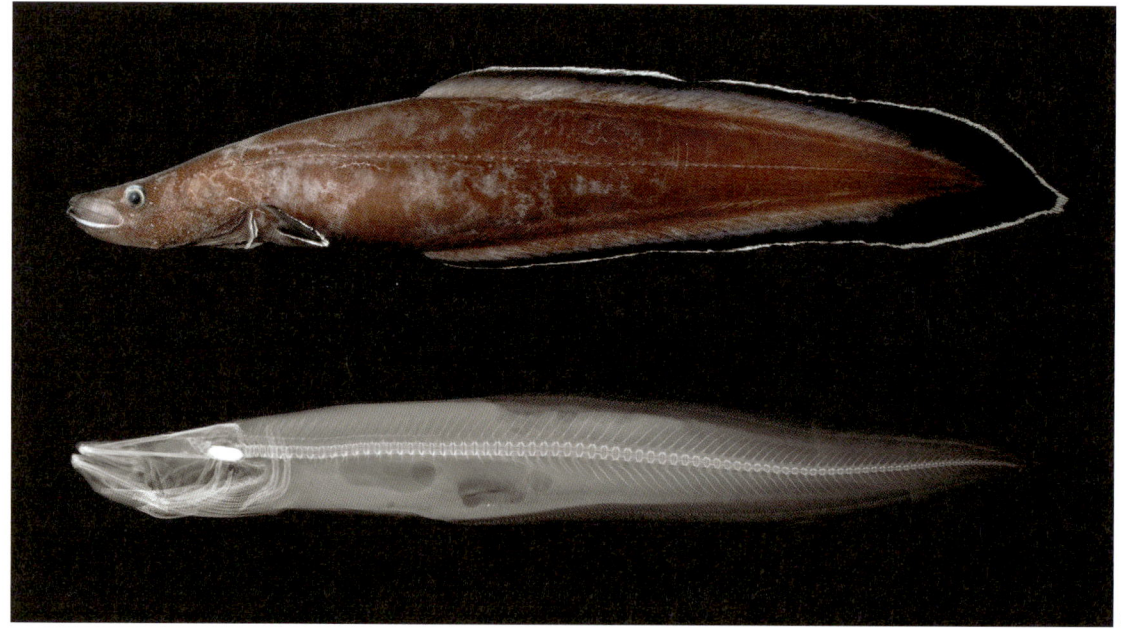

1. 既知のウナギ目のなかでもっとも原始的なムカシウナギの遊泳写真（photo: 坂上治郎）.体が長く，ゆっくり泳ぐ魚の特徴として背鰭と臀鰭が長く対在することが挙げられる.さらに，泳ぐ時は上下の鰭が同時に同じように（鏡像対称で）動く.ムカシウナギも泳ぎは苦手で，洞窟以外の競争相手の多い環境では生き残れなかっただろう.

2. ムカシウナギのタイプ標本およびそのX線写真（photo: 井田齊）.脊椎骨は約80.約820種の現生ウナギ目は，ヤバネウナギ類を除いて100以上の脊椎骨をもつ.ウナギ目の特殊化のひとつ，体の伸長という側面でも未記載種はもっとも祖先型に近いと判断できる（ヤバネウナギ類は尾部を失ったグループ）.

起源
Origins

ウナギ目魚類の化石がおよそ 4,000 万年前の地層から出土している.しかし,おそらくウナギ目の祖先種が起源した年代はさらに古いだろう.2010 年にパラオの海底洞窟でウナギ目の祖先種と思われる原始的な魚が見つかった (Johnson et al. 2011).遺伝子の系統解析から約 2 億年前に出現したと推定されている.この原始的なウナギは,古代からあまり姿を変えずに熱帯の海底洞窟の中でひっそりと暮らしていた.

ウナギ目魚類の太古の祖先は,おそらく最初に沿岸域で派生し,外洋の中深層へ進出していったらしい.その後,これら深海魚との共通祖先から袂を分かって沿岸・淡水域へ入るようになったものが,海と川の間で回遊する現在のウナギになった (Tsukamoto et al. 2002).川へ上ったウナギは熱帯域の生産性の高い河川で大きく成長し,大きな卵をたくさんもつようになった.この母親に由来する子どもたちは,川に上がらず貧栄養の熱帯の海に留まった小さな親の子どもたちよりたくさん生き残り,成長も良かったに違いない.こうして稚魚期に川へ上がる習性が種の中に固定されていった.しかし一方で,産卵場は保守的で容易に動かせないため,外洋から起源した名残として,ウナギはいまでも遥か外洋の深い海の産卵場まで帰っていかなければならなくなった (Tsukamoto et al. 2002).

最初に川に遡上したウナギは,なぜ川に入ったのだろう?沿岸にやってきたウナギの祖先が先住者のウツボやアナゴとの競争に敗れ,居心地の悪い沿岸域から河川へ"脱出"したのが,河川遡上の始まりではないか (Tsukamoto et al. 2009b).こうした不適な環境からの脱出は,多くの動物の回遊の始まりとなっている.

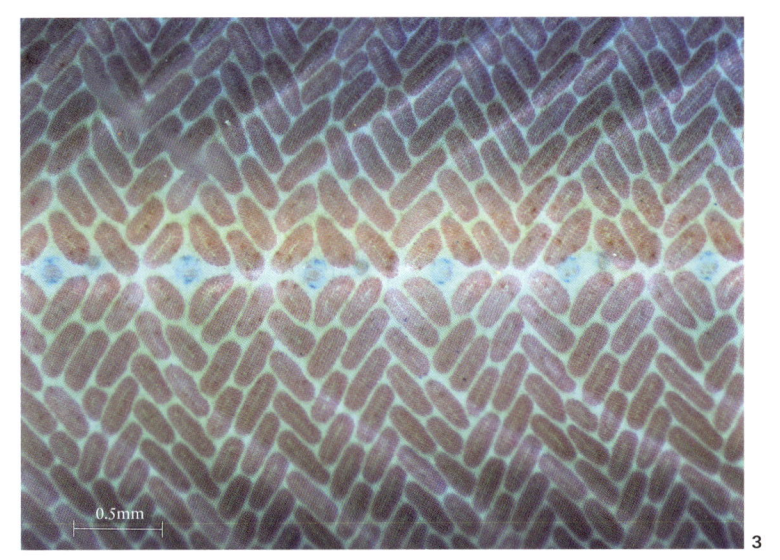

3.ムカシウナギの鱗 (photo: David Johnson).ウナギなどの現生種の一部の仲間にも交互に直交した鱗の配列が認められるが,ムカシウナギの鱗はほぼ全身におよぶこと,鱗の密度が高いことなど,原始的な様相がうかがえる.

4.ムカシウナギの尾部 (photo: 坂上治郎).既知のウナギ目では背・尾・臀の 3 つの鰭は連続してそれぞれを区別できない.ムカシウナギでは尾鰭の 10 本の鰭条が明らかに突出し,背鰭と臀鰭と融合する過程が読み取れる(分離→接近→融合→退化).

5.ウナギ目の鰓弓.左からコンゴウアナゴ *Simenchelys parasitica*,アメリカウナギ *Anguilla rostrata*,ムカシウナギ *Protoanguilla palau* (photo: David Johnson).
上が口,下が喉となっており,赤く染まった部分は硬骨,青く染まった部分は軟骨状態にあることを示す.ムカシウナギは赤い骨要素が多く,コンゴウアナゴやアメリカウナギより退化的でないことがわかる.鰓は呼吸だけでなく餌を濾し取るなど機能も備える.ムカシウナギ(右)の左右斜め方向に並んだ 5 つの鰓弓にある小さな赤い突起が餌を濾し取る鰓耙という構造.多くの魚にはあるが,現生ウナギ目では全種で退化している.つまり,鰓耙でもムカシウナギが最も祖先型に近いといえる.

インドネシア・ポソ湖に分布するウナギ属魚類.

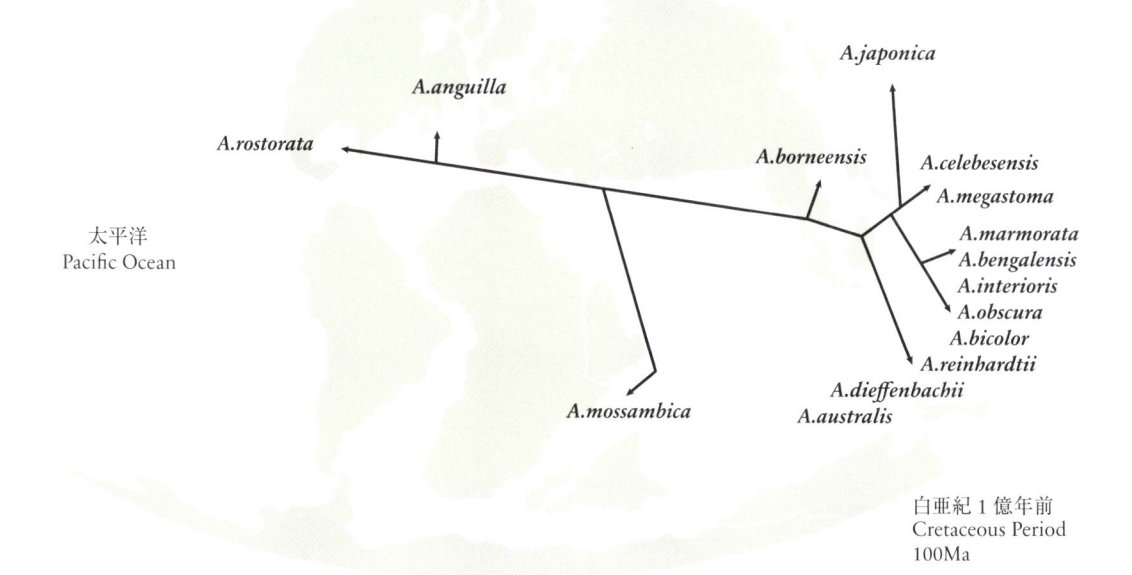

ウナギ属魚類の起源と進化に関するテーティス海仮説
(Aoyama et al. 2001).

A.japonica
A.anguilla
A.rostorata
A.borneensis
A.celebesensis
A.megastoma
A.marmorata
A.bengalensis
A.interioris
A.obscura
A.bicolor
A.reinhardtii
A.dieffenbachii
A.australis
A.mossambica

太平洋
Pacific Ocean

白亜紀 1 億年前
Cretaceous Period
100Ma

進化
Evolution

ウナギの地理分布域は広い．太平洋の東端と南大西洋を除けば，ほぼ全世界に分布する．暖流が流れている沿岸部にウナギが分布しているのは，熱帯の産卵場から各大洋の西岸境界流を利用してレプトセファルスが高緯度域まで分散し，棲み着いた結果だ．現在のインドネシア周辺には7種・亜種のウナギが分布し，世界のウナギの分布中心といえる．ウナギの本場は熱帯である．

世界のウナギ全種の分子系統解析から，ウナギはいまからおよそ1億年前の白亜紀，現在のボルネオ島付近の海産魚を起源として生まれ，世界中に広がっていったと推定されている (Aoyama et al. 2001)．西へ向かったものは，スエズ地峡が形成される以前に古代のテーティス海を経て大西洋に侵入し，ヨーロッパウナギとアメリカウナギへ種分化していった．これら大西洋の2種は共にサルガッソ海で同所的に産卵することによりハイブリッドができる．これらは奇しくもヨーロッパと北米の丁度中間に位置するアイスランドに分布するとの報告がある (Avise et al. 1990, Albert et al. 2006)．

Ege (1939) に基づく世界のウナギ属19種の分布．
A. luzonensis は Watanabe et al. (2009) で採集された地点を示す．

ヨーロッパウナギとアメリカウナギのハイブリッドが報告されているアイスランドの湖．

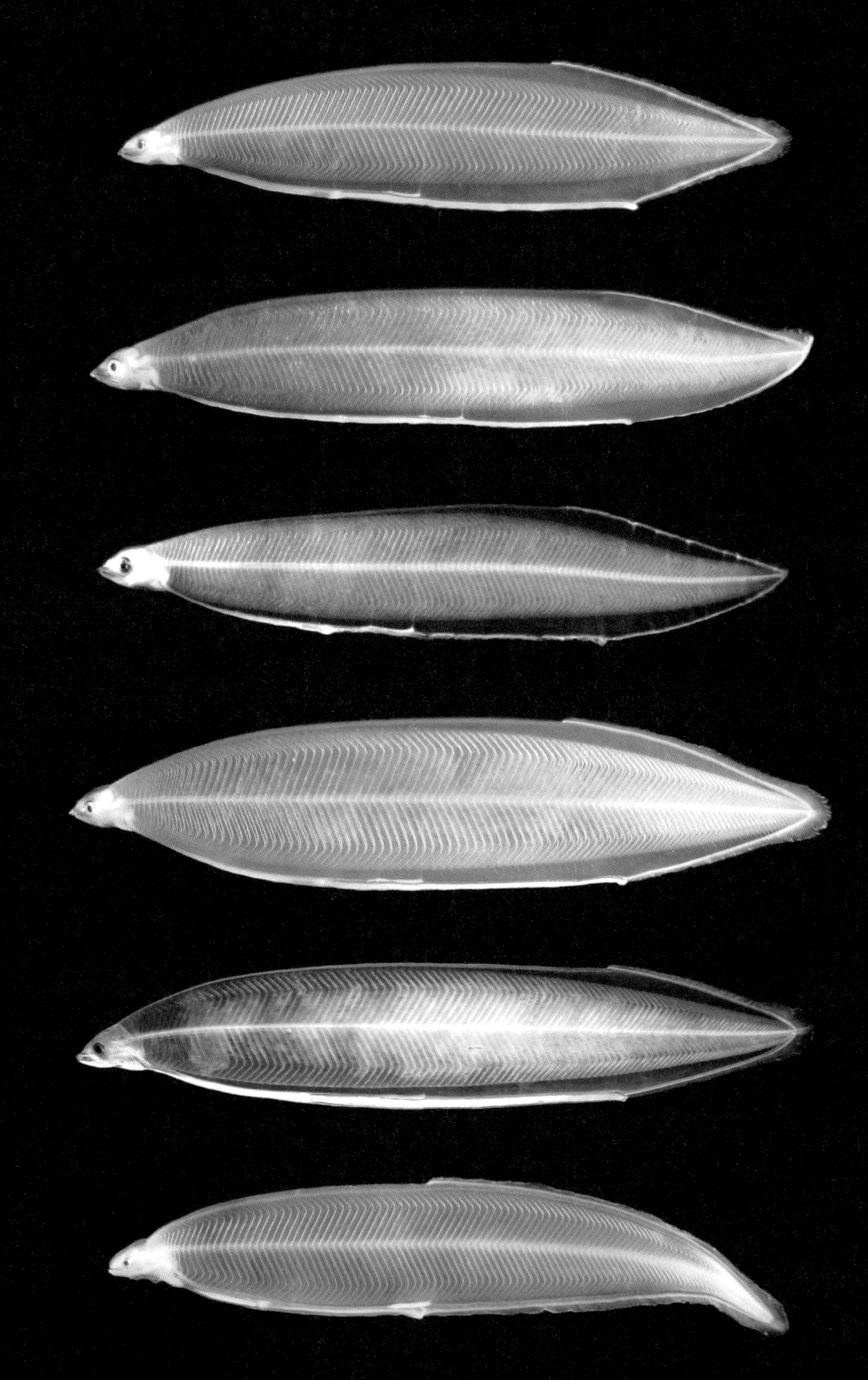

ウナギのレプトセファルス．上から，*Anguilla borneensis*, *A. australis*, *A. japonica*, *A. marmorata*, *A. bicolor pacifica*, *A. bicolor pacifica*（変態期仔魚）．

回遊環
Migration Loop

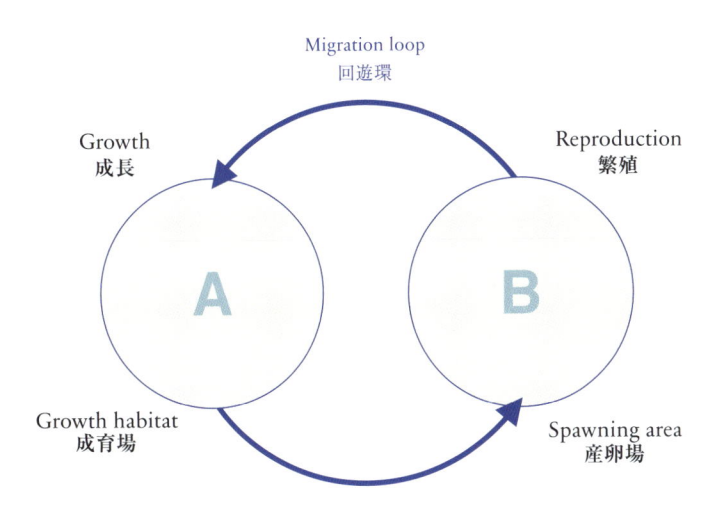

種の産卵場と成育場を結ぶ概念的回遊経路を回遊環という(Tsukamoto et al. 2002). 昔はすべてのウナギが小さな回遊環をもち, 熱帯の沿岸域の産卵場と河川との間で局地的な小規模回遊を行っていたらしい. レプトセファルスの特徴から, 長距離・長期間の浮遊分散が可能になり, 熱帯海域に産卵場を残したまま, 成育場のみ温帯や亜寒帯の高緯度域にまで拡大された. その結果, 数千キロにもおよぶウナギの大回遊が成立したと考えられている(Kuroki et al. 2006). およそ3,000万年前に派生した当初は, 東アジアのニホンウナギも近距離にあった産卵場と東アジアの成育場の間を小規模回遊していたが, フィリピン海プレートの拡大に伴って現在のような3,000 kmもの大回遊を行うようになったものと推測される.

温暖化が急激に進む地球において, 今後こうしたウナギの回遊様式がどのように変化していくか, 注意深く見守る必要がある.

回遊環 Migration loopの概念図.

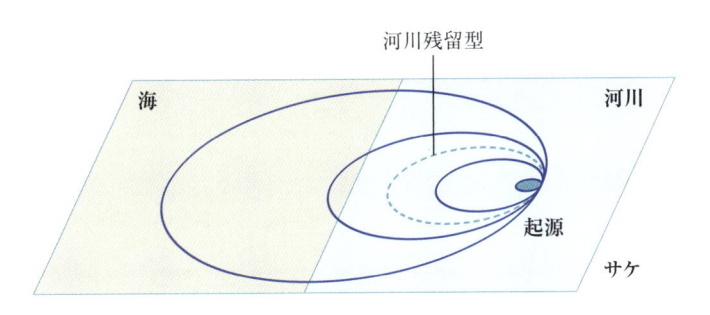

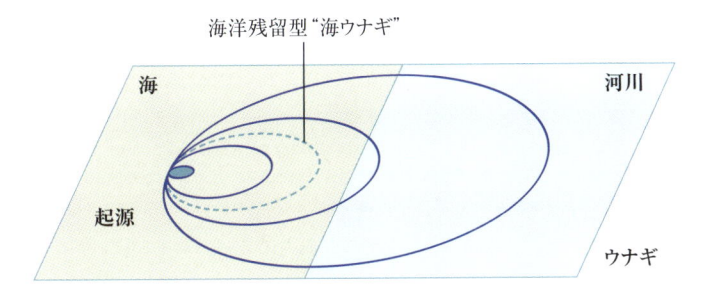

サケとウナギの通し回遊の起源と進化. 種の産卵場と成育場を結ぶ概念的回遊経路を回遊環 Migration loopと名づけ, 回遊環の変化により回遊行動の進化を論じた. サケは淡水に起源し, 回遊環を河口から沖合へ拡大していった(上). 一方, ウナギは海に起源し, その回遊環を沿岸に拡げ, やがて淡水まで進入させることで降河回遊を進化させた(下). サケが起源した淡水域にその祖先型として降海しない河川残留型を生じるように, ウナギは起源した海に残留型として海ウナギを生じるものと推測される (Tsukamoto et al. 2002).

ポール・ジェスパーセン Poul Jespersen (1891-1951). DanaII号で採集された世界のウナギ属レプトセファルスの分布を論文にまとめた (Jespersen 1942).

References

Aarestrup K, Økland F, Hansen MM, Righton D, Gargan P, Castonguay M, Bernatchez M, Howey P, Sparholt H, Pedersen MI, McKinley RS (2009) Oceanic spawning migration of the European eel (*Anguilla anguilla*). *Science* 325: 1660

Albert V, Jónsson B, Bernatchez L (2006) Natural hybrids in Atlantic eels (*Anguilla anguilla*, *A rostrata*): evidence for successful reproduction and fluctuating abundance in space and time. *Mol Ecol* 15: 1903–1916

Aoyama J, Nishida M, Tsukamoto K (2001) Molecular phylogeny and evolution of the freshwater eel, genus *Anguilla*. *Mol Phylogenet Evol* 20: 450–459

Avise JC, Nelson, WS, Arnold J, Koehn RK (1990) The evolutionary genetic status of Icelandic eels. *Evolution* 44: 1254–1262

Barbin GP (1998) The role of olfaction in homing and estuarine migratory behavior of yellow-phase American eels. *Can J Fish Aquat Sci* 55: 564–575

Bertin L (1956) Eels: A biological study. Cleaver-Hume Press Ltd, London pp.1–192

Bishop RE, Torres JJ, Crabtree RE (2000) Chemical composition and growth indices in leptocephalus larvae. *Mar Biol* 137: 205–214

Boeseman M (1947) Revision of the fishes collected by Burger and Von Siebold in Japan. *Zool Med Leiden* 28: 1–242

Boëtius I, Boëtius J (1980) Experimental maturation of female silver eels, *Anguilla anguilla* Estimates of fecundity and energy reserves for migration and spawning. *Dana* 1: 1–28

Boëtius J, Harding EF (1985) A re-examination of Johannes Schmidt's Atlantic eel investigations. *Dana* 4: 129–162

Bonhommeau S, Castonguay M, Rivot E, Sabatié R, Pape OL (2010) The duration of migration of Atlantic *Anguilla* larvae. *Fish Fish* 11: 289–306

Casellato S (2002) European eel: A history which must be rewritten. *Ital J Zool* 69: 321–324

Castle PHJ (1959) A large leptocephalid (Teleostei, Apodes) from off South Westland, New Zealand. *Trans R Soc NZ* 87: 179–184

Cheng, PW, Tzeng WN (1996) Timing of metamorphosis and estuarine arrival across the dispersal range of the Japanese eel *Anguilla japonica*. *Mar Ecol Prog Ser* 131: 87–96

Chiba H, Iwatsuki K, Hayami K, Yamauchi K (1993) Effect of dietary estradiol-17 β on feminization, growth and body composition in the Japanese eel (*Anguilla japonica*). *Comp Biochem Physiol* 106A: 367–372

Chow S, Kurogi H, Mochioka N, Kaji S, Okazaki M, Tsukamoto K (2009) Discovery of mature freshwater eels in the open ocean. *Fish Sci* 75: 257–259

Colombo G, Grandi G (1996) Histological study of the development and sex differentiation of the gonad in the European eel. *J Fish Biol* 48: 493–512

Deelder CL, Tesch FW (1970) Heimfindevermögen von Aalen (*Anguilla anguilla*) die über grosse Entfernungen verpflanzt worden waren. *Mar Biol* 6: 81–92

Delage Y (1886) Sur les relations de parenté du Congre et du Leptocéphale. *C R Acad Sci Paris* 103: 698–699

Ege V (1939) A revision of the genus *Anguilla* Shaw: a systematic, phylogenetic and geographical study. *Dana Rep* 16: 1–256

Elie P, Lecomte-Finiger R, Cantrelle I, Charlon NV (1982) Definition des limites des differents stades pigmentaires durant la phase civelle d' *Anguilla anguilla* L. *Vie et Milieu* 32: 149–157

Freud S (1877) Beobachtungen über Gestaltung und feinerem Bau der als Hoden beschriebenen Lappenorgane des Aals. In: *Sitzungsber Akad Wiss Wien* (*Math-Naturwiss Kl*), 1 Abt, Bd 75: 419-431.

Fukuda N (2010) Inshore and upstream migration of Japanese eels in the Hamana Lake system, Japan. Doctoral dissertation, Univ Tokyo, Tokyo

Gill TN (1864) On the affinities of several doubtful British fishes. *Proc Acad Nat Sci Philad* 16:199–208

Ginekken VJT, Thillart GEEJM (2000) Eel fat stores are enough to reach the Sargasso. *Nature* 403: 156–157

Grassi GB (1896) The reproduction and metamorphosis of the common eel (*Anguilla vulgaris*). *Proc R Soc Lond* 60: 260–271

Hiroi J, Maruyama K, Kawazu K, Kaneko T, Ohtani-Kaneko R, Yasumasu S (2004) Structure and developmental expression of hatching enzyme genes of the Japanese eel *Anguilla Japonica*: an aspect of the evolution of fish hatching enzyme gene. *Dev Genes Evol* 214: 176–184

Inoue JG, Miya M, Miller MJ, Sado T, Hanel R, López JA, Hatooka K, Aoyama J, Minegishi Y, Nishida M, Tsukamoto K (2010) Deep-ocean origin of the freshwater eels. *Biol Lett* 6: 363–366

Jellyman DJ, Sykes JRE (2003) Diel and seasonal movements of radio-tagged freshwater eels, *Anguilla* spp., in two New Zealand streams. *Environ Biol Fish* 66: 143–154

Jellyman DJ, Tsukamoto K (2002) First use of archival transmitters to track migrating freshwater eels *Anguilla dieffenbachii* at sea. *Mar Ecol Prog Ser* 233: 207–215

Jellyman DJ, Tsukamoto K (2005) Swimming depths of offshore migrating longfin eels *Anguilla dieffenbachii*. *Mar Ecol Prog Ser* 286: 261–267

Jespersen P (1942) Indo-Pacific leptocephalids of the genus *Anguilla*: systematic and biological studies. *Dana Rep* 22: 1–128

Johnson D, Ida H, Sakaue J, Sado T, Asahida T, Miya M (2011) A 'living fossil' eel (Anguilliformes: Protoanguillidae, fam nov) from an undersea cave in Palau. *Proc R Soc B*. in press

Kaifu K, Yokouchi K, Aoyama J, Tsukamoto K. Head shape polymorphism in Japanese eels *Anguilla japonica* in relation to somatic growth in the Kojima Bay-Asahi River system, Japan. *J Fish Biol*. in press

Kajihara T, Tsukamoto K, Otake T, Mochioka N, Hasumoto H, Oya M, Tabeta O (1988) Sampling leptocephali with reference to the diel vertical migration and gears. *Bull Japan Soc Sci Fish* 54: 941–946

Kaneko T, Hasegawa S, Sasai S (2003) Chloride cells in the Japanese eel during their early life stages and downstream migration. In: Aida K, Tsukamoto K, Yamauchi K (eds.) *Eel Biology* Springer, Tokyo. pp. 457–468

Kim H, Kimura S, Shinoda A, Kitagawa T, Sasai Y, Sasaki H (2007) Effect of El Niño on migration and larval transport of the Japanese eel (*Anguilla japonica*). *ICES J Mar Sci* 64: 1387–1395

Kimura S, Tsukamoto K, Sugimoto T (1994) A model for the larval migration of the Japanese eel: roles of the trade winds and salinity front. *Mar Biol* 119: 185–190

Kleckner RC (1980) Swim bladder volume maintenance related to initial oceanic migratory depth in silver-phase *Anguilla rostrata*. *Science* 208: 1481–1482

Kleckner RC, McCleave JD (1985) Spatial and temporal distribution of American eel larvae in relation to North Atlantic Ocean current systems. *Dana* 4: 67–92

Kuroki M, Aoyama J, Miller MJ, Arai T, Sugeha HY, Minagawa G, Wouthuyzen S, Tsukamoto K (2005) Correspondence between otolith microstructural changes and early life history events in *Anguilla marmorata* leptocephali and glass eels. *Coast Mar Sci* 29: 154–161

Kuroki M, Aoyama J, Miller MJ, Wouthuyzen S, Arai T, Tsukamoto K (2006) Contrasting patterns of growth and migration of tropical anguillid leptocephali in the western Pacific and Indonesian Seas. *Mar Ecol Prog Ser* 309: 233–246

Kuroki M, Kawai M, Jónsson B, Aoyama J, Miller MJ, Noakes DLG, Tsukamoto K (2008a) Inshore migration and otolith microstructure/microchemistry of anguillid glass eels recruited to Iceland. *Environ Biol Fish* 83: 309–325

Kuroki M, Aoyama J, Miller MJ, Watanabe S, Shinoda A, Jellyman DJ, Tsukamoto K (2008b) Distribution and early life history characteristics of anguillid leptocephali in the western South Pacific Ocean. *Mar Freshw Res* 59: 1035–1047

Kuroki M, Aoyama J, Kim H, Miller MJ, Kimura S, Tsukamoto K (2009a) Migration scales of catadromous eels: diversity and evolution of larval migration based on their distribution, morphology and early life history In: Haro A, Smith K, Rulifson R, Moffitt C, Klauda R, Dadswell M, Cunjak R, Cooper J, Beal K, Avery T (eds.) Challenges for diadromous fishes in a dynamic global environment. *Am Fish Soc Symp* 69 Bethesda, Maryland. pp. 887–889

Kuroki M, Aoyama J, Miller MJ, Yoshinaga T, Shinoda S, Hagihara S, Tsukamoto K (2009b) Sympatric spawning of *Anguilla marmorata* and *Anguilla japonica* in the western North Pacific Ocean. *J Fish Biol* 74: 1853–1865

Kuroki M, Fukuda N, Yamada Y, Okumura A, Aoyama J, Tsukamoto K (2010) Morphological changes and otolith growth during metamorphosis of Japanese eel leptocephali in captivity. *Coast Mar Sci* 34: 31–38

LaBar GW, Facey DE (1983) Local movements and inshore population sizes of American eels in Lake Champlain, Vermont. *Trans Am Fish Soc* 11: 111–116

LaBar GW, Hernando C, Delgado DF (1987) Local movements and population size of European eels, *Anguilla anguilla*, in a small lake in southwestern Spain *Environ Biol Fish* 19: 111–117

Leander NJ, Shen KN, Chen RT, Tzeng WN. Taxonomy, species composition and seasonal occurrence of freshwater eels (*Anguilla* spp.) in the eastern coast of Taiwan. *Zool. Stud.* in press

Lecomte-Finiger R (1992) history and age at recruitment of European glass eels (*Anguilla anguilla*) as revealed by otolith microstructure. *Mar Biol* 114: 205–210

Miller MJ, Tsukamoto K (2004) An introduction to leptocephali: Biology and identification. Ocean Research Institute, University of Tokyo, Tokyo

Mochioka N (1994) Morphology and classification of *Anguilla japinica* leptocephalus. Kaiyo

Mon 287: 299–301

Mochioka N, Iwamizu M (1996) Diet of anguillid larvae: leptocephali feed selectively on larvacean houses and fecal pellets. *Mar Biol* 125: 447–452

Nelson JS (2006) Fishes of the world. 4th ed. John Wiley and Sons, Inc. New York. pp. 1–601

Okamura A, Yamada Y, Yokouchi K, Horie N, Mikawa N, Utoh T, Tanaka S, Tsukamoto K (2007) A silvering index for the Japanese eel *Anguilla japonica*. *Environ Biol Fish* 80: 77–89

Oliveira K (1999) Life history characteristics and strategies of the American eel, *Anguilla rostrata*. *Can J Fish Aquat Sci* 56:795–802

Otake T (1996) Fine structure and function of the alimentary canal in leptocephali of the Japanese eel *Anguilla japonica*. *Fish Sci* 62: 28–34

Otake T, Ishii T, Nakahara M, Nakamura R (1994) Drastic changes in otolith strontium/calcium ratios in leptocephali and glass eels of Japanese eel *Anguilla japonica*. *Mar Ecol Prog Ser* 112: 189–193

Otake T, Inagaki T, Hasumoto H, Mochioka N, Tsukamoto K (1998) Diel vertical distribution of *Anguilla japonica* leptocephali. *Ichthyol Res* 45: 208–211

Ozawa T, Tabeta O, Mochioka N (1989) Anguillid leptocephali from the western North Pacific east of Luzon, in 1988. *Nippon Suisan Gakka* 55: 627–632

Ozawa T, Kakizoe F, Tabeta O, Maeda T, Yuwaki Y (1991) Japanese eel leptocephali from three cruises in the western North Pacific. *Nippon Suisan Gakka* 57: 1877–1881

Parker SJ (1995) Homing ability and home range of yellow-phase American eels in a tidally dominated estuary. *J Mar Biol Assoc UK* 75: 127–140

Pfeiler E (1991) Glycosaminoglycan composition of anguilliform and elopiform leptocephali. *J Fish Biol* 38: 533–540

Poole WR, Reynolds JD (1996) Growth rate and age at migration of *Anguilla anguilla*. *J Fish Biol* 48: 633–642

Sasai S, Aoyama J, Watanabe S, Kaneko T, Miller MJ, Tsukamoto K (2001) Occurrence of migrating silver eels *Anguilla japonica* in the East China Sea. *Mar Ecol Prog Ser* 212: 305–310

Schmidt J (1906) Contributions to the life-history of the eel (*Anguilla vulgaris*, Flem.). *Rapp PV Reun Cons perm int Explor Mer* 5: 137–264

Schmidt J (1922) The breeding places of the eel. *Phil Trans R Soc Lond* 211: 179–208

Shinoda A, Aoyama J, Miller MJ, Otake T, Mochioka N, Watanabe S, Minegishi Y, Kuroki M, Yoshinaga T, Yokouchi K, Fukuda N, Sudo R, Hagihara S, Zenimoto K, Suzuki Y, Oya M, Inagaki T, Kimura S, Fukui A, Lee TW, Tsukamoto K (2011) Evaluation of the larval distribution and migration of the Japanese eel in the western *North Pacific*. *Rev Fish Biol Fish*. in press

Strubberg A (1913) The metamorphosis of elvers as influenced by outward conditions. *Meddelester fra Kommissionen for Havunderogesler, serie Fiskeri Copenhagen* 4: 1–11

Sudo R (2011) The initiation mechanisms of spawning migration of Japanese eel, *Anguilla japonica* Doctoral dissertation, Univ Tokyo, Tokyo

Suzuki Y, Otake T (2001) Skin lectin and the lymphoid tissues in the leptocephalus larvae of the Japanese eel *Anguilla japonica*. *Fish Sci* 66: 636–643

Tanaka S (1975) Collection of leptocephali of the Japanese eel in waters south of the Okinawa Islands *Bull Japan Soc Sci Fish* 41: 129–136

Thurow F (1957) Beiträge zur Biologie des Flußaales *Anguilla vulgaris* Turt Phil Diss Kiel

Todd (1980) Size and age of migrating New Zealand freshwater eels (Anguilla spp.). *NZ J Mar Freshwat Res* 14: 283–293

Todd (1981) Timing and periodicity of migrating New Zealand freshwater eels (*Anguilla* spp.). *NZ J Mar Freshwat Res* 15: 225–235

Tomoda H, Uematsu K (1996) Morphogenesis of the brain in larval and juvenile Japanese eels, *Anguilla japonica*. *Brain Behav Evol* 47: 33–41

Törlitz M (1922) Anatomische und entwicklungsgeschichtliche Beiträge zur Artfrage unseres Flußaales Z Fisch 21: 1–48

Tsukamoto K (1990) Recruitment mechanism of the eel, *Anguilla japonica*, to the Japanese coast. *J Fish Biol* 36: 659–671

Tsukamoto K (1992) Discovery of the spawning area for the Japanese eel. *Nature* 356: 789–791

Tsukamoto K (2006) Spawning of eels near a seamount. *Nature* 439: 929

Tsukamoto K, Nakai I, Tesch FW (1998) Do all freshwater eels migrate? *Nature* 396: 635–636

Tsukamoto K, Aoyama J, Miller MJ (2002) Migration, speciation and the evolution of diadromy in anguillid eels. *Can J Fish Aquat Sci* 59: 1989–1998

Tsukamoto K, Otake T, Mochioka N, Lee TW, Fricke H, Inagaki T, Aoyama J, Ishikawa S, Kimura S, Miller MJ, Hasumoto H, Oya M, Suzuki Y (2003) Seamounts, new moon and eel spawning: the search for the spawning site of the Japanese eel. *Environ Biol Fish* 66: 221–229

Tsukamoto K, Yamada Y, Okamura A, Tanaka H,

Miller MJ, Kaneko T, Horie N, Utoh T, Mikawa N, Tanaka S (2009a) Positive buoyancy in eel leptocephali: an adaptation for life in the ocean surface layer. *Mar Biol* 156: 835-846

Tsukamoto K, Miller MJ, Kotake A, Aoyama J, Uchida K (2009b) The origin of fish migration: the random escape hypothesis. In: Haro A, Smith K, Rulifson R, Moffitt C, Klauda R, Dadswell M, Cunjak R, Cooper J, Beal K, Avery T (eds.) Challenges for diadromous fishes in a dynamic global environment. *Am Fish Soc Symp* 69 Bethesda, Maryland pp. 45-61

Tsukamoto K, Chow S, Otake T, Kurogi H, Mochioka N, Miller MJ, Aoyama J, Kimura S, Watanabe S, Yoshinaga T, Shinoda A, Kuroki M, Oya M, Watanabe T, Hata K, Ijiri S, Kazeto Y, Nomura K, Tanaka H (2011) Oceanic spawning ecology of freshwater eels in the western North Pacific. *Nature Comm* 2: 179

Tzeng WN (1990) Relationship between growth rates and age at recruitment of *Anguilla japonica* elvers in a Taiwan estuary as inferred from otolith growth increments. *Mar Biol* 107: 75-81

Tzeng WN, Lin HR, Wang CH, Xu SN (2000) Differences in size and growth rates of male and female migrating Japanese eels in Pearl River, China. *J Fish Biol* 57: 1245-1253

van den Thillart G, Palstra AP, van Ginneken V (2007) Simulated migration of European silver eel: swim capacity and cost of transport. *J Mar Sci Technol* 15: 1-16

Vollestad LA (1992) Geographic variation in age and length at metamorphosis of maturing European eel: environmental effects and phenotypic plasticity. *J Fish Biol* 61: 41-48

Watanabe S, Aoyama J, Nishida M, Tsukamoto K (2005) A molecular genetic evaluation of the taxonomy of eels of the genus *Anguilla* (Pisces: Anguilliformes). *Bull Mar Sci* 76: 675-690

Watanabe S, Aoyama J, Tsukamoto K (2009) A new species of freshwater eel *Anguilla luzonensis* (Teleostei: Anguillidae) from Luzon Island of the Philippines. *Fish Sci* 75: 387-392

Wenner CA, Musick JA (1974) Fecundity and gonad observations of American eel, *Anguilla rostrata*, migrating from Chesapeake Bay, Virginia. *J Fish Res Board Can* 31: 1387-1391

Yamada Y, Zhang H, Okamura A, Tanaka S, Horie N, Mikawa N, Utoh T, Oka HP (2001) Morphological and histological changes in the swim bladder during maturation of the Japanese eel. *J Fish Biol* 58: 804-814

Yamamoto K, Yamauchi K (1974) Sexual maturation of Japanese eel and production of eel larvae in the aquarium. *Nature* 251: 220-222

Yokouchi K, Aoyama J, Miller MJ, McCarthy TK, Tsukamoto K (2009a) Depth distribution and biological characteristics of the European eel *Anguilla anguilla* in Lough Ennell, Ireland. *J Fish Biol* 74: 857-871

Yokouchi K, Aoyama J, Tsukamoto K (2009b) Why hasn't the Japanese eel declined to the levels of the European and American eels? A possible explanation from the movement and age structure of growth-phase eels In: Haro A, Smith K, Rulifson R, Moffitt C, Klauda R, Dadswell M, Cunjak R, Cooper J, Beal K, Avery T (eds.) Challenges for diadromous fishes in a dynamic global environment. *Am Fish Soc Symp* 69 Bethesda, Maryland pp. 911-913

Yokouchi K, Fukuda N, Miller MJ, Aoyama J, Daverat F, Tsukamoto K. Late arrival to freshwater causes future habitat shifts: Influences on the migratory plasticity and demography of Japanese eels in the Hamana Lake system. *Can J Fish Aquat Sci.* in press

II

EELS IN HUMAN SOCIETY: SOCIAL SCIENCE OF EELS

社会の中の鰻
ウナギの社会科学

　背開きと腹開き，蒸しと地焼き．同じ蒲焼きでも，関東と関西でこれほど料理法に違いがある．ウナギを捌く包丁にしても各地域によって全く異なる型のものが使われ，料理人のこだわりと伝統がうかがえる．ウナギは食資源動物として我が国の社会に深く根づいている．
　現在，日本人は年間約10万トンもウナギを消費しているが，そのうちの99.5％以上は，河口周辺で採集した天然のシラスウナギを池で飼って大きくした養殖ウナギで，漁業による天然ウナギの生産量は微々たるものである．
　日本の養鰻は今から130年前に始まり，人工飼料の開発や養殖技術の改良により飛躍的に発展した．加えて近年では，中国や台湾から養殖ウナギの輸入が増え，その量は日本の全ウナギ消費量の約7割にも達している．しかし養殖用の種苗となるシラスウナギの資源量が世界的に激減し，養鰻業は危機に直面している．
　養殖種苗の安定供給を目指して，卵から人の手で育てた人工シラスウナギを作ろうと人工種苗の生産技術に関する開発研究が1960年代から始まった．現在，実験室レベルの生産は可能となったが，実際に養鰻業に種苗を供給するまでには至ってない．この技術が完成すれば，天然シラスウナギに対する乱獲を緩和させ，天然資源の保全に繋がる．また健全な河川環境が取り戻せれば，天然ウナギは増えるに違いない．減少した資源の回復と保全のために，いま私たちに何ができるだろうか．

CONSERVING-EEL

保全する ―資源―

世界のウナギ資源は前世紀後半から激減している.
大西洋のヨーロッパウナギとアメリカウナギは盛時の1％以下になった.
太平洋のニホンウナギも1970年頃から減り始め,今は1960年代の資源の約10％まで減少した.
原因として,乱獲,河川環境の悪化,海洋環境の変化,ダムのタービン,外来の寄生虫などがある.
いずれも人間活動にその端を発している.
人がウナギを獲り過ぎ,汚染や河川工事でウナギの棲みやすい環境を壊した結果だ.
海洋環境の変化は遠い海の彼方の事象で一見人と無関係に見えるが,これもやはり遠因は人間活動にある.
地球温暖化,気候変動,エルニーニョなど,地球規模の環境変動が海流や海水温に影響を及ぼし,
これがウナギ資源を大きく変動させる可能性のあることがわかってきた.
食資源動物として重要なウナギを保全するために何をすべきか？
ウナギの多くは複数の国にまたがって分布する国際資源であり,足並みを揃えた資源管理が難しい.
ウナギの生息域として最も重要な河口域の水質改善と汚染軽減にそれぞれの国が努めるのはもちろんのこと,
種の地理分布の全域に亘って,シラスウナギと銀ウナギの漁獲規制をかけることが肝要である.
関係各国の研究者,漁業者,行政担当者が知識と経験を持ち寄って合意に向かって努力したい.

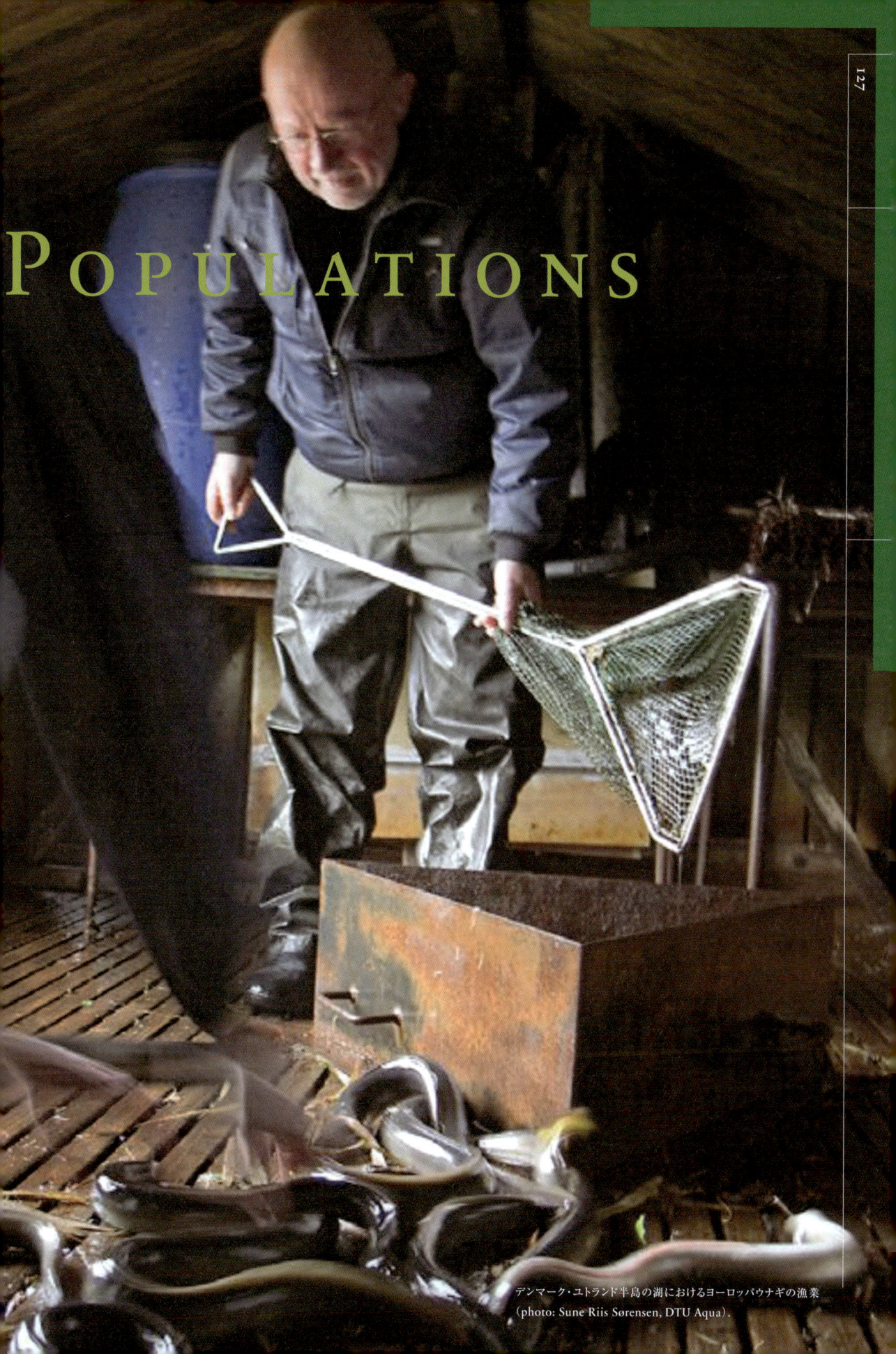

POPULATIONS

デンマーク・ユトランド半島の湖におけるヨーロッパウナギの漁業
(photo: Sune Riis Sørensen, DTU Aqua).

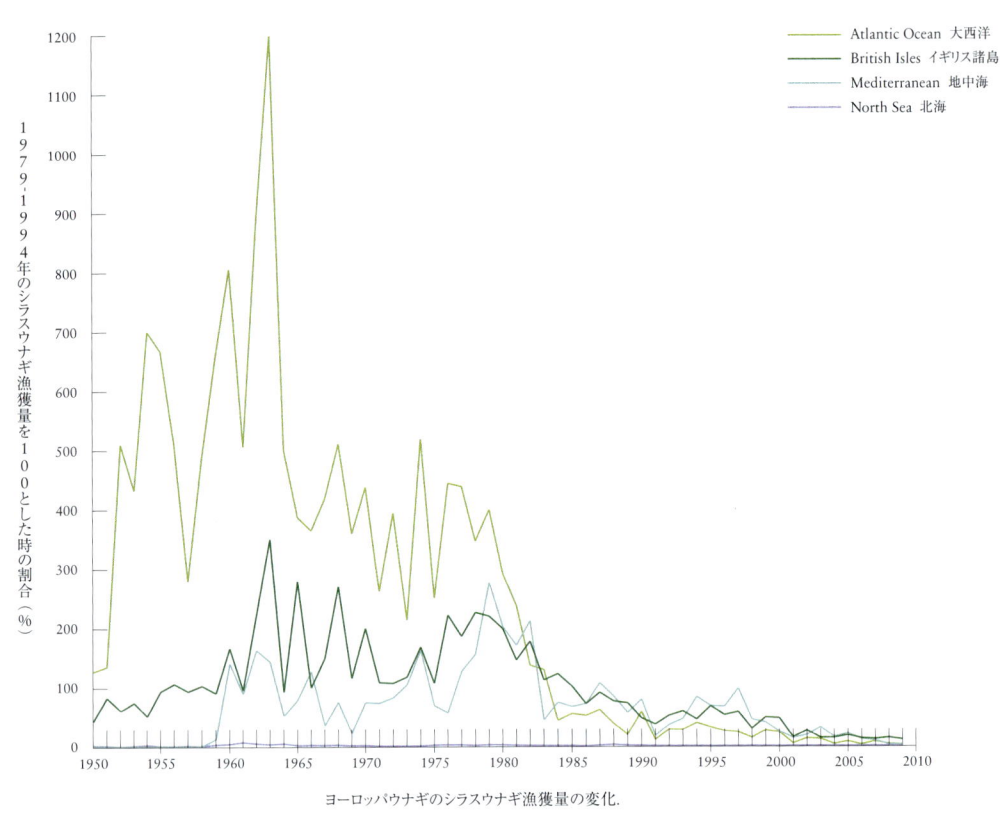

II 社会の中の鰻：ウナギの社会科学

1 保全する ─ 資源 ─

ヨーロッパウナギのシラスウナギ漁獲量の変化.
（EIFAC/ICES working group の一般化線形モデルによる推定データをもとに作成）.

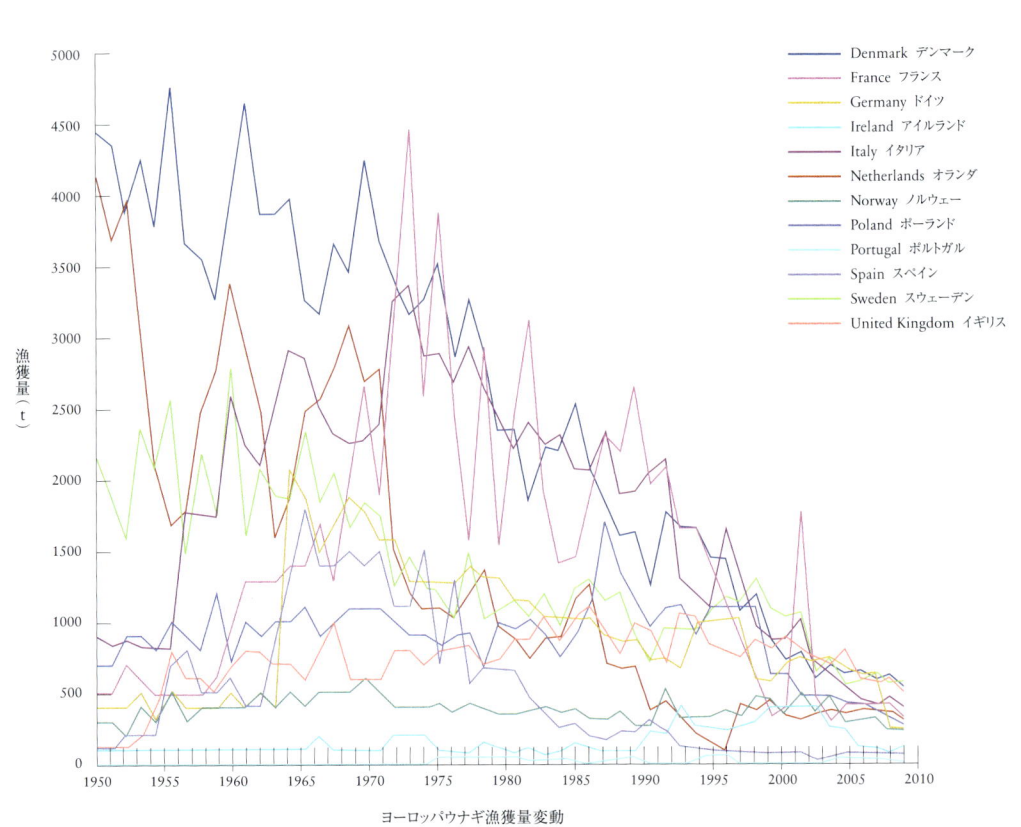

ヨーロッパウナギ漁獲量変動
（FAO の報告書をもとに作成. Dekker et al. 2007）.

資源変動
Population Trends

資源変動を見るとき,1年ごとの短期的な変動と,10年あるいは百年単位の中長期の傾向を分けて考えなければならない.中長期の減少傾向にはシラスと銀ウナギの乱獲が確実に悪影響を与えている.また地球温暖化や気候変動も長期的な資源変動を生む.

一方,短期変動はその年の産卵に参加した親魚数や仔魚の回遊中の生残率が関係する.またエルニーニョや塩分フロントの位置によって決まる親魚の産卵地点の緯度や仔魚を取り巻く海水温もその後の輸送経路を決め,ひいてはシラスの接岸加入する成功率を大きく左右する(Friedland et al. 2007, Kim et al. 2007).

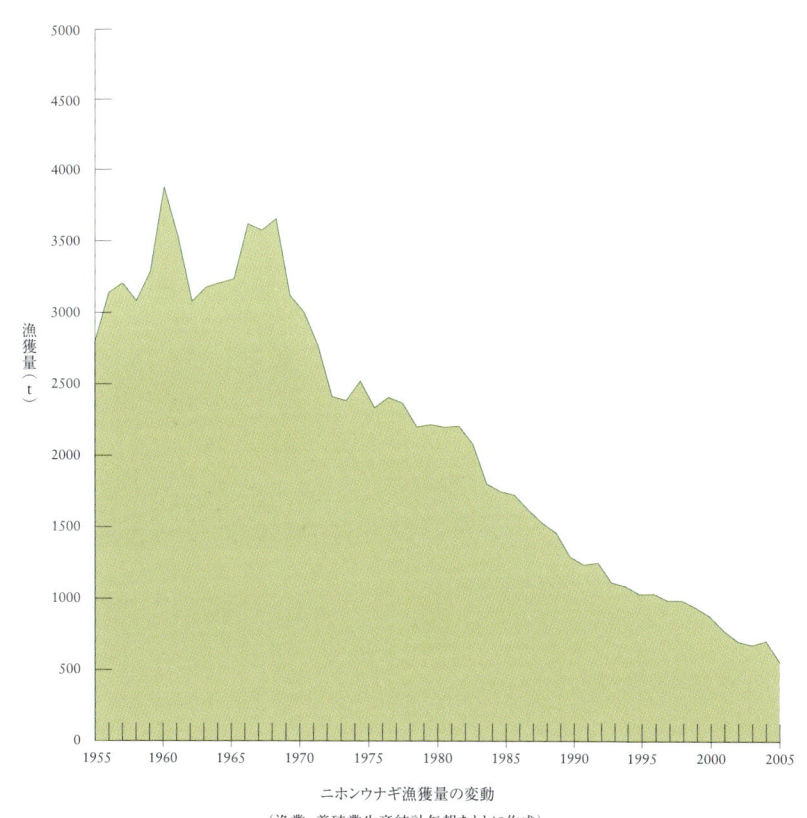

ニホンウナギのシラスウナギ池入れ量(日本)の変化.

ニホンウナギ漁獲量の変動
(漁業・養殖業生産統計年報をもとに作成).

II 社会の中の鰻：ウナギの社会科学

1 保全する —資源—

アイルランド・シャノン川上流のダム．ダムには魚道とシラスウナギ梯子が設置されている．
ダムの高低差によりウナギの移動が阻害されないように配慮されている．

原因
Causes

ウナギが世界的に減少した原因は,シラスや銀ウナギの乱獲の他にも,様々な要因が挙げられている.水域のダイオキシン,PCB,DDTなどの汚染物質は親魚に取り込まれて親魚自身と次世代の質を低下させる(Dekker et al. 2003, Palstra et al. 2006, 井田 2007).鰓に寄生するウキブクロセンチュウは,鰓の機能を損ね,親の産卵回遊を危うくする(Palstra et al. 2007).これはもともとヨーロッパには分布せず,ニホンウナギの輸入と共に入り込んできた寄生虫であるため,ヨーロッパウナギは強い感受性を示し,一気に蔓延した.

降海回遊する銀ウナギを寸断してしまう水力発電のダムのタービンも大きな問題になっている(Jansen et al. 2007, Winter et al. 2007).河川工事によってコンクリートで塗り固められた河床や河岸はウナギ自身やその餌となる生物の住み家を奪い,生息域を狭める.これらの諸要因が重なって,ウナギ資源は長期的な減少傾向を示している.

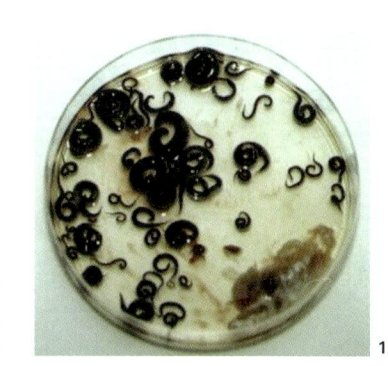

1. ヨーロッパウナギの鰓に寄生するウキブクロセンチュウ *Anguillicola globiceps*. ヨーロッパウナギでは重度寄生を呈することが多く,鰓が寄生虫で一杯になることもある.この場合,浮力調節のための鰓が機能せず,結果として産卵回遊を全うできなくなる.淡水域でせっかく大きく育った銀ウナギが,肝心の再生産に寄与せずに死んでしまうのはもったいない.
2. 水力発電のタービンに巻き込まれて死亡したヨーロッパウナギ (Indicang).

フランスの銀ウナギ漁．小型船を用いて河を下る銀ウナギを捕獲する（photo: Eric Feunteun）．

環境省レッドリストのカテゴリーと定義

絶滅 (Extinct, EX)	我が国ではすでに絶滅したと考えられる種
野生絶滅 (Extinct in the Wild, EW)	飼育・栽培下でのみ存続している種
絶滅危惧Ⅰ類 (CR+EN)	絶滅の危機に瀕している種
絶滅危惧ⅠA類 (Critically Endangered, CR)	ごく近い将来における野生での絶滅の危険性が極めて高いもの
絶滅危惧ⅠB類 (Endangered, EN)	ⅠA類ほどではないが，近い将来における野生での絶滅の危険性が高いもの
絶滅危惧Ⅱ類 (Vulnerable, VU)	絶滅の危険が増大している種
準絶滅危惧 (Near Threatened, NT)	存続基盤が脆弱な種
情報不足 (Data Deficient, DD)	評価するだけの情報が不足している種
絶滅のおそれのある地域個体群 (Threatened Local Population, LP)	地域的に孤立している個体群で，絶滅のおそれが高いもの

現在 (2011)，ヨーロッパウナギは絶滅危惧ⅠA種に指定されている．

絶滅危惧種
Endangered Species

2007年6月に開催された第14回ワシントン条約（CITES）締約国会議において，EUはヨーロッパウナギの資源の激減を食い止めるため，シラスウナギの放流義務と輸出規制を決定した．その後，2009年にヨーロッパウナギが附属書IIに掲載された．これによって，ヨーロッパから中国の養殖業者に大量に輸出されていたシラスウナギの量が規制された．

2008年には，ヨーロッパウナギは国際自然保護連合（IUCN）のレッドリストにも絶滅危惧IA類（Critically Endangered, CR）として掲載されるに至った．

2013年2月にはニホンウナギも環境省の絶滅危惧IB類に指定された．

天然のヨーロッパウナギ（photo: Sune Riis Sørensen, DTU Aqua）．

ロワール川におけるシラスウナギの放流事業. フランスでは, 2011年に12トンのシラスウナギを放流した (photo: Eric Feunteun).

保全への取り組み
Management and Conservation

ヨーロッパウナギの資源を回復させるため,EU は様々な研究プロジェクトを始めた.天然の親ウナギの回遊生態を調べる eeliad と人工種苗生産の研究をする PRO-EEL はその代表的なプロジェクトで,ヨーロッパの多くの国々の研究者が参加している.この他ヨーロッパウナギのゲノムプロジェクトやサルガッソ海へトロール船を派遣して親ウナギを捕獲する試みも始まっている.なお,"eeliad" は古代ギリシャ最古の長編英雄叙事詩イリヤッド Iliad をもじって命名したもの.

東アジアでは 1997 年以来,台湾,中国,韓国,日本のウナギ研究者とウナギ業界人が集まって,毎年一回,東アジア鰻資源協議会(East Asia Eel Resource Consortium: EASEC)を開催している.東アジア各国の共有資源であるニホンウナギの研究成果と保全活動の報告をしてる.各国にウナギ川(Eel River)を選定し,接岸するシラスウナギの長期的なモニタリングを行い,資源保全のシンボル河川にしようという,ウナギ川プロジェクト(Eel River Project)も始まった.

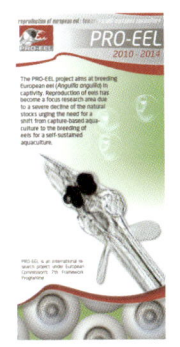

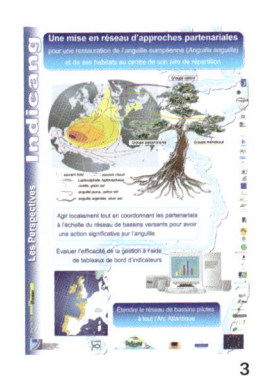

ヨーロッパウナギの資源と保全に携わるプログラムのリーフレットやポスターなど.
1. PRO-EEL, 2: Indicang(フランス語版),
3: Indicang(英語版).

II-2
PRODUCING-ARTI

作る —人工種苗生産—

現在の養鰻業はその種苗を100%天然のシラスウナギに依存している.
シラスウナギの漁獲量は毎年大きく変動するため,種苗価格が急騰暴落を繰り返し,経営が安定しない.
養殖種苗の安定供給を目指して1960年頃からシラスウナギの人工生産技術の開発研究が始まった.
1961年には東京大学の佐藤英雄らが性腺刺激ホルモンで雄ウナギの排精に成功し(Satoh et al. 1962),
1973年には北海道大学の山本喜一郎と山内皓平がサケ脳下垂体を雌ウナギに注射して
世界初のウナギ人工孵化に成功した(Yamamoto & Yamauchi 1974).
1976年には山内皓平らが人工孵化したウナギ仔魚を14日間飼育することに成功し,
人工種苗生産に道を拓いた(Yamauchi et al. 1976).
2003年には養殖研究所の田中秀樹らがサメ卵を餌にレプトセファルスを飼育して,
ついにシラスウナギにまで変態させた(Tanaka et al. 2003).
さらに2010年には水産総合研究センターが人工シラスを育てて産卵親魚とし,
これから2世代目の人工シラスを得ることに成功した.
これによって,ウナギの生活環のすべてが人間の管理下に置かれ,完全養殖が達成された.
完全養殖の成功までに研究開始から約半世紀の時が経過したが,
人工種苗を養鰻業に供給するという初期の目的はいまだ達成できていない.
養鰻業に必要な種苗数は1年で数億匹ともいわれるが,現在の生産能力は年間千匹程度.
今後何かしら画期的なブレークスルーが待たれる.
人工シラスの事業レベルの大量生産は,天然シラスの漁獲圧を軽減し,種の保全に繋がる.
研究者はその実現に向けて日夜研究を続ける.

CIAL SEEDLINGS

東京大学の佐藤英雄らによって、初めて人工的に催熟させることに成功したヨーロッパウナギ雌の解剖標本。実験開始時（1986.1.14）の全長91.5 cm、体重1805g。実験終了時（1986.3.2）の全長91.4 cm体重2228.5 g。ホルモンの注射回数は12回。

人工レプトセファルスのクライゼル水槽（いらご研究所）．

1

人工シラスウナギ
Artificial Seedlings

現在のウナギの養殖とは,天然のシラスウナギを採集して,これを養殖池で飼育して商品サイズまで仕立てることをいう.つまり養殖ものとはいえ,種苗として使う魚が元は天然であるから,「半天然もの」であるといえる.タイやヒラメなど一般の養殖対象種は卵から人の手で育てているが,ウナギは親魚を成熟させることさえ難しい.まして親から卵をとって,これを養殖用種苗となるシラスウナギまで育てることは至難の業であった.ウナギはこれまで人類が手掛けた最も種苗生産しにくい魚といえる.しかし現在では,実験室レベルではあるが,親を成熟させて卵を採取し,孵化した仔魚を育ててシラスウナギを得ることができるようになった(Tanaka et al. 2003).親魚から卵,レプトセファルスを経て,シラスウナギまで一連の種苗生産過程が辿れるようになったのは世界のウナギの中でもニホンウナギだけである.

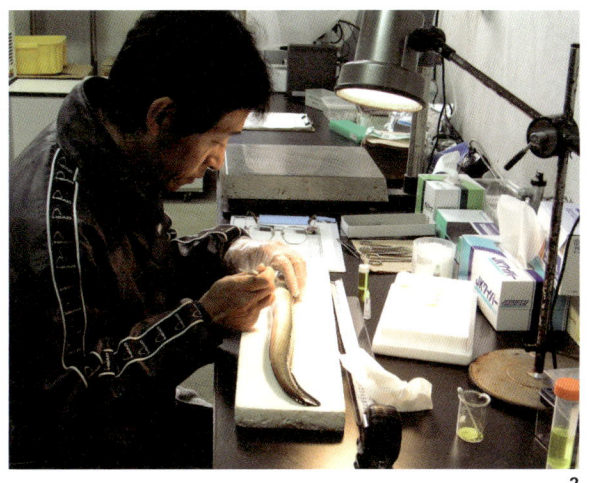

1. 孵化後20日齢(上)と30日齢(下)の人工レプトセファルス(photo: 山田祥朗).
2. 人工催熟したウナギを生険法によって雌雄判別する(水産総合研究センター 養殖研究所・田中秀樹).

II 社会の中の鰻:ウナギの社会科学

2 作る——人工種苗生産——

親魚の催熟
Inducing Maturation

ウナギは,アユやタイのように光周期や水温の操作で親魚を人為的に成熟させることが難しい.そこで直接的な方法として外因性のホルモンを親魚に投与して催熟する.フランスでは1936年モーリス・フォンテーンMaurice Fontaineが妊婦の尿を使って雄のヨーロッパウナギに精子形成させることに成功した(Fontaine 1936).いまではその尿中にある成分のヒト絨毛性ゴナドトロピンを数回注射することで雄親魚を催熟して精液を得る.一方雌の方は,サケの脳下垂体の抽出液を10回前後注射したあとDHPという排卵誘発剤を打って卵を得ている.雌のお腹を絞ると,100-300万粒の卵が採れる.これに精液をかけて人工授精する.催熟した雌雄のウナギを水槽に入れ,より自然な状態で自発的な産卵行動を誘発し,受精卵を得る方法もある.

水槽の底面にまいたペースト状の餌を食べるウナギレプトセファルス（いらご研究所）．

養殖の壁
Barries to Perfect Aquaculture

解決すべき問題は3つある.1つは卵質の問題.卵の質が良くないと仔魚の生残や成長が良くない.奇形も多発する.親の催熟方法をホルモン多用の現行法から,ホルモンを使わず環境条件の操作だけで催熟する手法を開発する必要がある.次に仔魚の餌の問題.現行のサメ卵を主体とする餌は粥状の半液体餌なので,水に溶けやすく飼育槽を汚しやすい.水槽が汚れにくく,高成長を示す代替の餌が求められている.将来サメ卵の供給も資源枯渇で危ぶまれている.最後にレプトセファルスを高密度で飼える飼育法である.事業化するには大量のシラスウナギが必要なので,集約的に大規模生産が可能な飼育システムの開発が重要だ.

飲みこみやすくペースト状にした人工ウナギレプトセファルスの餌.

冷凍サメ卵
フィチン酸低減大豆ペプチド
オキアミ分解物
ビタミン
オキアミ（抽出液）
ミネラル

養殖研究所の田中秀樹らによって開発された人工ウナギ仔魚の飼料（水産総合研究センター 養殖研究所）.

人工卵から黄ウナギにまで成長したニホンウナギ（いらご研究所）．

Ⅱ 社会の中の鰻：ウナギの社会科学

2 作る——人工種苗生産——

養殖の展望
The Outlook for Aquaculture

将来は,育種を重ね,天然資源から切り離された家畜のようにウナギ品種を作出することが必要だ.やがて飼いやすく,成長,生残のよい系統ができるだろう.また,味が良く,病気に強い品種もできる.ウナギがやがてニワトリやウシ,ブタのようにさらに身近な食資源動物になるだろう.一方で天然ウナギへの漁獲圧は大幅に軽減され,減少した資源も回復すると期待される.

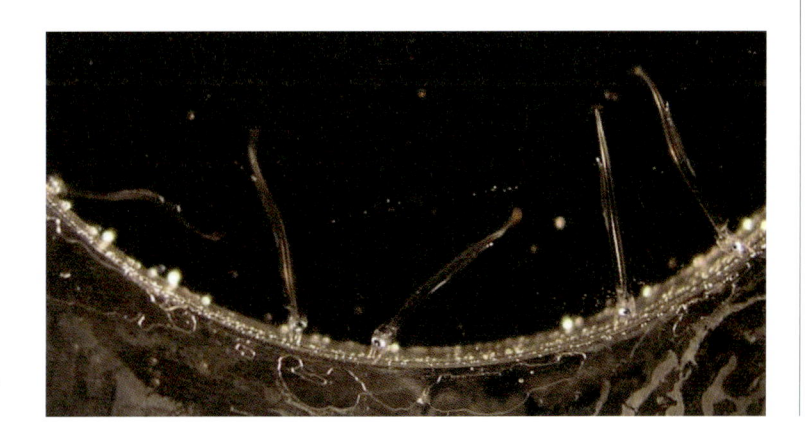

完全養殖した2世代目の人工レプトセファルス(水産総合研究センター 養殖研究所).

CATCHING-F

II-3 捕る —漁業—

ウナギは獲りにくい魚である.

コイやフナは比較的容易に獲れるが,ウナギは簡単ではない.

それだけにウナギが獲れたときには意気揚々と引き上げ,

家人に自慢した思い出をもつ方も多いのではないか.

ウナギは川で獲れる獲物の中でもナマズと並んで王様クラスの魚だった.

ウナギを獲るため様々な漁具と漁法が考案されている.

シラスウナギ,黄ウナギ,銀ウナギと異なる発育段階には,それぞれ異なる漁具漁法がある.

シラスウナギ漁は,沿岸河口域に接岸してきたシラスウナギを波打ち際や河岸から手網を使って掬い取る.

台湾やフランスでは小型船を用い,目の細かいネットを曳いてシラスウナギを採集する.

得られたシラスウナギはほとんどが養殖種苗として用いられる.

例外的に,スペインやイタリアにシラスウナギをそのままオリーブオイルで炒めて食べる料理法もある.

黄ウナギ漁は定着期のウナギを狙うので,餌や人工の住み家で誘引して捕らえる.

銀ウナギ漁は移動中のウナギを対象とするので,

待網や定置網など,主に移動経路を遮断するように設置した漁具で採集する.

SHERIES

福井県・三方湖の鰻筒漁.

高知県・四万十川河口のシラスウナギ漁（photo: 吉田幸司）.

シラス漁
Glass Eel Fishing

秋が深まってくるとシラス漁が始まる.シラス漁は,夜間河口表層にゆらゆらと接岸してきた遊泳力のあまりない稚魚を掬い取る.手網とランプがあればこと足りる.しかし,根気と粘り強さは不可欠だ.夜間河口近くの波打ち際にずらりと並んだランプは冬の風物誌ともなっている.

漁期は原則,南ほど早い.台湾は10月,南日本は12月から始まる.北に行くほど遅くなる.シラス漁の北限の東北・阿武隈川河口は,盛漁期が4-5月と日本で最も遅い.また瀬戸内海は直接黒潮に面していないので接岸に時間を要し,太平洋岸の河口より漁期は遅れる.同じ地点でも年により漁の最盛期は大きく変動する.日本の養鰻は,半年程度でシラスから商品サイズまで急成長させ,夏の土用の丑の日に合わせて出荷することを良しとするので,早期に捕れるシラスほど需要が高く,値が高い.

シラス漁業の盛衰には,ウナギ資源そのものの変動の他に,特別な社会経済的背景がある.1990年代になって,ニホンウナギの養殖用種苗の不足が東アジアで深刻化し,ヨーロッパウナギのシラスをその代替品として使うためにスペイン,フランス,オランダで漁獲量が急増した.1990年代,年間21億匹のシラスウナギがヨーロッパに接岸し,うち16億匹が漁業により採集されて,さらにそのうち9億匹がアジアの養殖池に回ったとの試算もある.ニホンウナギの養殖用種苗は年間およそ1億匹なので,その量が如何に多いかわかる.シラス漁業は世界的スケールで社会経済の事情に振り回された.

ヨーロッパで多用されているウナギ用のファイクネットFyke net（photo: Tony Robinet）.

台湾の蛇籠を用いたウナギ漁（photo: 曾 萬年）.

静岡県・浜名湖の角建網（小型定置網）.

黄ウナギ漁
Yellow Eel Fishing

ウナギを誘引して捕獲する方法と特に誘引せず捕まえる方法がある.餌で誘引する漁法には,置き針,延縄,穴釣り,竹筒などがある.

人工的な住み家を提供して誘い込む方法には,餌無しのウナギ筒,ウケ,柴浸け,石倉漁などがある.柴浸けはボサと呼ばれる竹や小枝を束ねたものを水中に沈めておき,ウナギが入った頃合いを見て大きな手網でボサごと掬い取る方法.石蔵漁または鰻蔵は,河口付近の感潮域で,人頭大の石を水中に積み上げウナギの住み家(蔵)を作る.干潮時に蔵の周りを網で囲い,満潮時に石の間に潜り込んだウナギを鰻鋏など用いて捕獲する伝統漁法.九州,四国に今も残る.

特別な誘因をしない漁法には,鰻突き,鰻鎌,かいぼり,小型定置網(角立網,袋網)などがある.かいぼりとは,小さな池や川で泥,石,木を用いて水域の一部または全部を仕切り,水をかい出して,干上げられた魚を獲る伝統的な漁法だ.コイ,フナ,ナマズなどとともにウナギも獲れる.ヨーロッパにも同様の漁法が残っている.大人も子供も総出で楽しむ村の一大イベントだ.

岡山県・児島湾のスッポン漁(鰻筒).

オランダのファイクネットによるウナギ漁(photo: van den Thillart).

II 社会の中の鰻…ウナギの社会科学

3 捕る−漁業

1. 魚籠, **2.** 鰻搔き（小型船用）, **3.** 桶眼鏡, **4.** 鰻筒（かえしなし）, **5.** 延縄, **6.** もんどり（石蔵漁）, **7.** 鰻筒, **8.** たも網（柴漬け漁用）, **9.** 魚籠, **10.** 魚籠（浮き台座つき）, **11.** 釣針（ウナギ用）（海の博物館 所蔵）.

154

Ⅱ 社会の中の鰻：ウナギの社会科学

3 捕る―漁業―

1

2

3

4

155

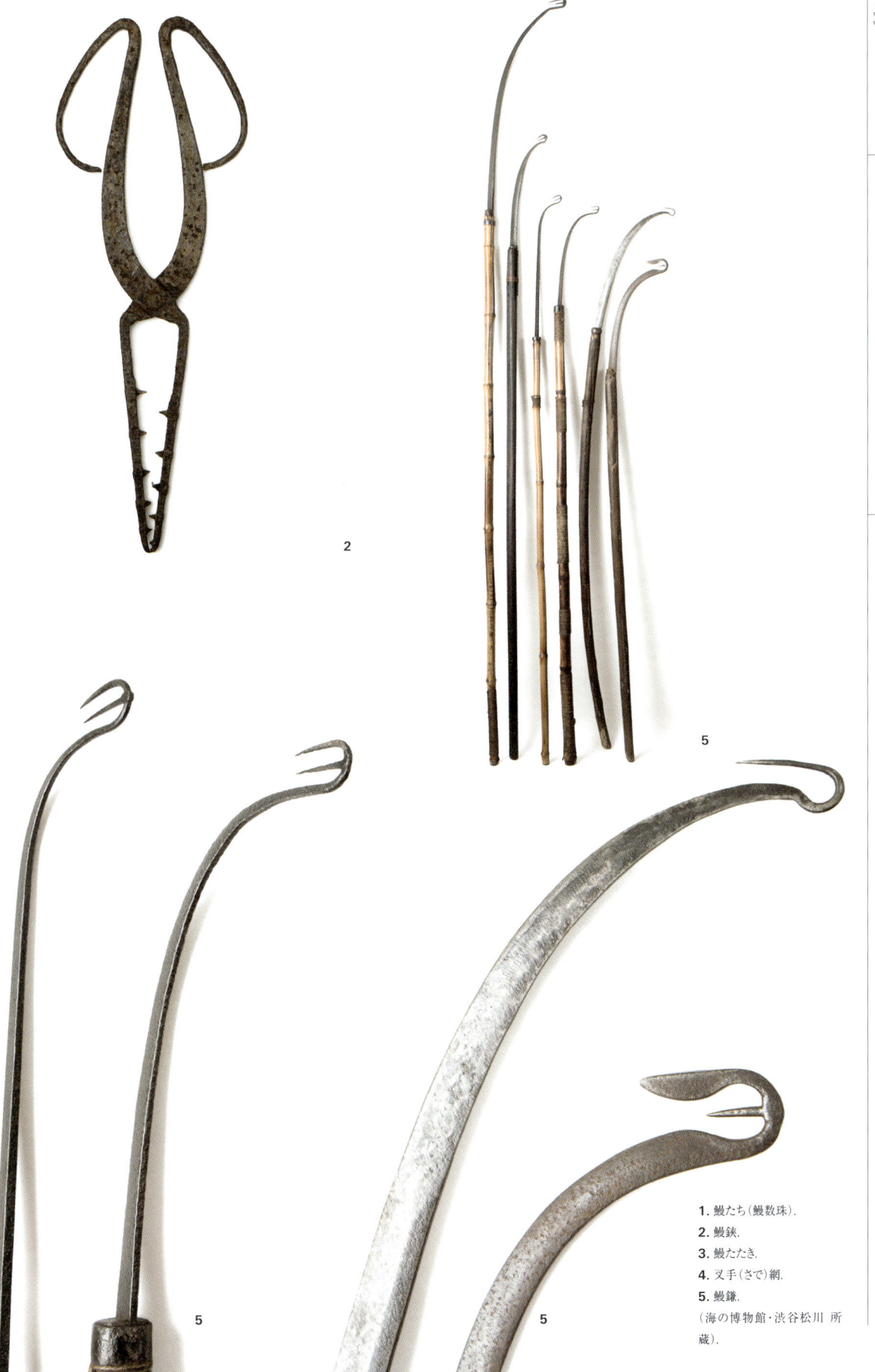

1. 鰻たち(鰻数珠).
2. 鰻鋏.
3. 鰻たたき.
4. 叉手(さで)網.
5. 鰻鎌.
(海の博物館・渋谷松川 所蔵).

石蔵漁　水深の浅い川に石を積み上げてしばらく待つと、ウナギが石の隙間に潜り込む。簾で取り囲んだ一部に、もんどりとよばれる魚捕りをつける。これは、竹などで編んだ籠に漏斗状の返しをつけた漁具で、石を取り除くと逃げ場を失ったウナギがもんどりの中に潜り込む。

鰻漁之圖　石藏或ハ漬呑石積ト唱ヒカラ石ヲモ式
大河海ニ注入ナス近傍ニ設ヶ置三月頃ヨリ
十月頃迄此ノ漁戛ヲナス
伊勢國桑名郡赤須賀新田外各村
同國朝明郡南福崎村外一ヶ村
同三重飯野多ヶ氣度會ノ各
郡村ニヲナス

(三重県指定有形民俗文化財『三重県水産図解』, 三重県 所蔵)

鰻掻き漁, 掬い網漁　　奥にみえる鰻掻きは, 長い柄の先に鉤をつけた鎌で泥の中をかき, ウナギを引っ掛けて捕る. 左手前の掬い網は, 石や岸辺の草木の隙間の隠れ場に潜んでいるウナギを追い出し, 網を使って掬い捕る.

叉手(さで)網漁　　2本の竹を交差させ, これに網を張って三角形の袋状にした手網を使って, 餌を捕食しない秋の下りウナギを捕獲する.

モロコ漁、千本釣り　奥にみえるモロコ漁は、においでウナギを誘い出す漁法のひとつで、茶碗の中に酒粕と米糠を混ぜた餌を入れて木綿の布で覆い、中央に小さな穴を空ける。この餌を棒の先に糸を垂らした先につけてウナギを誘い寄せる。手前の千本釣りは、長い竹竿の先に釣針をつけてウナギを釣る。

投網漁、流し網漁　上から魚がいると思われる地点に網を投げ入れて捕獲する。ウナギだけでなく、コイ、フナ、ボラなどの淡水魚も同様に捕る。流し網は、目合の小さい網を仕掛けて一晩待ち、網に刺さった魚を漁獲する。

(三重県指定有形民俗文化財『三重県水産図解』、三重県 所蔵)

掻き揚げ漁　　　　　長い竿の先に網をつけて泳いでいるウナギを岸から捕獲する．

餌穂漁　　　網の中に餌を入れて川底に沈めておき，網からつながる持ち手の糸を鳴子につないでおく．魚が入るとその振動で
　　　　　　鳴子が響くので，そこを網で囲い込んで引き揚げる．

ウゲ、ソコゲ、ダイホウ　竹で編んだ筒に漏斗状の返しをつけたウゲや,網の四隅を十文字に交差した竹で張り広げた四つ手網,1本の幹縄に多数の枝縄をつけて,その枝縄の先端の釣針に餌を取りつけた延縄などを使って,餌でウナギを誘き寄せて捕獲する.

掻い捕り漁　川幅の狭い川で上流と下流を堰止め,その間にできたプールの水を桶ですくい出して,川を干し上げ魚を捕獲する.

(三重県指定有形民俗文化財『三重県水産図解』,三重県 所蔵)

ヨーロッパの漁具
1. 魚籠 basket
2. 水槽 container boat
3. 鰻槍 eel spear
4. 鰻筒 eel pot
5. 鰻鋏 eel scissors
6. 鰻槍 eel spear

(1-5: フランス・ブリエール国立公園, 6: ドイツ)

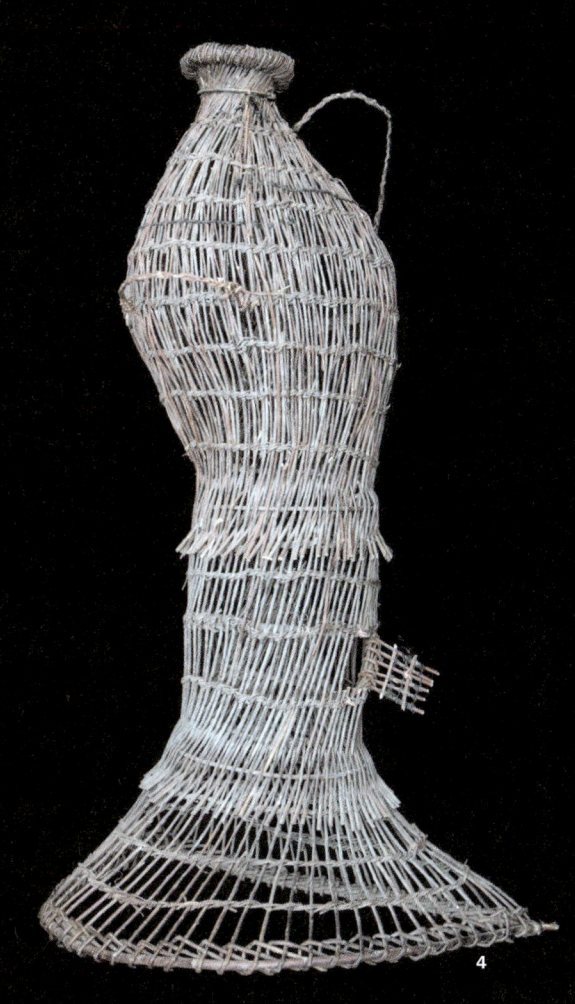

3

4

5

6

164

Ⅱ 社会の中の鰻：ウナギの社会科学

3 捕る——漁業——

銀ウナギ漁
Silver Eel Fishing

産卵回遊が始まった銀ウナギは,原則餌を捕らず,穴に潜むことも少なくなるので,誘引して獲る方法は使えない.川では銀ウナギは梁,待網などで獲れる.インドネシア・スラウェシ島のポソ湖では,唯一の流出河川のポソ川を横断するように多数の竹製の梁が設置されており,川を降りて産卵場に向かおうとするオオウナギやセレベスウナギの銀化個体を一網打尽にする.日本では魚野川や豊川に観光用の梁がある.晩秋から初冬,降雨があって川が増水したとき,銀ウナギが多数獲れる.石を積んで川の水を集め,最後の部分に待網を仕掛けたり,胴尻とよばれる竹で編んだ大きな筒を設置して川を下る銀ウナギを獲ることもある.利根川下流では鰻鎌によって河底に潜む銀ウナギが獲れる.沿岸に出た銀ウナギは小型定置網で採集される.三河湾の小型定置網による銀ウナギ漁は有名である.

インドネシア・スラウェシ島のポソ湖に設置されている梁(photo: 萩原聖士).

Ⅱ 社会の中の鰻──ウナギの社会科学

3 捕る──漁業──

世界のウナギ漁。1, 2: ドイツ, 3: オランダ, 4: フランス.

Rearing-Aq

育てる —養鰻—

アリストテレスの著述によれば,
既に紀元前の昔からウナギの養殖はイタリアで行われていたらしい.
そうした歴史を反映してか,1980年代半ばまではヨーロッパにおける鰻養殖の中心はイタリアだった.
1984年にイタリアの鰻養殖生産量は2,600トンで,ヨーロッパ全体の95%を占めていた.
しかしその後イタリアの生産量は大きくは伸びず,
逆にオランダやデンマークの生産量が急増して,2000年にはそれぞれ3,800トンと2,700トンを記録した.
ヨーロッパの鰻養殖の生産量は2000年に1万900トンのピークを示したが,
その後,深刻なシラスウナギ資源の減少を反映して,ヨーロッパの養殖生産量は退縮していった.
アジアの鰻養殖は19世紀末に日本で始まった.
飼育法や餌料改良が積み重ねられ,養殖技術は飛躍的に進歩した.
1989年の最盛期には生産量は約4万トンに達した.
台湾や中国でも鰻養殖が盛んになると,
ヨーロッパウナギのシラスがフランスやスペインから中国に空輸されて養殖されるようになり,
鰻は国際ビジネスの商品となっていった.

ACULTURE

日本のハウス養鰻場（大森淡水）.

II 社会の中の鰻――ウナギの社会科学

4 育てる――養鰻――

養鰻の黎明
Early Days of Eel Farming

日本のウナギの養殖は1879年に,服部倉治郎が東京・深川に2ヘクタールの養殖池を作ってウナギの養殖を試みたのが最初といわれる.その頃は今のようにシラスウナギではなく,クロコを種苗として使っていた.シラスウナギを種苗として使うようになったのは1920年頃のこと.鰻養殖は東海地方を中心に広がり,露地池を用いた養殖が盛んに行われた.1930年頃には生産量は3,000トンを越え,天然ウナギの漁獲量を抜いた.

静岡県榛原郡吉田町に残っている数少ない露地池(増田治郎兵衛氏 養鰻池).

養鰻が盛んだった1960年代の静岡県榛原郡吉田町の航空写真と1940年当時の
組合員の屋号（右上）（丸榛吉田うなぎ漁業協同組合）．

養鰻の発展
Development of Eel Farming

生餌の残滓．配合飼料開発前にウナギに与えられていた．

現在のペースト状の配合飼料．

網引による水揚げの様子．かつての粗放的養鰻の露地池．

ハウス養鰻．人の手を使わずウナギポンプを用いてハウスから出荷作業場までウナギを輸送する．

ハウス内の水車．水車をまわして池に十分な酸素を送り込む．

鹿児島県曽於郡大崎町の大型のハウス養鰻場（楠田養鰻）．

鰻養殖は第2次世界大戦によって一時衰退したが，1960年頃には立ち直りを見せ，戦前の生産量を上回った．1955年には養鰻池に十分な酸素を送り込むための水車が導入され，1964年から配合飼料の開発が始まった．それまではイワシやイカナゴなど安価な魚を大量に煮て，まとめて露地池に吊してウナギに給餌していたが，配合飼料の開発により魚の成長が促進され，効率的でより計画的な生産ができるようになった．1972年になると，それまでの露地池を使った粗放的養鰻から，コンクリートの水槽をビニールハウスで覆い，加温した水でウナギを促成飼育する「加温ハウス養鰻」が主流になった．これに伴い，養鰻は関西以西の四国，九州にも広がっていった．

台湾では1960年代から本格的な鰻養殖が始まった．1968年に日本の養鰻池で病害が発生したことをきっかけに，台湾の鰻養殖が急成長し，1990年前後には日本の生産量を上回った．しかし1990年代に入ると，安い人件費と餌代を利した養鰻業が中国で台頭し，1994年にはその生産量は4万トンを越え，日本，台湾を凌いだ．その成功の陰にはヨーロッパウナギの養殖がある．ヨーロッパから大量のシラスを輸入し，水温の低い中国内陸部で「流水式」と呼ばれる飼育法で時間をかけて生産する方法を開発し，生産量を上げた．しかし2002年，禁止されている抗菌剤が中国産鰻から検出されて輸出規制がかかったことやヨーロッパウナギの資源悪化による養殖用種苗の不足も伴って中国の鰻養殖は縮小に向かった．鰻養殖は種苗となるシラスウナギの好不漁に始まって，疾病の発生や国際取引による価格の急騰暴落の波に翻弄されている．

出荷するウナギの選別作業(楠田養鰻).

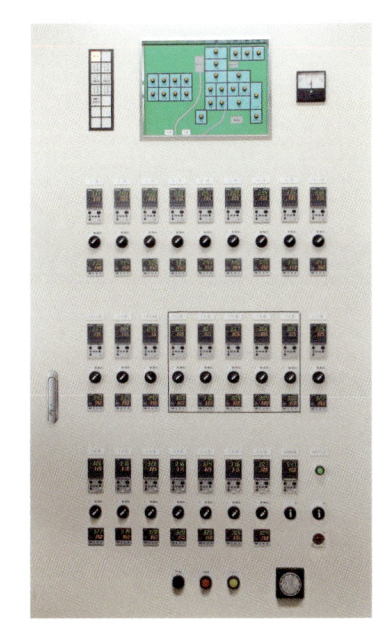

温度・湿度制御装置.
最近の大型のハウス養鰻場では,各養殖池の温度や湿度が機械でコントロールされている.

現在の養鰻業
The Present Status of Eel Farming

日本におけるウナギ養殖では,体重0.2 gのシラスウナギを,およそ半年かけて約200 gにまで育てて出荷する.1日におよそ1 gずつ成長し,初期体重の1,000倍になったことになる.しかしウナギの成長には変異が大きいので,出荷までの間に頻繁に選別を行う.およそ何匹のウナギで1kgになるかを示す"p"というサイズ規格がある.例えば,5pは5匹で1kgであるから,1匹の体重がおよそ200 gであることを示す.ピーはpieceからきている.以前は,5p,6pのものを「ヨタ」,4pを「ボク」,2p,3pを「大ボク」とよんだ.

また,養殖したウナギはほとんど雄になる.高温高密度で飼育することが雄への性分化を促すともいわれるが,十分証明はなされていない.

鰻加工工場における検査(大隅地区養まん漁業協同組合).
動物用医薬品検査や微生物検査,官能検査など,安全管理が徹底されている.

II 社会の中の鰻：ウナギの社会科学

4 育てる──養鰻──

鰻養殖の将来
The Future of Eel Farming

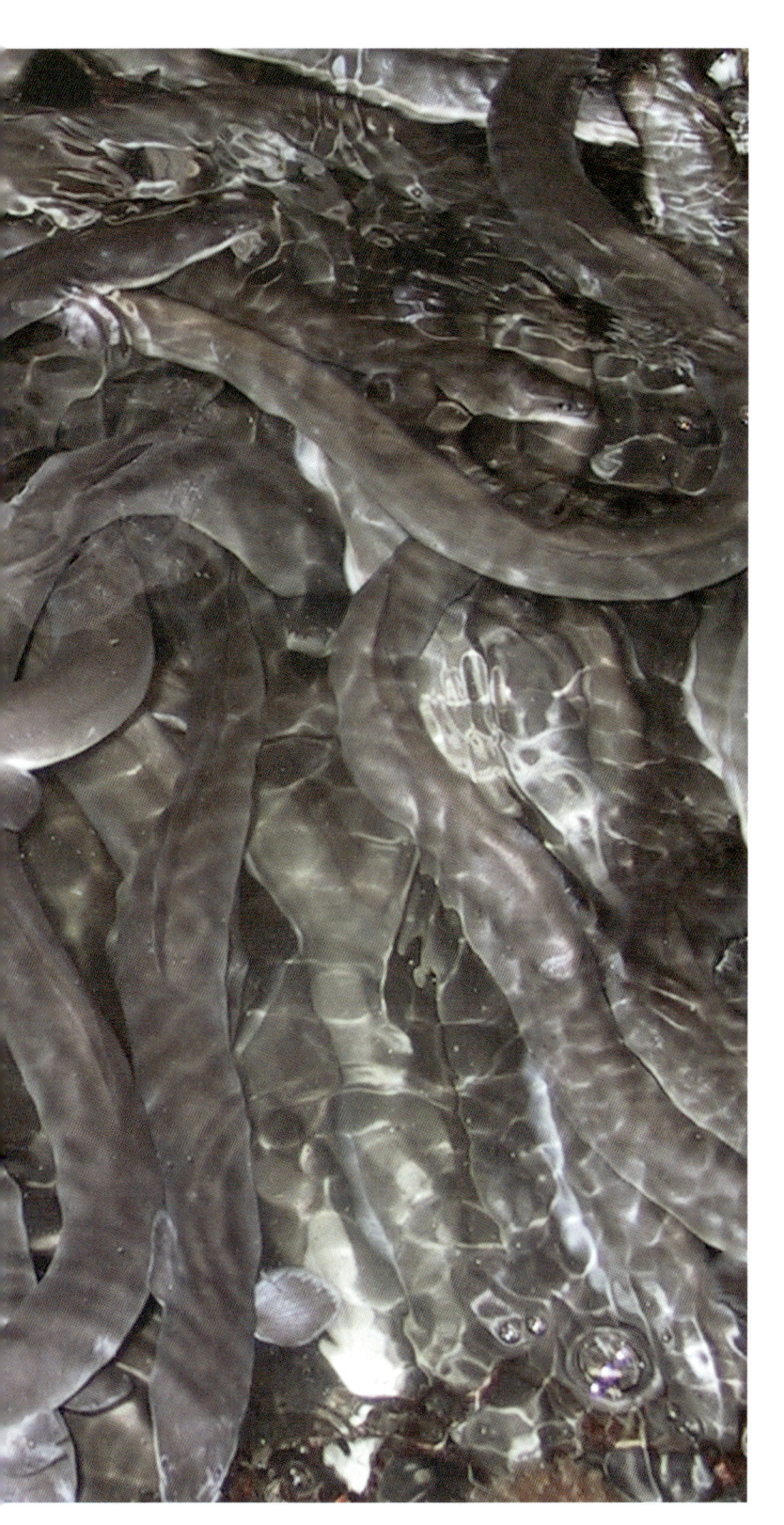

「ウナギの養殖は水つくり」といわれるほど,水質の管理が重要である.以前,日本ではアオコと呼ばれる微小藻類を露地池にわかし,急激に水質が悪化することを防いだ.アオコは日中光合成を行い,水中の酸素濃度を上げる.ハウス養鰻が主流になった今でも池の水質管理は重要で,その技は職人芸の感がある.デンマークでは屋内の循環式浄化システムで鰻養殖を行っており,集約的な生産が可能である.これは閉鎖系なので使用する水の量が少なくて済み,環境への負荷が少ない.また台湾では,密殖を避け,医薬品を使わない安全安心な「有機養鰻」の試みが始まった.病気の兆しが見えたら餌の量を控え,塩などの天然物を使って早期予防に努める.このようして育てられた健康なウナギに対して消費者が特別な価値を見いだせば,この養殖法が広まっていくものと思われる.

養殖場で飼育されたニホンウナギ.

TRANSPORTING
運ぶ —流通—

ウナギは原則,活鰻で流通する.
魚籠(びく)に入れて,生かした状態で輸送する.
「立場(たてば)」と呼ばれる中継地や集荷地では魚籠を積み上げ,上から給水してウナギの活力を保つ.
ウナギが水中でなくとも湿った環境でさえあれば
長時間生きながらえるタフな能力を利用した独特の輸送法である.
現在,日本は世界最大の鰻市場で,世界のウナギ生産量の約7割を消費している.
ヨーロッパで採捕されたシラスウナギは中国に輸送され,
ここで養殖されたウナギが日本に流れ込んでいる.
こうした一連の流通の中で最も注目されるのがシラスウナギの流通だ.
養殖種苗としてシラスウナギの需要は常に大きく,ニホンウナギが不漁のとき,
価格が高騰して,単位体重当たりの価格が金よりも高くなったこともある.
ニホンウナギの品不足はヨーロッパウナギのシラス価格の高騰を招き,流通は狂乱状態に陥る.
ヨーロッパからアジアに動いたシラスウナギの量は,1990年には18トンであったものが,
日本のシラス漁獲量が20トン前後と極めて悪かった1997年には,485トンにも跳ね上がっている.
密漁も横行し,中には武装した犯罪集団による組織的密漁もあったらしい.
密漁ウナギの多くはマドリッドから中国に空輸された.当然アジアにおいても密漁と密輸は横行した.
ウナギ資源は常に暴力的な漁獲行為と厳しい経済原理に晒され続けて流通している.

DISTRIBUTION

ウナギの魚籠（小澤正仁氏 提供）．
竹製の籠は1960年代頃まで使用されていたが，現在では黒いプラスチック製の魚籠に変わった．

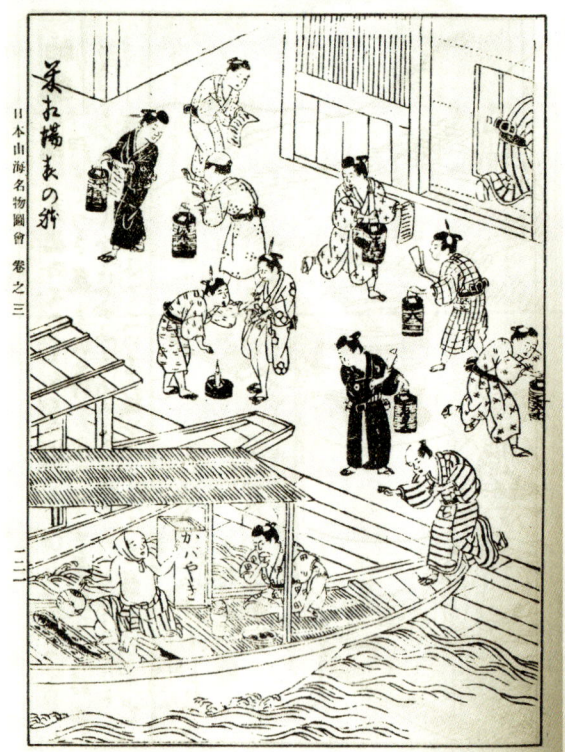

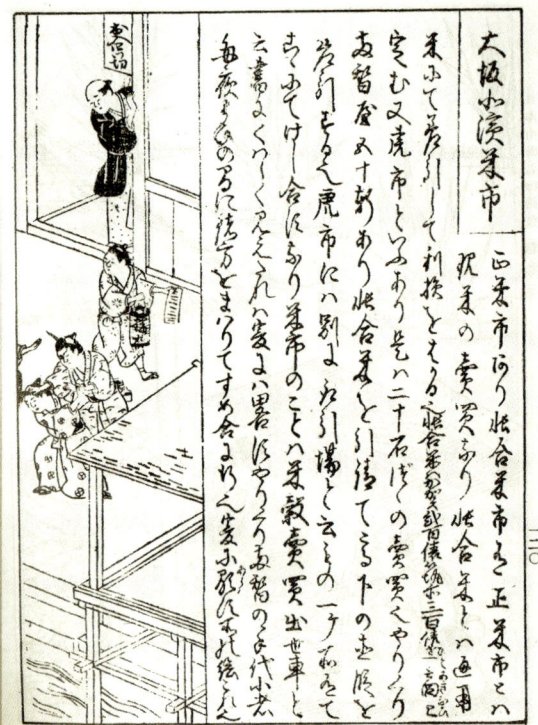

大阪小湊米市の鰻屋（『日本山海名物図絵』）．
船着き場の小舟で店を開いている鰻屋が，両肌脱いで蒲焼きを焼きながら，客を呼
び込んでいる．ひとりの客が船首の縁にあぐらをかいて，鰻を肴に酒を飲んでいる．

ウナギの輸送の様子を写した絵はがき．ウナギの入った魚籠を担ぎ棒に括りつけて，
あぜ道を歩く（坂田正久氏 所蔵）．

鰻街道
Eel Road

鰻輸送団が聖護院宮家から授かった箱提灯.
表に御用の文字（左），裏に菊の紋章（右）が入っている.

大阪・道頓堀に店を構えていた明治9年（1876）創業の鰻料理屋「出雲屋」．
左は明治末期に店前で撮られた記念写真で，店の看板には「関西随一出雲産」
「出雲屋鰻まむし」と書かれている．右は，昭和初期に「出雲屋」がウナギの運搬に
使っていた米国フォード社製のトラック．

鰻街道．出雲から大阪に至る，ウナギの輸送経路．

江戸中期の1756年，出雲国の中海ではウナギの豊漁に沸いた．大量に捕れるウナギを高値で売買できる大阪へ運んで販売しようと，出雲・安来の佐重は松江藩の許可を得てウナギの輸送に乗り出した．出雲から大阪に至る危険な街道を安全，迅速に通行できるよう，当時強大な権力をもっていた京都の聖護院宮家から，御用商人として特別な許可をもらい，菊花の紋章と聖護院宮の文字が入った紺染めの小旗と箱提灯を掲げてウナギを輸送した．最盛期は1870年前後の幕末から明治初期で，年間約56トンもの出雲産うなぎが大阪へ出荷された．この活鰻輸送は大阪の食文化に多大な影響を与え，大阪には300軒もの「出雲屋」が乱立して，「出雲屋」といえば，うなぎ料理を指すようになったという．

安来港で一人当たり総重量20 kgを越えるウナギを籠に詰め，これを前後に振り分けて天秤棒で担ぐ．陸路，中国山地を進み，四十曲峠を越えて岡山県の勝山へ向かった．水分補給のため，伯太川沿いに切り開かれた道を辿り，要所要所に作られた鰻池で一夜を過ごした．勝山からは高瀬舟で旭川を下った．岡山港で生け簀付きの専用船にウナギを積み替え，播磨灘を通って大阪や京都へ入った．この鰻輸送団は20-30人で構成され，行きは約7日間かかったといわれる．

出荷前の立場．何段にもウナギの入った桶を重ねて上から水を流し，
ウナギを生かした状態で保管する（大森淡水）．

食の安全
Food Safety

養殖の過程で病気の発生があると,薬剤を使う.海外で生産された輸入鰻に日本で禁止されている抗菌剤が検出されたり,残留基準を越える農薬,飼料添加物,動物用医薬品が残っていたりすることがあった.これが度重なることで外国産ウナギの評価が下がり,日本の国産品との価格差が大きくなっていった.いつのまにか「国産鰻神話」ができあがり,輸入品を国産と偽る産地偽装問題が起こった.また,さらに手の込んだやりかたは,日本でとれたシラスを生産コストの安い台湾に密輸し,そこで育てて再び輸入する里帰りウナギとよばれる「国産ウナギ」だ.食品としての安全性を保証し,原産地証明を使って製品の来歴を明示する「トレーサビリティ」や資源の保全に配慮した製品であることを認証する「エコラベル」などの制度をウナギの養殖と流通にも早急に取り入れる必要がある.

ウナギが加工場で「蒲焼き」という商品になるまでの過程(大隅地区養まん漁業協同組合).
開いたウナギを並べて白焼きの準備をする(上).
白焼きになったウナギがベルトコンベア上を進む(中).
タレをつけて焼き上った蒲焼きをパックにつめる(下).

Ⅱ 社会の中の鰻：ウナギの社会科学

5 運ぶ—流通—

養殖用種苗の三河湾産シラスウナギ
(photo: いらご研究所・岡村明浩).

ウナギスパイラル
The Eel Spiral

東アジアで鰻養殖は巨大な産業に成長したが,天然のシラスウナギを種苗として使わなくてはならない点がこの養殖の隘路になっている.乱獲と河川環境の悪化によりニホンウナギの資源状態が悪くなり,シラス種苗が不足する.そこで大西洋のシラス資源も巻き込んで密漁や密輸が後を絶たない(井田2007).海外で生産された低価格のウナギが日本に押し寄せ,日本国内の需要が増大する.これを満たすために,さらに世界のシラス資源の乱獲が過熱する.グローバル化した世界経済の中で,負のウナギスパイラルができあがる.国際的な資源であるウナギの漁業と流通を,国を超えて規制,管理する国際的な資源管理機関を早急に設立することが必要だ.

II-6 CONSUMING

食べる —料理—

ウナギを捕る.これを人が食べるとき,それは資源となる.
さらに余ったウナギを社会に分配し,経済行為が生まれる.
人々がウナギを思い思いに調理して様々な料理が生まれる.
これを賞味し,堪能するうちに,それはやがて食文化へと昇華していく.
ウナギは広く世界中で食べられている.
ただ,北米の人々は例外だ.ほとんど食べない.
しかし,1620年ピルグリムがプリマスに入植した当時は,たくさん食べられたという.
入植した人々の半数が飢えや寒さで病死したといわれる新天地で迎えた最初の冬,
脂ののった高栄養のウナギは,彼らが生き残るための貴重な食料源となったはずである.
イスラム世界に目を向けると,敬虔な信者は原則としてウナギを食べない.
鱗のない魚は食べてはいけないとの戒律があるからだ.
しかし実際はウナギには鱗がある.皮膚に埋没して目立たないだけである.
人にとって食べることは根源的な行為であるから,
その行為の対象となる生き物は社会に深く根づき,
また必然,文化も生まれる.

CUISINE

粋な輝き。

鰻
後援
日本鰻協会
http://www.unagi.org

2011年日本鰻協会ポスター．

オランダでよく食されるウナギの燻製 (photo: van den Thillart).

世界の鰻料理
Eel Dishes of the World

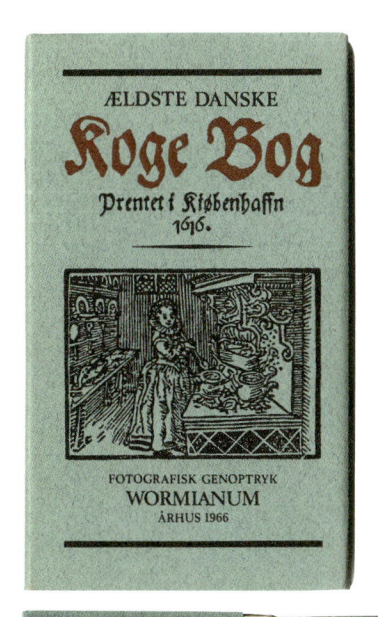

日本で鰻料理といえば圧倒的に蒲焼きや鰻丼,鰻重であるが,このほかにも,白焼き,ひつまぶし,せいろ蒸し,うざく,う巻き,八幡巻き,鰻雑炊,鰻天ぷら,肝吸い,串焼きなどがある.

世界を見ると,数十種以上のウナギ料理がある.ロンドン名物のジェリード・イール(鰻のゼリー寄せ),ウナギパイ,フランスのマトロート(鰻の赤ワイン煮込み),フリカッセ(鰻のホワイトソース煮),アスピック(鰻の煮凝り),スペインやイタリアのアングルス(シラスウナギのニンニクオリーブオイル炒め),それにヨーロッパに広く見られるスモークト・イール(鰻の燻製)や極一般的な鰻のスープやシチュー,フライなどである.インドネシアでは精力増強によいとの民間信仰があり,ココナツミルクで煮たり,カレー風味に仕立てたりして食べる.中国もウナギ料理は薬膳として珍重される.

ウナギのいろんな料理法があるが,どの国でもウナギが健康,滋養強壮に良いものであるとの認識は共通している.

1. デンマークの古典的料理本(Koge Bog, 1616の復刻版, 1966).伝統的なデンマーク料理が紹介されている.魚の塩漬レシピのなかに,ウナギの塩漬けもある.
2. インドネシアにおけるウナギのバーベキュー料理.

ガマ Typha latifolia の穂
(東京大学総合研究博物館).

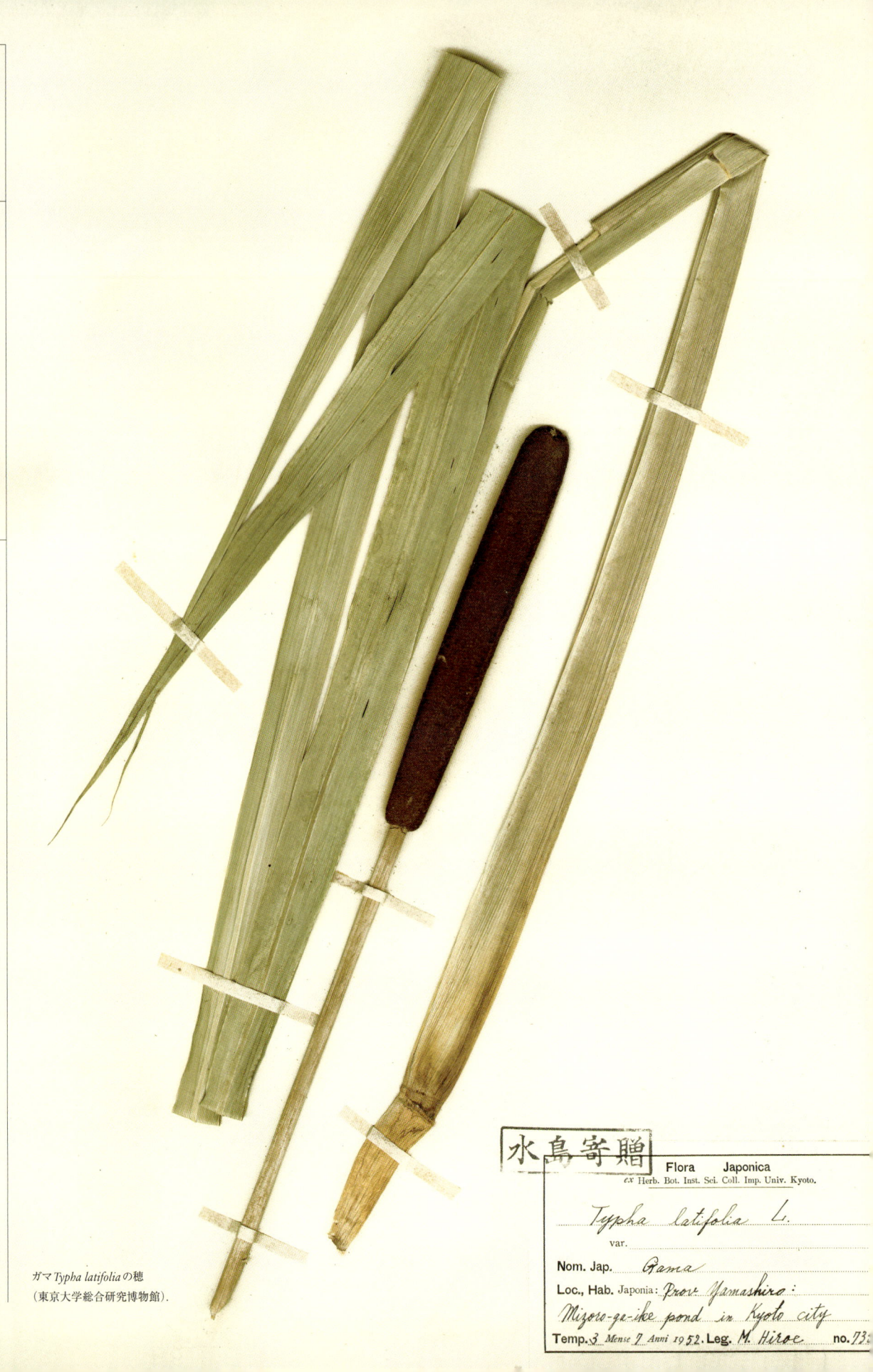

水島寄贈

Flora Japonica
ex Herb. Bot. Inst. Sci. Coll. Imp. Univ. Kyoto.

Typha latifolia L.
var.
Nom. Jap. Gama
Loc., Hab. Japonia: Prov. Yamashiro:
Mizoro-ga-ike pond in Kyoto city
Temp. 3 Mense 7 Anni 1952. Leg. M. Hiroe no. 73.

日本の蒲焼き
Eel Kabayaki

江戸,天明年間（1781-1788）の頃,ウナギは丸焼きにしたものに山椒味噌を塗ったり,豆油（たまり）をつけたりして食べていたようだ.そのぶつ切り,串刺しの様子が蒲の穂に似ていたので,「蒲焼き」の名がついたとの説がある.その後,背開きにして串を打ち,蒸して脂を抜いて柔らかくしたものに濃い醤油ダレをつけて焼き上げ,アツアツを供したのが現在の蒲焼きの始まりである.

現在,「江戸前」というと寿司を思い浮かべる人が多いが,当時は「江戸城前の海や川,水路で捕れた魚介類」という意味で用いられた.そしてその代表格はウナギであった.鰻の蒲焼きは江戸っ子に人気の食べ物で,現在の日本橋や神田,上野,深川あたりには多くの鰻屋があった.しかし,当時は辻売りや屋台で鰻を売ることが多く,ごく庶民的な食べ物だった.その後,座敷に客を上げて蒲焼きを出す鰻屋が増え,次第に晴れの日のご馳走へと変わっていった.江戸時代から営々と「鰻」という単一魚種だけで商売が成り立つというのは,いかに鰻が日本人に愛されているかを示している.

1. 白焼き（魚政）.
2. う巻き（宮川本廛）.
3. 肝吸い（うなぎ百撰）.
4. 鰭・肝・かぶと焼き（魚政）.
5. うざく（満寿家）.
6. うなぎの骨煎餅と肝の山葵和え（魚政）.
7. 「蒲焼き」の語源となったといわれるウナギの古代調理法（うな繁）.ウナギのぶつ切りを串に刺して焼き,味噌を塗り込めた魚田楽.

主な魚類の栄養成分表（可食部100gあたり）

種	たんぱく質	脂質	炭水化物	ナトリウム	カリウム	カルシウム	マグネシウム	リン	鉄	亜鉛	ビタミンA	ビタミンD	ビタミンE	ビタミンB_1	ビタミンB_2
	g	g	g	mg	mg	mg	mg	mg	mg	mg	μg	μg	μg	μg	μg
カツオ *Katsuwonus pelamis*	25	6.2	0.2	38	380	8	38	260	1.9	0.9	20	9	0.1	0.1	0.16
クロマグロ *Thunnus orientalis*	26.4	1.4	0.1	49	380	5	45	270	1.1	0.4	83	5	0.8	0.1	0.05
サンマ *Cololabis saira*	18.5	24.6	0.1	130	200	32	28	180	1.4	0.8	13	19	1.3	0.01	0.26
シロサケ *Oncorhynchus keta*	22.3	4.1	0.1	350	14	28	240	0.5	0.5	0.07	11	32	1.2	0.15	0.21
ニホンウナギ *Anguilla japonica*	17.1	19.3	0.3	74	230	130	20	260	0.5	1.4	2400	18	7.5	0.13	0.48
ブリ *Seriola quinqueradiata*	19.7	18.2	0.3	37	310	12	28	200	0.9	0.7	28	4	4.2	0.16	0.19
マアジ *Trachurus japonicus*	20.7	3.5	0.1	120	370	27	34	230	0.7	0.7	10	2	0.4	0.1	0.2
マイワシ *Sardinops melanostictus*	19.8	13.9	0.7	120	310	70	34	230	1.8	1.1	0.7	10	0.7	0.03	0.36
マガレイ *Pleuronectes herzensteini*	19.6	1.3	0.1	110	330	43	28	200	0.2	0.8	5	13	1.5	0.03	0.35
マダイ *Pagrus major*	20.6	5.8	0.1	55	440	11	31	220	0.2	0.4	8	5	1	0.09	0.05

（文部科学省「五訂増補日本食品標準成分表」をもとに作成）

毒と薬
Poison and Medicine

ウナギは夏バテの予防食として夙に有名である．高い栄養価をもつ優れた食品として，古くから滋養強壮の代名詞のようにいわれてきた．

ウナギの栄養成分を見てまず気づくのは，脂質含量が高いことである．多量の脂質はエネルギーの貯蔵庫として，長い回遊に役立つ．脂質の内容をみると，血中のコレステロール値を抑制するDHA（ドコサヘキサエン酸）やEPA（エイコサペンタエン酸）を多く含み，動脈硬化などの生活習慣病を予防する．ビタミン類も豊富で，中でもA, B_2, Eが多い．ビタミンAは目によく，皮膚や髪を健康に保つ．B_2は粘膜を保護し，老化防止に効果がある．Eは抗酸化作用をもち，動脈硬化を予防する．もう一つ特筆すべきは，筋肉中のカルシウム含量が著しく高いことである．そのせいか，ウナギでは，カルシウム代謝に関わって骨吸収や骨形成を調節するカルシトニンCalcitoninというホルモンの活性が，ヒトのカルシトニンより数十倍高い．これを利用してウナギのカルシトニンは骨粗鬆症の薬にもなっている．ウナギのeelに因んでエルシトニンElcitoninと命名されている．

一方で，ウナギの血液には毒がある．イクシオトキシンIchthyotoxinとよばれるこの毒は，タンパク質性の神経毒で，食べると下痢，吐き気などの中毒症状を起こし，大量に食べると死亡することもある．ウナギを裂いている際に血が目や傷口に入ると炎症が起きる．ウナギをあまり刺身で食べない理由はこのためだ．ウナギには体表粘液にも毒がある．この毒は血清中のイクチオトキシンとはまた別のもので，著しく不安定といわれる．いずれの毒もタンパク質なので，加熱すると失活する．したがって十分に火を通して食べる分には問題ない．ウナギは毒と薬を併せもった生き物といえる．

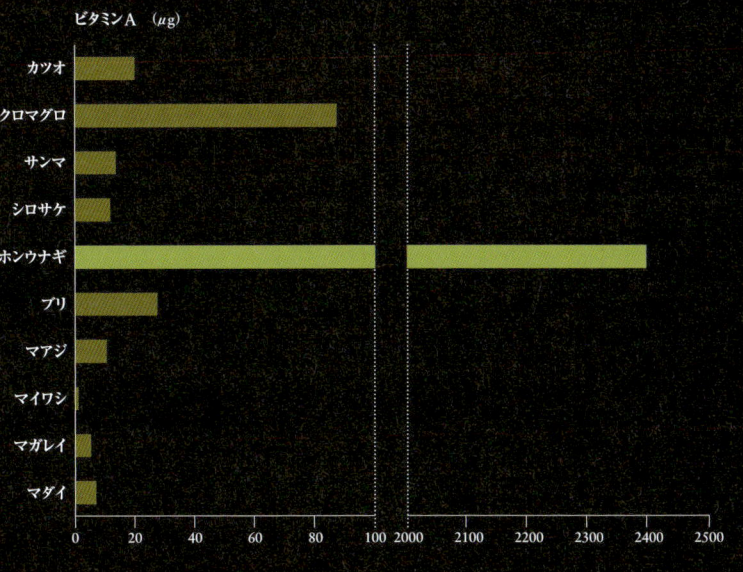

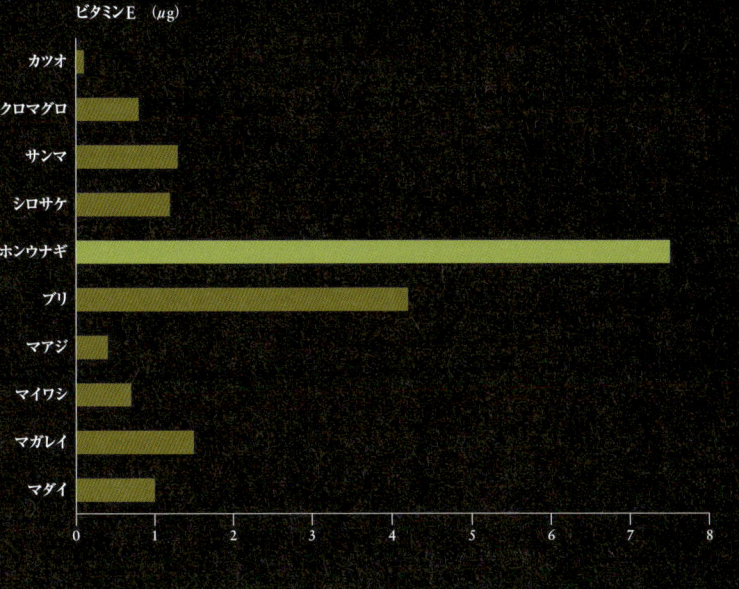

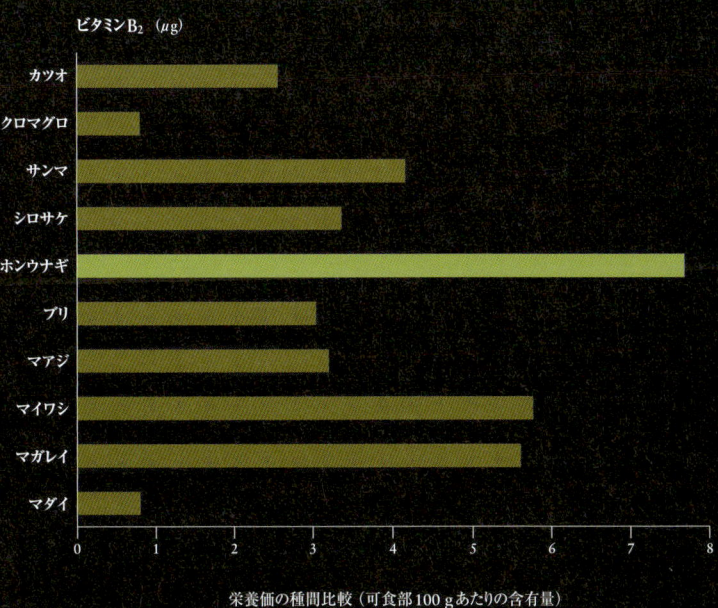

栄養価の種間比較（可食部100gあたりの含有量）

ごあん
梅 1 鰻鱠

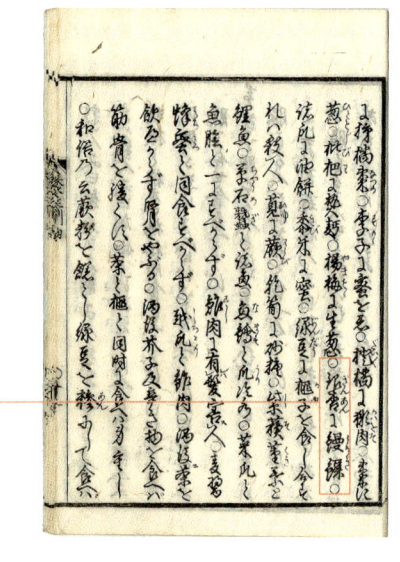

『養生訓』(1712)

うなぎニ生梅 一合かくる

『食物喰合心得』(1894)

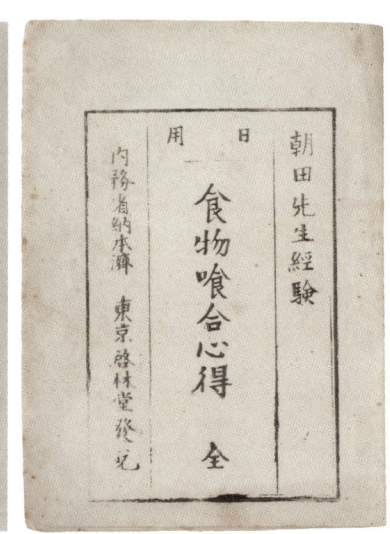

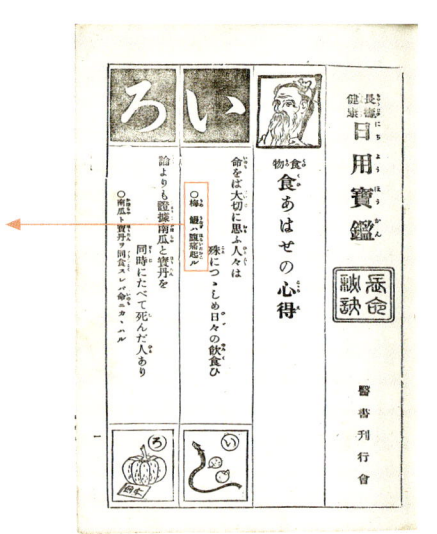

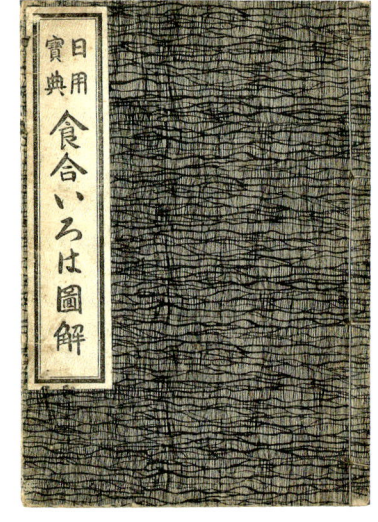

○梅 鰻ハ腹痛起ル

『日用宝典 食合いろは図解』(1914)

食い合わせ
Food Taboos

　天ぷらと西瓜，蕎麦と田螺など，2種の食べ物を一緒に食べると下痢や中毒症状を起こすと広く民間に信じられていた．いわゆる食い合わせである．「ウナギと梅干し」はその代表的なものだ．食禁といわれる食い合わせの起源は古く，中国では本草学や陰陽五行説に基づく食事作法を説いた食経にまで遡ることができる．食経の禁忌が日本に伝わり，天子の食膳を整える際にこれを犯さぬよう，『養老職制律』に法律として定められた．その後，南北朝時代に洞院公賢が著した『拾芥抄』には62種の動植物の食い合わせが挙げられ，広く一般民衆の食生活にも浸透した．しかし，昭和後期までいわれていたウナギの蒲焼きや天ぷら，蕎麦切りなどの料理は江戸期に入って出現したので，これらの記述はない．

　ウナギと梅干しの組み合わせが食禁としていわれ始めたのは，いつ頃のことか．最初，ウナギとの食禁がいわれたのは，銀杏だったらしい（坂田正久 私信）．江戸前期の貝原益軒の書『養生訓』には，ウナギと銀杏の組み合わせが紹介されている．江戸後期には，栗本丹洲が編纂した魚類図譜『皇和魚譜』に「鰻と白梅（むめほし）反する事，民間皆知れり．然れども諸本草に見えず．此邦にて験せしなるべし」とあり，ウナギと梅干しが登場する．しかし，昭和初期，全国津々浦々に富山の置き薬売りが訪れ，訪問販売販促の一環として食い合わせ表を配って歩いた頃，そのビラに描いてあったのは，ウナギと酢が主流であった．どこで酢や銀杏が梅干しに置き換わったのか明らかではないが，梅干しにせよ，酢や銀杏にせよ，ウナギと一緒に食べて悪いという科学的根拠はない．

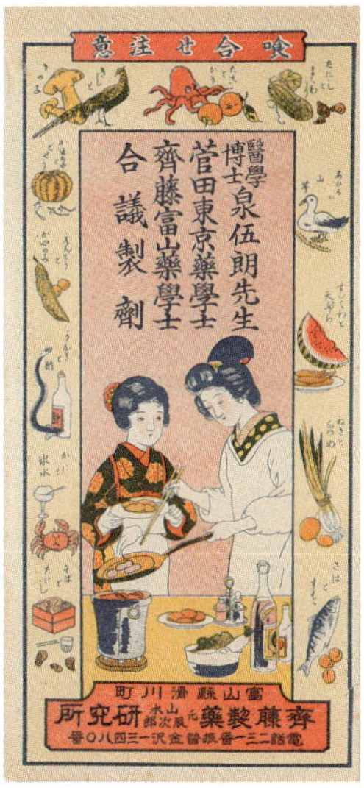

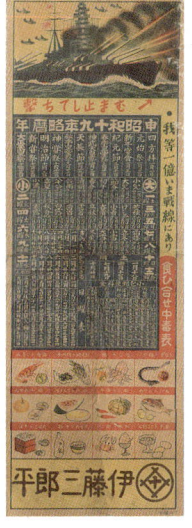

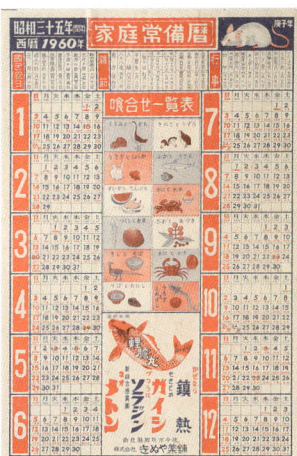

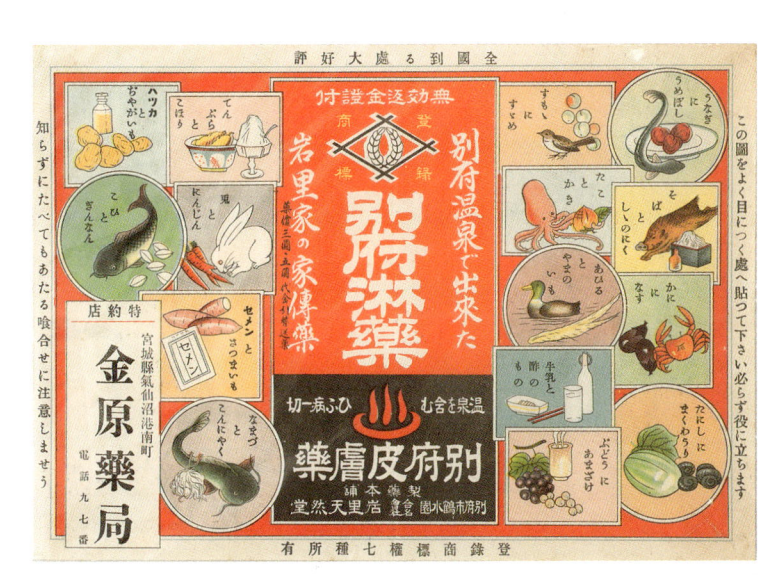

食い合わせの描かれたビラ（坂田正久氏 所蔵）．
富山の置き薬のおまけとして各家庭に配布されたビラは，台所の壁に貼られ，主婦が献立を考える際，参考にされた．挿絵は当時の世相を反映している．

II 社会の中の鰻：ウナギの社会科学

6 食べる ― 料理 ―

鰻包丁
Eel Knives

ウナギの調理に使う包丁は代表的なものだけでも4つの型が知られている.シンプルな切り出しナイフ型の大阪型,小ぶりな包丁型の名古屋型,ずっしりと重く,ウナギを裂くことに特化した京都型,そして裂くことと同時に開いたウナギを切り分ける機能も備えた大ぶりの関東型である.おそらくはハモを調理した大阪型を原型として,名古屋,京都が出現し,やがて関東へと進化したのではないだろうか.紀州,四国,九州においても,包丁の形は地域や職人の好みによって実にバリエーションに富んでいる.同じウナギを調理する器具でありながら,地域の調理法と職人による個性が反映されて,受け継がれている.

全国各地の鰻包丁.右から,関東型,名古屋型,京都型,大阪型(以上,ての字 所蔵).紀州型(左利き用),大阪型改変(徳島で使用),九州型-1,九州型-2(以上,亀田哲夫氏 所蔵).鰻職人の好み・くせにより特注品も作られる.

1. お櫃（八百徳）.
2. 漆塗りの重箱（大江戸）.
3. 楽焼（北御門）.
4. 出前用の重箱（明神下 神田川）.
5. 蒸篭（柳川屋）.

鰻の器
Serving Dishes

明治天皇に献上した鰻重のレプリカ（大観楼）．

錦手の丼．

ご飯とおかずをひとつ盛りにして食べる，いわゆる"丼物"の元祖は鰻丼といわれている．慶応元年（1865）刊の『俗事百工起源』（宮川政運）によると，鰻丼は，文化文政（1804-1829）の頃，大久保今助の発案によるものとされる．江戸日本橋にあった芝居小屋の金主だった今助は，大のうなぎ好き．近所の鰻屋から，蒲焼を毎日取り寄せていたが，運ばれるうちに冷めてしまう．そこで，熱い飯の間に蒲焼きを挟んで持たせたところ具合がいい．この食べ方が評判となり，同じく日本橋の大野屋が「元祖 うなぎめし」という看板で売り出したのが，鰻丼の始まり．

「丼」という名前が出てくるのは江戸時代も後期になってから．最初は，おかずや菓子を盛る器として使われていたものを，そば屋がかけそばなどの器に用いるようになり，やがてどんぶりという名前が定着した．鰻の蒲焼きを盛る器は，もとは厚手で重い陶器が主流だった．鮮やかな色彩の錦手の丼はとくに好まれた．漆塗りの登場は遅く，大正になってからと推定される．高級感に加え，軽くて吸水性に優れている点も好まれた．現在では，多くの鰻屋の看板メニューが，美しい漆器に蒲焼きと飯を盛りつけた「鰻重」となっている．

保温のために胴壺状の底部にお湯を入れる構造の重箱や二重底の空洞にお湯を入れる楽焼などもある．さらに，調理方法や食べ方の工夫によって蒸篭やお櫃を用いる店もある．蒲焼きの器ひとつをとっても，多彩な文化があり，歴史がある．

江戸前大蒲焼番付（坂田正久氏 所蔵）．

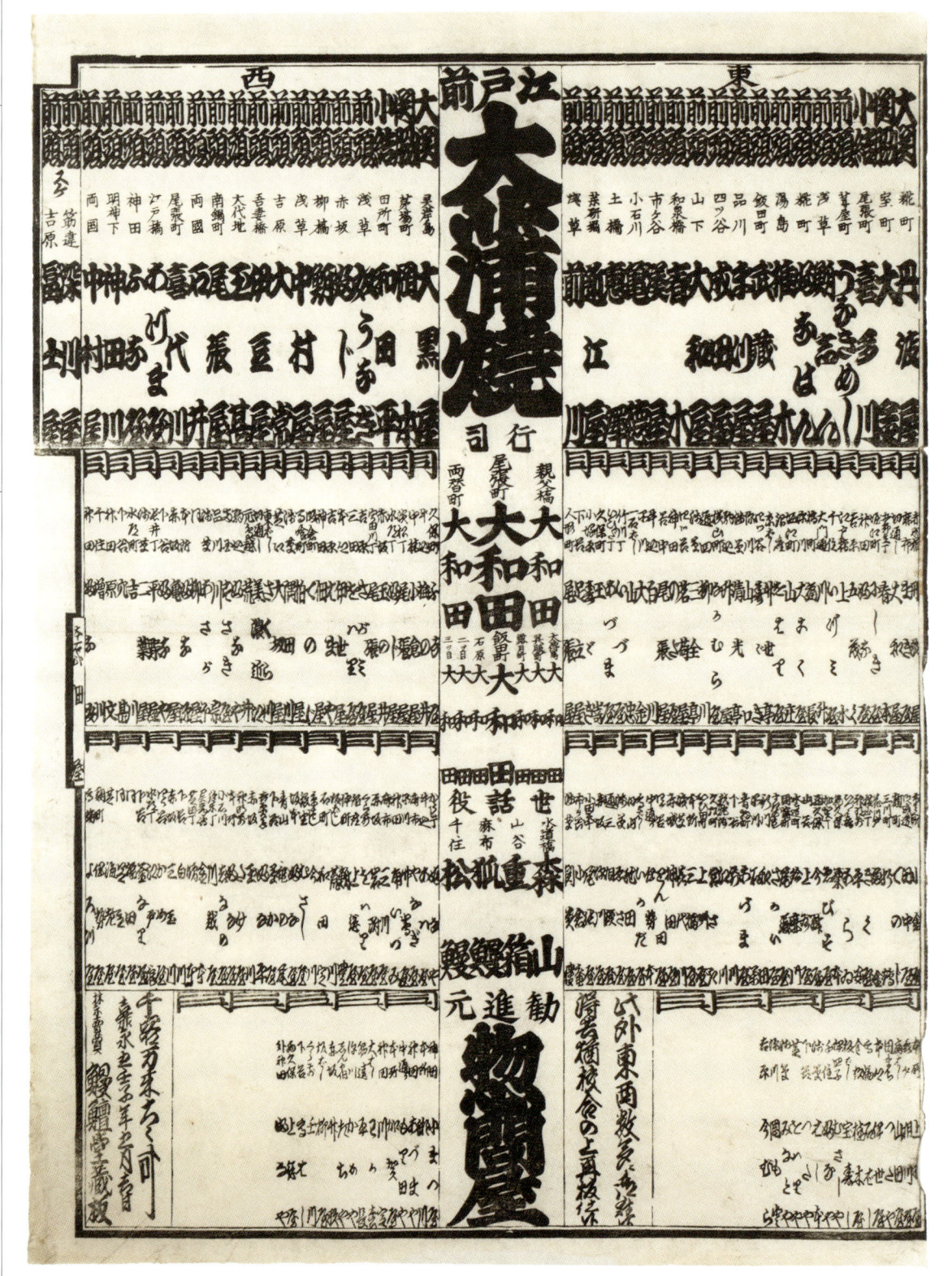

鰻屋
Eel Restaurants

お茶の水・水道橋の蒲焼き屋「森山」『日本図会全集 江戸名物図絵』．
下を流れる神田川で捕れるウナギも江戸前といい，「森山」は江戸の蒲焼き屋の中でも老舗とされていた．

文政7年（1824）に刊行された『江戸買物獨案内』に掲載されている22軒の蒲焼き屋．

文政7年に刊行された江戸に不案内な旅行者のための情報誌，『江戸買物獨案内（えどかいものひとりあんない）』（中川芳山堂）によれば，当時蒲焼き屋は江戸に22軒登録されている．こうした指南書の飲食之部に鰻蒲焼の項目があり，多数の名店が名を連ねている．既にこの頃，鰻の食文化が江戸の町にしっかりと根づいていることを示している．また，これらの老舗は相互に競い合い，その技を磨いたのだろう．各店の評価をした番付表も残っている．

池波正太郎の『鬼平犯科帳』は江戸時代の天明から寛政に実在した火付け盗賊改めの長官，長谷川平蔵を主人公にした時代小説の傑作であるが，ここにも何軒も鰻屋が登場する．浅草・黒船町の勢川，富島町の大国屋，市ヶ谷・田町の喜田川，深川・富ヶ岡八幡宮前の魚熊，亀戸天満宮裏門前の狐屋などなど，枚挙にいとまがない．作者の虚構であろうが，蒲焼きのにおいが漂ってくる当時の江戸の町を彷彿とさせる．

1972 　1973 　1974 　1975

1976 　1977 　1978 　1978

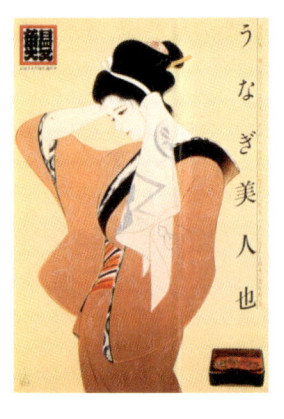

1980 　1981 　1982 　1983

1984 　1985 　1986 　1987

1988　1995　1995　1996

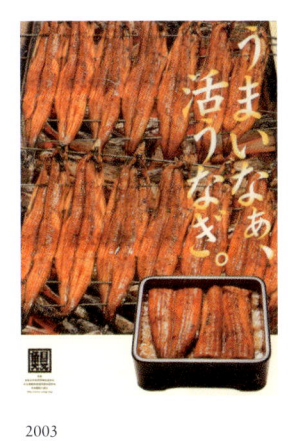

1997　1997　1998　1999

2000　2001　2002　2003

2003　2004　2004　2005

40年続く全国淡水魚荷受組合連合会の鰻蒲焼きポスター.

岡山県・児島湾で採れたウナギの体色変異.

アオウナギが知られていた地域.
アオウナギの産地で一大消費地である大阪を含む西日本では,アオウナギは最高級品という評価で,品評会で日本一を獲得した.1880年代がその黄金時代とみられる.一方関東では,東京湾周辺でとれる"江戸前鰻"が最上級で,アオウナギは二番手の評価であった(亀井2006).

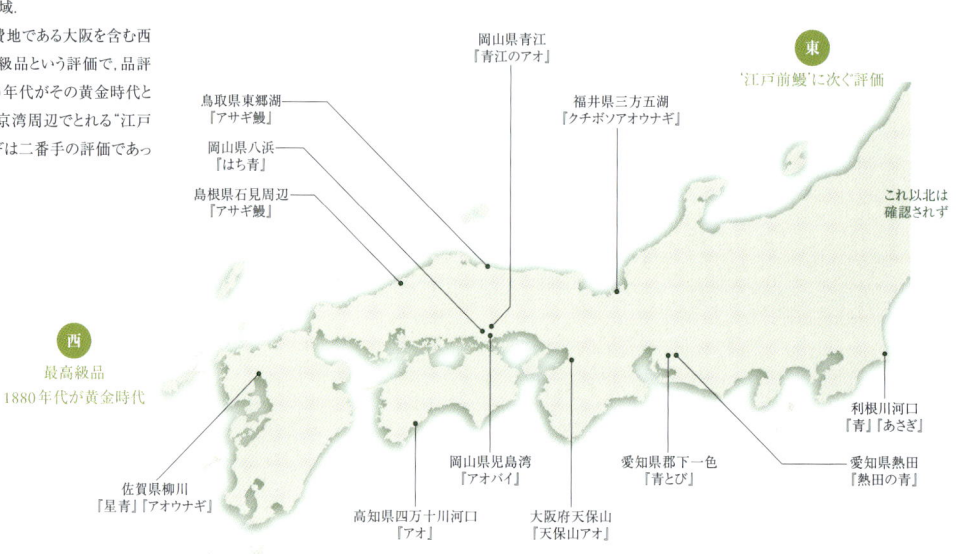

西
最高級品
1880年代が黄金時代

東
"江戸前鰻"に次ぐ評価

鳥取県東郷湖
『アサギ鰻』

岡山県八浜
『はち青』

島根県石見周辺
『アサギ鰻』

岡山県青江
『青江のアオ』

福井県三方五湖
『クチボソアオウナギ』

これ以北は
確認されず

佐賀県柳川
『星青』『アオウナギ』

高知県四万十川河口
『アオ』

岡山県児島湾
『アオバイ』

大阪府天保山
『天保山アオ』

愛知県郡下一色
『青とび』

愛知県熱田
『熱田の青』

利根川河口
『青』『あさぎ』

味の評価
Taste and Quality

江戸の昔から全国各地にアオウナギと呼ばれる極上の味のウナギ伝説が残っている.岡山県児島湾では青江という村の潟で捕れる「青江のアオ」が有名だった.しかしかつての青江は干拓事業によりもはや海ではない.市街地となって,いまウナギはいない.それでも,いまかなり縮小してしまった児島湾の干潟域に江戸時代から続く幻のアオウナギが残っている.体色はその名の通り目の覚めるような青緑.河川で獲れるウナギに比べ,頭部は小さくやや尖っているが,体はまるまると太っている.遺伝子解析の結果,普通のウナギとアオウナギの間に差はなく,同種同集団のものであるとわかっている.海水と淡水が混ざり合う干潟に棲んで,アナジャコという甲殻類を専食する.幼期に特に成長の早いウナギの中から,体長が30 cmを超えるとアオウナギが生じてくる.

江戸の天明から文化にかけて戯作で活躍した山東京伝(1761-1816)が書いた洒落本『通言総籬』は,遊郭における遊びの指南書であるが,ここにもウナギの味に関する蘊蓄がある.既にこの時代から人々はウナギの味の違いに興味を示し,ランク分けしてウナギを珍重していたのだ.なお,寿司ネタや天ぷら材料を称して「江戸前」というが,もともとは江戸の町のすぐ前でとれる「江戸前ウナギ」が語源らしい.当時は江戸湾の干潟汽水域で,良質のアオウナギがたくさん捕れたのではないだろうか.

『通言総籬』(山東京伝著).
青か白か やつぱりすぢを長やぎのことさ
(注釈)あを 白 すぢ みなうなぎの名なり うなぎくひのつういふなり

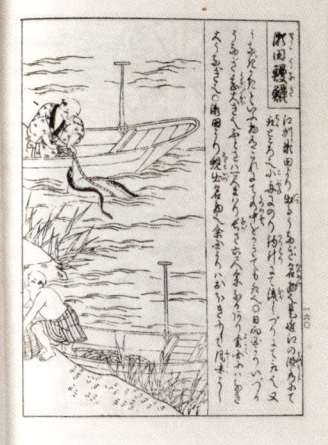

瀬田の鰻漁(『日本山海名所図会』).

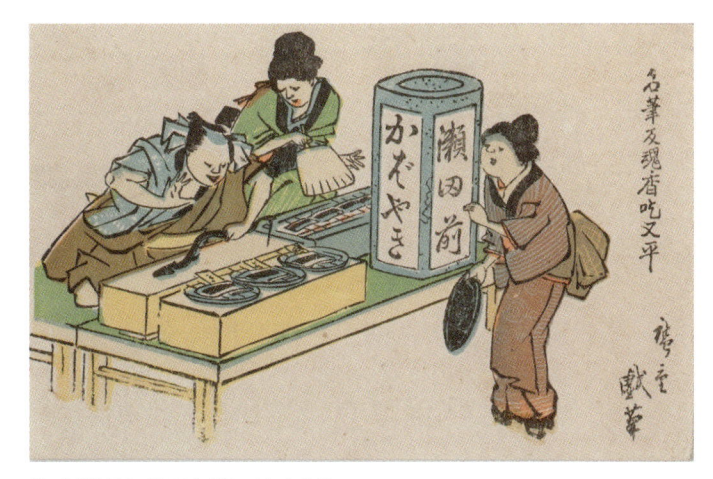

瀬田前蒲焼き屋の絵はがき(坂田正久氏 所蔵).

引用文献
References

Dekker W (2003) On the distribution of the European eel (*Anguilla anguilla*) and its fisheries. *Can J Fish Aquat Sci* 60: 787–799

Dekker W, Pawson M, Wickstrom H (2007) Is there more to eels than slime? An introduction to papers presented at the ICES Theme Session in September 2006. *ICES J Mar Sci* 64: 1366–1367Kim

Friedland KD, Miller MJ, Knights B (2007) Oceanic changes in the Sargasso Sea and declines in recruitment of the European eel. *ICES J Mar Sci* 64: 519–530

Fontaine M (1936) Sur la maturation des organes de l'anguille mâle et l'émission spontanée de ses produits sexuels. *C R Acad Sci Paris* 202: 1312–1314

早田秀純・編, 桜井金次・画 (1984) 三重県水産図解:合冊. 東海水産科学協会・海の博物館編

平瀬徹斎・編, 長谷川光信・画 (1979) 日本山海名物図会. 名著刊行会

井田徹治 (2007) ウナギ−地球環境を語る魚. 岩波新書

池波正太郎 (1998) 鬼平犯科帳. 講談社

Jansen HM, Winter HV, Bruijs MCM, Polman HJG (2007) Just go with the flow? Route selection and mortality during downstream migration of silver eels in relation to river discharge. *ICES J Mar Sci* 64: 1437–1443

Johnson D, Ida H, Sakaue J, Sado T, Asahida T, Miya M. A 'living fossil' eel (Anguilliformes: Protoanguillidae, fam nov) from an undersea cave in Palau. *Proc R Soc Lon*. in press

亀井哲夫 (2006) 鰻談・アオウナギを喰らう. 追手門学院 57: 1 – 39

Kimura S, Shinoda A, Kitagawa T, Sasai Y, Sasaki H (2007) Effect of El Niño on migration and larval transport of the Japanese eel, *Anguilla japonica*. *ICES J Mar Sci* 64: 1387–1395

洞院公賢 (1937) 拾芥抄. 古典保存會

宮川政運 (1981) 俗事百工起源. 現代思潮社

中川芳山堂・原編, 花咲一男・編 (1972) 江戸買物獨案内. 渡辺書店

Palstra AP, van Ginneken VJT, Murk AJ, van den Thillart G (2006) Are dioxin-like contaminants responsible for the eel (*Anguilla anguilla*) drama? *Naturwissenschaften* 93: 145–148

Palstra AP, Heppener DFM, van Ginneken VJT, Szekely C, van den Thillart G (2007) Swimming performance of silver eels is severely impaired by the swim-bladder parasite *Anguillicola crassus*. *J Exp Mar Biol Ecol* 352: 244–256.

松濤軒長秋・編輯, 長谷川雪旦・画 (1893) 江戸名所圖會. 博文館

山東京伝 (1787) 通言総籬

Satoh H, Nakamura N, Hibiya T (1962) Studies on the sexual maturation of the eel.-I. On the sex differentiation and the maturing process of the gonads. *Bull Japan Soc Sci Fish* 28: 579–584

Tanaka H, Kagawa H, Ohta H, Unuma T, Nomura K (2003) The first production of glass eel in captivity: fish reproductive physiology facilitates great progress in aquaculture. *Fish Physiol Biochem* 28: 493–497

Winter HV, Jansen HM, Breukelaar AW (2007) Silver eel mortality during downstream migration in the River Meuse, from a population perspective. *ICES J Mar Sci* 64: 1444–1449

Yamamoto K, Yamauchi K (1974) Sexual maturation of Japanese eel and production of eel larvae in the aquarium. *Nature* 251: 220–222

Yamauchi K, Nakamura M, Takahashi H, Takano K (1976) Cultivation of larvae of Japanese eel. *Nature* 263: 412.

III

EELS AND HUMANS : CULTURAL SCIENCE OF EELS

人とうなぎ
ウナギの人文科学

土用の丑の日になると鰻屋に足が向く. 鰻は夏の季語, 蒲焼きは夏の風物詩だ. 古く万葉の時代からウナギが滋養強壮の食べ物であると知られており, 万葉集にある大伴家持の歌はつとに有名. 江戸の中期, 辻売りや街角の屋台で売られるファーストフードに過ぎなかったウナギは, 蒲焼きという独特の調理法が生まれることによって, ちょっと気取ったメインディッシュへと進化していった. 何か特別な日には小体な鰻屋へ繰り出し, 二階座敷でゆっくり酒を飲みながら鰻が焼けるのを待つ. 余分な時間があるということはあれこれものを考えるということだ. ゆったりと流れる時間の中で思いに耽ると, 様々なアイデアも生まれる. ウナギを食べることで文化が生まれ, うなぎと人との関わりは次第に深くなっていった.

そもそも人類はいつごろからウナギを食べるようになったのか. 各所の遺跡からウナギの骨が出土する. 身近な川や沼で捕れるウナギは私たちの祖先の貴重な食べ物であったに違いない. 食べ物として身近に利用するうち, うなぎについて言い伝えや慣用句も生まれた. また文字や絵で描き残された. さらに人との距離が縮まって, 美術工芸の題材としても取り上げられるようになり, 単に食べ物としての「鰻」は, 親しみ深い生き物の「うなぎ」へとなっていった. また一方で敬い, 畏れる対象として伝説や信仰の世界にも登場するようになった.

TRACKING BACK-BONES AND

温ねる ―遺跡―

ウナギが地球上に現れたのは数千万年前．
人類の起源を遡ってもたかだか数百万年であるから，
人類が地球上に現れるずっと前からウナギは川にいた．
当時，川に天敵らしい天敵もいなかった時代のウナギは，
のびのび我が物顔に振る舞っていたと思われる．
事実，人の訪れることが極めて少ない現在の裏タヒチでは，
大きな体を悠然と川辺の岩の上に出して，
魚にもあるまじき「昼寝」をしているオオウナギを見ることができる．
こんな状態の大きなウナギを初期の人類が見つけたら，
道具らしい道具をもたなくても，格好の獲物になったはずである．
全国各地の縄文時代の遺跡からウナギの骨が出土する．
貝塚に捨てられたウナギの骨は，
縄文の人々がウナギを食べていたことを示す．

Archaeological Remains

千葉県流山市・三輪野山貝塚から出土した縄文時代後期中葉のウナギ椎骨(千葉県流山市).

貝層からウナギ骨を含めた多くの動物遺存体が出土した三輪野山遺跡.
第5貝塚土層断面(手前)と後期傾斜盛土断面.

三輪野山遺跡第5貝塚土層断面.

ウナギの骨
Eel Bones

遺跡からでてくる魚類の骨は淡水魚,海水魚含めて多種多様だ.海水魚では,マダイ,クロダイ,スズキが多いが,中にはカツオやマグロなどもでる.漁具や船をろくにもたなかった古代人が,どうやってこれら沖合の大型回遊魚を捕ったのか不思議だ.ウナギの仲間で遺跡から出土する可能性があるのは,ウナギ,ウツボ,ゴテンアナゴ,マアナゴ,ハモ,スズハモなどであるが,篩骨,鋤骨が前上顎骨と癒合して形成された前上顎骨-篩骨-鋤骨板が,種の同定のよい指標となる.またよく出土する椎骨をみると,ウナギの場合は特に神経弓門が椎体長と変わらないほど長く発達するのが特徴で,慣れるとウナギは比較的容易に見分けがつくようになる.

三輪野山遺跡群航空写真(流山市).

ウナギの仲間の頭骨.左はオオウナギ*Anguilla marmorata*,中央はハモ*Muraenesox cinereus*,右はゴマウツボ*Gymnothorax flavimarginatus*(脇谷量子郎 製作).

縄文時代における日本列島のウナギ類出土遺跡分布（若狭三方縄文博物館 提供）

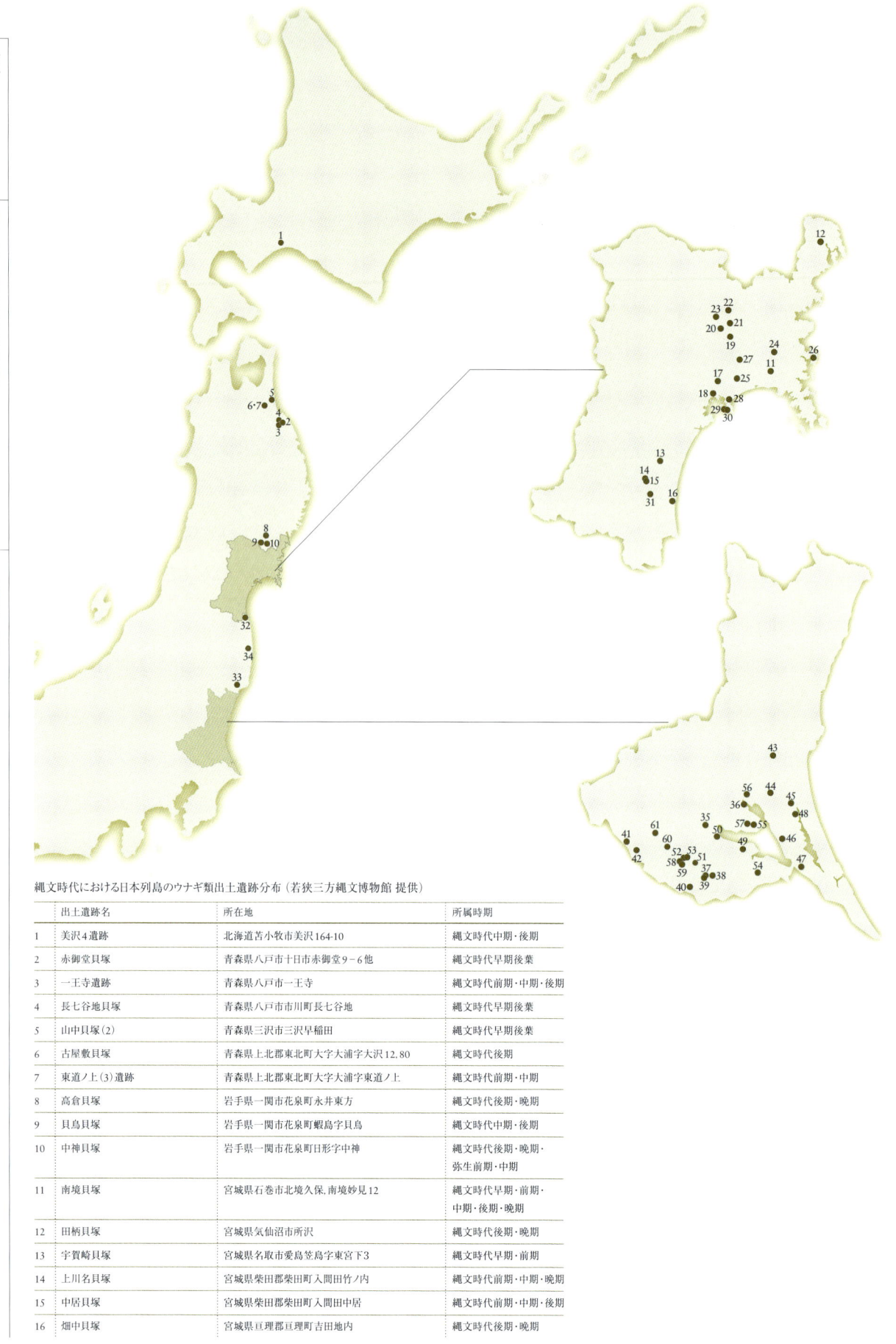

	出土遺跡名	所在地	所属時期
1	美沢4遺跡	北海道苫小牧市美沢164-10	縄文時代中期・後期
2	赤御堂貝塚	青森県八戸市十日市赤御堂9-6他	縄文時代早期後葉
3	一王寺遺跡	青森県八戸市一王寺	縄文時代前期・中期・後期
4	長七谷地貝塚	青森県八戸市市川町長七谷地	縄文時代早期後葉
5	山中貝塚(2)	青森県三沢市三沢早稲田	縄文時代早期後葉
6	古屋敷貝塚	青森県上北郡東北町大字大浦字大沢12, 80	縄文時代後期
7	東道ノ上(3)遺跡	青森県上北郡東北町大字大浦字東道ノ上	縄文時代前期・中期
8	高倉貝塚	岩手県一関市花泉町永井東方	縄文時代後期・晩期
9	貝鳥貝塚	岩手県一関市花泉町蝦島字貝鳥	縄文時代中期・後期
10	中神貝塚	岩手県一関市花泉町日形字中神	縄文時代後期・晩期・弥生前期・中期
11	南境貝塚	宮城県石巻市北境久保, 南境妙見12	縄文時代早期・前期・中期・後期・晩期
12	田柄貝塚	宮城県気仙沼市所沢	縄文時代後期・晩期
13	宇賀崎貝塚	宮城県名取市愛島笠島字東宮下3	縄文時代早期・前期
14	上川名貝塚	宮城県柴田郡柴田町入間田字竹ノ内	縄文時代前期・中期・晩期
15	中居貝塚	宮城県柴田郡柴田町入間田字中居	縄文時代前期・中期・後期
16	畑中貝塚	宮城県亘理郡亘理町吉田地内	縄文時代後期・晩期

ウナギの出土した遺跡
Eel Bones in Archaeological Sites

日本の縄文・弥生遺跡の内,現在計130カ所の遺跡からウナギの骨が出土している.その地点はやはり黒潮が洗う太平洋岸に多い.特に東京湾,仙台湾の周辺に多く見られる.日本海側は僅かに福岡県の新延貝塚と熊本県の阿高貝塚の2例だけである.最北端の記録は北海道の美沢4遺跡.約4,000年前の縄文中・後期にはこの地もシラスウナギが漂着できるほど,温暖であったことがうかがえる.最南端は沖縄県・知場塚原遺跡で縄文時代晩期のもの.現在のウナギの地理分布を考えるとオオウナギの可能性もある.

	出土遺跡名	所在地	所属時期
17	貝殻塚貝塚	宮城県宮城郡松島町竹谷蝦穴	縄文時代前期
18	館ヶ崎貝塚	宮城県宮城郡松島町磯崎字西ノ浜	縄文時代晩期・弥生時代
19	大平囲ツナギの沢貝塚	宮城県遠田郡涌谷町小里大平囲ツナギの沢	縄文時代後期・晩期
20	中沢目貝塚群(熊野堂貝塚)	宮城県大崎市田尻蕪栗熊野堂20	縄文時代後期・晩期
21	網場貝塚(明神山遺跡)	宮城県登米市米山町中津山網場・明神山	縄文時代中期・後期・晩期
22	青島貝塚	宮城県登米市南方町青島屋敷	縄文時代中期・後期
23	長者原貝塚	宮城県登米市南方町大字西郷上字長者原,宇沼崎前	縄文時代中期
24	中島貝塚	宮城県石巻市河北町中島大島山畑	縄文時代前期・中期
25	平田原貝塚	宮城県東松島市大塩字平田原81-2	縄文時代前期
26	立浜貝塚	宮城県石巻市雄勝町立浜天神	縄文時代前期・中期
27	宝ヶ峯遺跡	宮城県石巻市北村前山116・141・143・144	縄文時代後期・晩期
28	金山貝塚(光華園亀岡貝塚)	宮城県東松島市亀岡金山	縄文時代早期・前期・中期
29	里浜貝塚(西畑地区)	宮城県東松島市宮戸西畑	縄文時代晩期
30	梨木囲貝塚(里浜貝塚袖窪地区)	宮城県東松島市宮戸梨木囲・袖窪	縄文時代中期・後期
31	土浮貝塚	宮城県角田市小坂字土浮	縄文時代前期
32	三貫地貝塚	福島県相馬郡新地町大字駒ヶ嶺字田丁場・木所内・三貫地南	縄文時代中期・後期・晩期
33	上ノ内貝塚	福島県いわき市勿来町四沢字上ノ内	縄文時代中期
34	郡山貝塚	福島県双葉郡双葉町大字郡山字塚ノ腰	縄文時代前期
35	上高津貝塚A地点	茨城県土浦市大字上高津字貝塚・柿久保・大字宍塚字吉久保	縄文時代後期・晩期
36	道場平貝塚	茨城県石岡市石川道場平	縄文時代中期・後期
37	仲根台B貝塚	茨城県龍ケ崎市馴馬町仲根台5090他	縄文時代中期・後期
38	南三島遺跡	茨城県龍ケ崎市羽原町字鹿島原1354他	縄文時代中期・後期
39	廻り地A遺跡	茨城県龍ケ崎市馴馬町廻り地5164他	縄文時代後期
40	中妻貝塚F・G地点	茨城県取手市小文間字中妻耕地	縄文時代後期
41	拾ニゴゼ貝塚	茨城県坂東市長谷中妻	縄文時代中期・後期
42	高崎貝塚	茨城県坂東市大字大崎	縄文時代早期・前期・後期
43	小堤貝塚	茨城県東茨城郡茨城町小堤	縄文時代後期
44	南坪貝塚	茨城県小美玉市与沢南坪	縄文時代後期
45	権現平貝塚	茨城県鉾田市串挽権現平	縄文時代
46	於下貝塚	茨城県行方市於下字東房218	縄文時代中期・後期
47	原堂A貝塚	茨城県潮来市上戸原堂	縄文時代
48	成田貝塚	茨城県行方市成田早川	縄文時代中期
49	平木貝塚	茨城県稲敷郡美浦村大谷平木久保	縄文時代後期
50	廻戸貝塚	茨城県稲敷郡阿見町廻戸明神窪	縄文時代中期
51	城中貝塚	茨城県牛久市城中石神	縄文時代後期・晩期
52	小山台貝塚	茨城県つくば市上岩崎小山台1621他	縄文時代後期・晩期
53	館山貝塚	茨城県つくば市下岩崎館山・宮作	縄文時代早期・前期
54	福田貝塚(神明前貝塚)	茨城県稲敷市福田神明前1675他	縄文時代後期
55	西方貝塚	茨城県かすみがうら市坂西方	縄文時代中期
56	部室貝塚	茨城県小美玉市上玉里部室八幡平	縄文時代中期
57	下坂田貝塚	茨城県かすみがうら市中台	縄文時代中期
58	神生貝塚	茨城県つくばみらい市神生香取神社周辺	縄文時代中期・後期
59	東栗山貝塚	茨城県つくばみらい市東栗山久賀	縄文時代中期・後期
60	前田村遺跡	茨城県つくばみらい市大字田字八幡前871他	縄文時代中期・後期・晩期
61	冬木A貝塚	茨城県常総市豊岡町字貝塚	縄文時代後期

	出土遺跡名	所在地	所属時期
62	藤岡貝塚	栃木県栃木市藤岡町篠山	縄文時代前期
63	間之原遺跡	群馬県太田市大字竜舞字高原	縄文時代後期
64	真福寺貝塚	埼玉県さいたま市南区別所東野田	縄文時代後期・晩期
65	卜伝遺跡	埼玉県川口市西新井宿字卜伝	縄文時代後期
66	花積北貝塚	埼玉県春日部市花積慈恩寺原耕地	縄文時代中期
67	花積南貝塚	埼玉県春日部市花積反町耕地・道口蛭田丸山耕地	縄文時代前期・中期
68	打越貝塚	埼玉県富士見市大字水子字打越	縄文時代早期
69	妙音寺洞穴遺跡	埼玉県秩父郡皆野町大字下田野1454番地	縄文時代早期・前期・中期
70	神明貝塚	埼玉県春日部市西親野井神明	縄文時代後期
71	加曽利貝塚	千葉県千葉市桜木町字京願台163	縄文時代中期・後期
72	木戸作貝塚	千葉県千葉市椎名崎町859他	縄文時代後期
73	有吉北貝塚	千葉県千葉市緑区おゆみ野5丁目	縄文時代中期
74	内野第1遺跡	千葉県千葉市花見川区宇那谷町	縄文時代後期
75	堀之内貝塚	千葉県市川市北国分町2099	縄文時代中期後半・後期
76	向台遺跡	千葉県市川市曽谷1丁目	縄文時代中期
77	貝の花遺跡	千葉県松戸市小金原5・8丁目	縄文時代中期・後期

	出土遺跡名	所在地	所属時期
78	大崎貝塚	千葉県野田市東大崎794	縄文時代中期・後期
79	東金野井貝塚	千葉県野田市東金野井字白幡593他	縄文時代中期・後期
80	大倉南貝塚（大倉貝塚群）	千葉県香取市大倉2081	縄文時代後期
81	荒海貝塚	千葉県成田市荒海字根田	縄文時代後期・晩期
82	藤崎堀込貝塚	千葉県習志野市藤崎2丁目161	縄文時代中期・後期
83	祇園原貝塚	千葉県市原市根田祇園原451番地（市原市根田地先）	縄文時代後期・晩期
84	草刈遺跡（B区）	千葉県市原市草刈（ちはら台）	縄文時代中期
85	武士遺跡（土器石貝塚）	千葉県市原市勝間字土器石	縄文時代中期・後期
86	能満上小貝塚遺跡	千葉県市原市能満字上小貝塚1926-15他	縄文時代中期・後期・晩期
87	山田橋亥の海道貝塚	千葉県市原市山田橋字表通173-1	縄文時代後期
88	平和台遺跡	千葉県流山市平和台	縄文時代
89	三輪野山貝塚	千葉県三輪野山375-1	縄文時代後期
90	浅間貝塚	千葉県柏市布瀬宮前1378・1896	縄文時代
91	布瀬貝塚	千葉県柏市布瀬宮前1377・1380	縄文時代中期
92	石神台貝塚	千葉県印旛郡印旛村字岩戸字船作698他	縄文時代後期
93	備中崎A貝塚	千葉県印西市浦部字備中崎	縄文時代中期
94	山野貝塚	千葉県袖ヶ浦市飯富3545-5他	縄文時代後期
95	誉田高田貝塚	千葉県千葉市高田町888他	縄文時代後期
96	小金沢貝塚	千葉県千葉市小金沢929-4他	縄文時代後期
97	余山貝塚	千葉県銚子市余山町333他	縄文時代後期・晩期
98	吉見台貝塚	千葉県佐倉市吉見秋下	縄文時代中期・後期・晩期
99	戸ノ内貝塚	千葉県印旛郡印旛村字師戸字戸ノ内3他	縄文時代後期
100	山武姥山貝塚	千葉県山武郡横芝光町姥山字台241他	縄文時代前期・後期・晩期
101	中台貝塚	千葉県山武郡横芝光町中台字宮台	縄文時代中期・後期
102	下太田貝塚	千葉県茂原市下太田990-2,991	縄文時代中期・後期・晩期
103	新田野貝塚	千葉県夷隅市新田野	縄文時代前期・中期
104	伊皿子貝塚	東京都港区三田4丁目48-1他	縄文時代後期
105	西久保八幡貝塚	東京都港区虎ノ門5丁目10	縄文時代後期
106	動坂遺跡	東京都文京区本駒込3-136都立駒込病院	縄文時代中期
107	大森貝塚	東京都品川区大井6丁目27	縄文時代後期
108	千鳥窪貝塚	東京都大田区南久ヶ原4丁目	縄文時代中期・後期
109	馬込貝塚	東京都大田区馬込1丁目,上池台5丁目	縄文時代後期
110	西ヶ原貝塚（昌林寺貝塚）	東京都北区西ヶ原1-31,3-1-4・5	縄文時代後期
111	七社神社裏貝塚	東京都北区西ヶ原2-11-1	縄文時代中期・後期
112	日暮里延命院貝塚	東京都荒川区西日暮里3丁目13-2	縄文時代後期
113	豊沢貝塚	東京都渋谷区恵比寿2丁目32-18他	縄文時代後期
114	羽根尾貝塚	神奈川県小田原市羽根尾字中道444-1	縄文時代前期
115	西貝塚	静岡県磐田市西	縄文時代後期・晩期
116	大畑遺跡	静岡県袋井市岡崎字大畑地内	縄文時代中期
117	蜆塚貝塚	静岡県浜松市中区蜆塚4丁目22-1	縄文時代後期・晩期
118	大西貝塚	愛知県豊橋市牟呂町字大西	縄文時代晩期
119	水神貝塚	愛知県豊橋市牟呂町字水神15-17番地	縄文時代晩期
120	吉胡貝塚	愛知県田原市吉胡町矢崎42-4	縄文時代晩期・弥生時代
121	伊川津遺跡	愛知県田原市伊川津町	縄文時代後期・晩期
122	森の宮遺跡	大阪府大阪市東成区森の宮町,中央区森ノ宮中央1丁目15番地	縄文時代後期・晩期
123	帝釈峡遺跡群	広島県庄原市東城町,神石郡神石高原町	縄文時代早期・前期・中期・後期・晩期
124	上黒岩岩陰遺跡	愛媛県上浮穴郡久万高原町上黒岩中本組	縄文時代早期・前期
125	新延貝塚	福岡県鞍手郡鞍手町大字新延字犬王丸	縄文時代前期・中期・後期
126	東名遺跡	佐賀県佐賀市金立町	縄文時代早期
127	西阿高貝塚（阿高・黒橋貝塚）	熊本県熊本市城南町阿高東原	縄文時代中期・後期
128	カキワラ貝塚	熊本県宇城市小川町大字北部田	縄文時代後期
129	知場塚原遺跡	沖縄県国頭郡本部町字備瀬知場塚原	貝塚時代中期 =縄文時代晩期相当

編 物 古 塭 人

1. 大森貝塚発掘の様子.
2. モースが報告した東京大学理学部紀要1巻1号の論文『Shell Mounds of Omori』(東京大学東洋文化研究所 所蔵).
3. モースの論文中で,出土した魚の骨について書かれた頁.
4. エドワード・モース Edward Sylvester Morse (1838-1925).

大森貝塚
Ōmori Shell Mounds

アメリカの動物学者エドワード・モース Edward Sylvester Morse は1877年に来日して，東京大学の動物学教授に就任し，日本の初期の動物学の発展に寄与した．しかし，モースの最も有名な業績は大森貝塚の発見と発掘である．これは日本考古学の原点となった．1879年，大森貝塚の採集報告書である『Shell Mounds of Omori』が東京大学理学部紀要1巻1号として刊行された．

本書には，土器・石器，土偶，装身具，動物遺体，人骨，貝殻など様々な出土品が記されている．ウミガメ，クジラ，シカ，イノシシの骨に混じって，多くの魚骨も発見され，その中にウナギの骨と思われるもあった．この貝塚は今から約4,000-3,000年前の縄文時代後期から末期の遺跡である．世界史の新石器時代にあたるこの時期の人々がウナギを利用していたことが分かる．このウナギの骨がDNA分析からどの種のウナギなのか同定できれば，当時の古海流の流路の解析とともに，ウナギの回遊生態の進化過程について，また新たな知見が得られる．

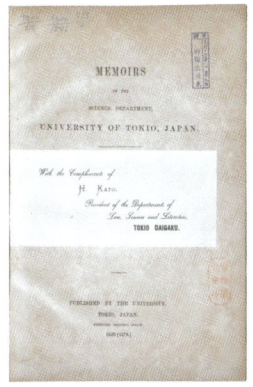

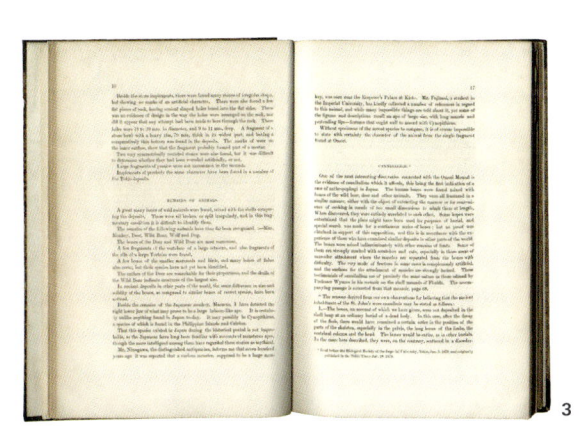

本郷湯島絵図．

東京大学本郷構内の ウナギ骨

Eel Bones from the Edo period in the University of Tokyo Hongō Campus

東京大学埋蔵文化財調査室では,大学キャンパス内の遺跡発掘調査を行っている.理学部7号館地点と呼ばれる発掘現場(2号,63号土坑)から,ニホンウナギの骨が見つかっている(東京大学遺跡調査室発掘調査報告書1,東京大学本郷構内の遺跡 理学部7号館地点).神経弓門と椎体が癒合した尾椎に基づいて,その側面にみられる隆線の形状などから近縁のアナゴ科,ウツボ科ではないと判断された.

この地はかつて加賀藩の江戸屋敷があった場所で,発掘現場は金沢から単身赴任してきた加賀藩士たちの官舎があった地区.陶磁器,植木鉢,碁石,砥石,煙管,徳利,瓦など,多様で大量の生活雑器と共にウナギの尾部の骨が出ている.時代は19世紀中葉の江戸後期なので,既にウナギを割いて身の部分のみ食べる蒲焼きは町中で入手できたはずである.中間あたりがどこからか活きたウナギを手に入れて帰ってきて,酒の肴に焼いたものであろうか.

加賀藩本郷邸の全体図(1840年代前半).
中央に見えるのが育徳園心字池(三四郎池),その南から西にかけて御本殿と溶姫の御守殿が広がり,それら御殿空間の周囲には,2千人を超える江戸詰人が住む長屋群が整然と建て並べられている(『江戸御上屋敷絵図』金沢市立玉川図書館所蔵 清水文庫18.6-27).

EXPRESSING-BOOKS
表す —書画—

モンゴルの人々は馬を性別,年齢などの違いで様々に呼び分ける.
アラブの民もラクダの名前をたくさんもっている.
名前の多さはその生き物と人の関わりの深さを表す.ウナギも然り.
『日本魚名集覧』(澁澤敬三著,1958)によると,ウナギには113もの呼び名がある.
いかに日本人にとってウナギが身近な生き物であるかわかる.そもそも「うなぎ」は,万葉の頃「むなぎ」と呼んだ.
「む」は身を意味し,「なぎ」は長しの「なが」が転じて,「細長い体」のウナギを指したといわれる.
一方,黄ウナギ期のウナギは,「むな(胸)」が「き(黄)」色であるため「むなぎ」と呼んだという説もある.
また,江戸前期の儒者で本草家の貝原益軒(1630-1714)は,
「むなぎ」は屋根を支えるために渡す棟木(むなぎ)からきていると『日本釈名』(1700)の中で書いている.
棟木は丸くて長く,ウナギに似ているためであろう.
さらに,魚を捕らえるのが上手な鳥として知られる鵜(う)でさえも,
ウナギは飲み込むのに難儀するという意味から「うなんぎ」といったというのだという話もある.
ウナギを飲む鵜の様子を想像するだけでも楽しい.人は身近なもの,大切なものを絵や文字や彫刻で表現した.
ヨーロッパの先史時代の洞窟絵画の題材として,馬,バイソン,マンモスなどに混じってウナギが描かれている.
古代エジプト絵画や彫刻にはナイル川でとれるウナギが見られ,
ポーランド・クラコフの古城に残るタペストリーの片隅にもウナギがいる.
ポリネシア,ヨーロッパ,アジアなど,世界各地の童話や民話にもウナギは登場する.
ウナギはことわざ,いい伝え,詩歌,物語,絵画,小説,落語,絵本,漫画,アニメなど,
様々な形に表わされ,人の文化のなかで息づいている.

AND LITERATURE

散櫻花(中島千波・画)(うなよし 所蔵)

右歌一首

喰咲瘦人歌二首

石麻呂爾吾物申夏瘦爾吉跡云物曽武奈伎
取食賣世反也
瘦々母生有者將在乎波多也波多武奈伎乎
漁取跡河爾流勿

右有吉田連老字曰石麻呂所謂仁敎之子
也其老爲人身體甚瘦雖多喫飮形似飢饉

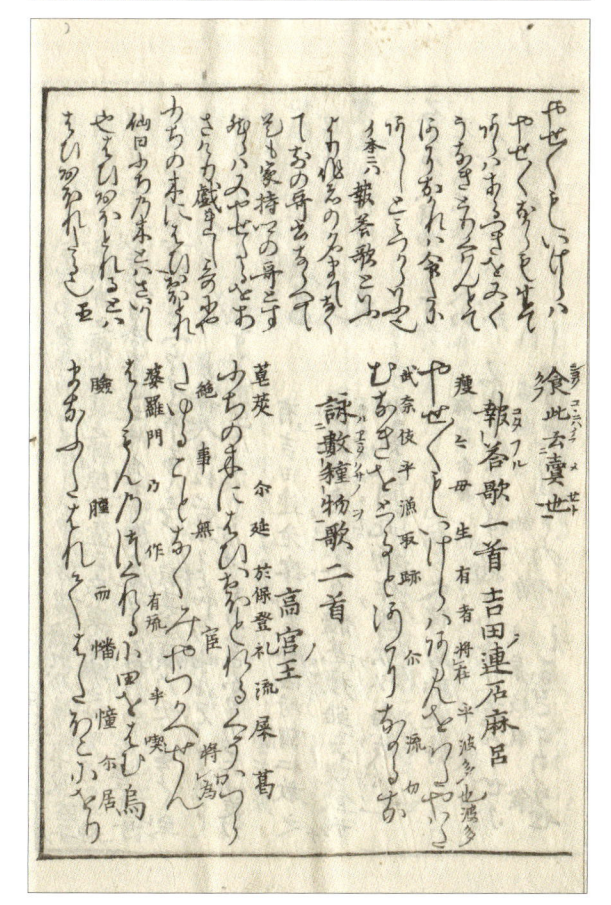

万葉集

The *Man'yōshū*

奈良時代,日本最古の歌集『万葉集』にあるウナギの歌は有名だ.編者のひとり,大伴家持の作である.巻16に「石麻呂に吾物申す 夏痩せに よしといふものぞ むなぎ捕り喫せ」と「痩す痩すも 生けらばあらむを はたやはた むなぎを捕ると 川に流るな」の2首がある.痩せた友人の石麻呂に,夏バテに良いというウナギを捕ってきて食べなさいと奨めた歌と,夏バテで痩せていても生きてさえいればよいから,それより川にウナギ捕りに行って命を落としたりしないようにと注意した歌である.歌中の「石麻呂」は吉田連老(よしだの・むらじ・おゆ)のことで,大食いのくせにひどく痩せた老人だったようだ.作者の家持はこの友人の体を気遣って,当時下賤の食べ物とされていたが,体には良いというウナギを捕って食べよと勧めておきながら,そのすぐ後で,いやいやその痩せこけた体では川の速い流れは危険なので,命あっての物種だから,やっぱり止めておけと揶揄している.歌に添えてある題詞に「痩せたる人を嗤笑う歌二種」とあるが,実は家持本人も相当痩せていたらしい.こんなにも率直にあれこれいえる2人の関係に,おおらかで何かほのぼのとした万葉の気質を感じる.

萬葉集拾穂抄 第16巻.

大伴家持の大和絵(森村宜永・画).

『北斎漫画』(葛飾北斎・画)

慣用句
Eel Idioms

As thin as an eel

As slippery as an eel

To hold the eel of science by the tail

Rompre e'anguille au genou

To get used to it as a skinned eel

To shin an eel by the tail

se faufiler comme une anguille
Être comme une anguille

il y a anguille sous roche

le renard et l'anguille in le roman de renard

E'est e'anguille de Melun,
il crie devant qu'on l'ecorche

ウナギは慣用句にも登場する．日本語では，急激に増大して止まるところのないさまを「うなぎ登り」といい，間口が狭いわりに奥の深い家屋や店舗を「うなぎの寝床」と表現する．またフランスでは，困難な状況から巧みに脱出することを"se faufiler comme une anguille"（ウナギanguilleのように逃げる），つかみ難い状態は"Être comme une anguille"（ウナギのようである）といい，何か怪しげなものが潜んでいる様子を"il y a anguille sous roche（岩の下にウナギ有り）"と表現する．いずれも謎めいたウナギの行動やパワーに起源しているようだ．

「鰻登り」は，葛飾北斎（1760-1849）のスケッチ画集『北斎漫画』の12編の中に収められている（天保5年，1834）．巨大な三匹の鰻が登って逃げようとするのに漁師たちがしがみつき，必死に止めようとしている様子が描かれている．流石，巨匠の手になるものだけに，ウナギの動きが生き生きと描かれているが，本来ウナギにはないはずの腹鰭が描かれているのは，ご愛敬か．

ウナギに関する世界各国の慣用句．

京都・四条京町家．間口が狭く奥行きが深い．「鰻の寝床」とよばれる建築構造をもつ (photo: 西 正幸)．

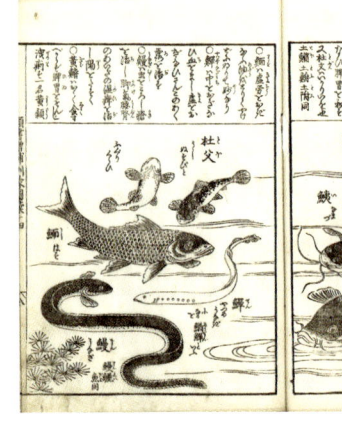

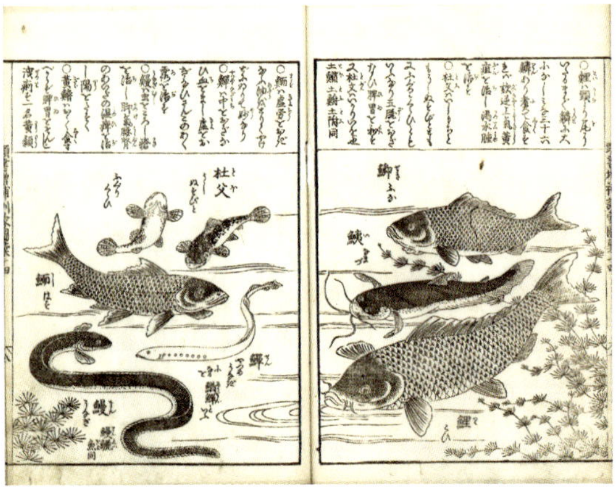

『訓蒙図彙』（九州大学附属図書館 所蔵）．　　　　　　　　　　　　『皇和魚譜』（水産総合研究センター 所蔵）．

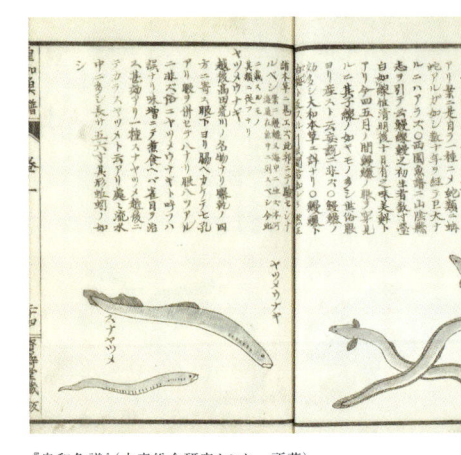

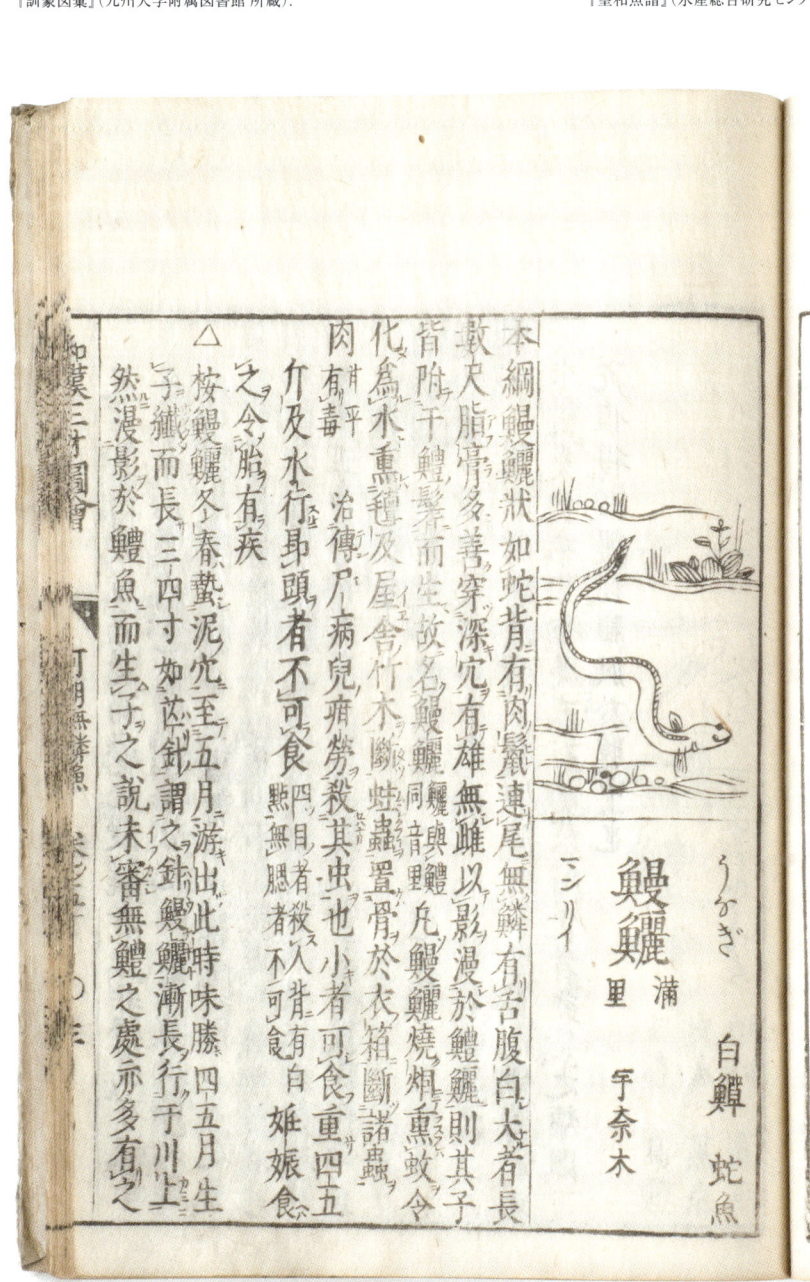

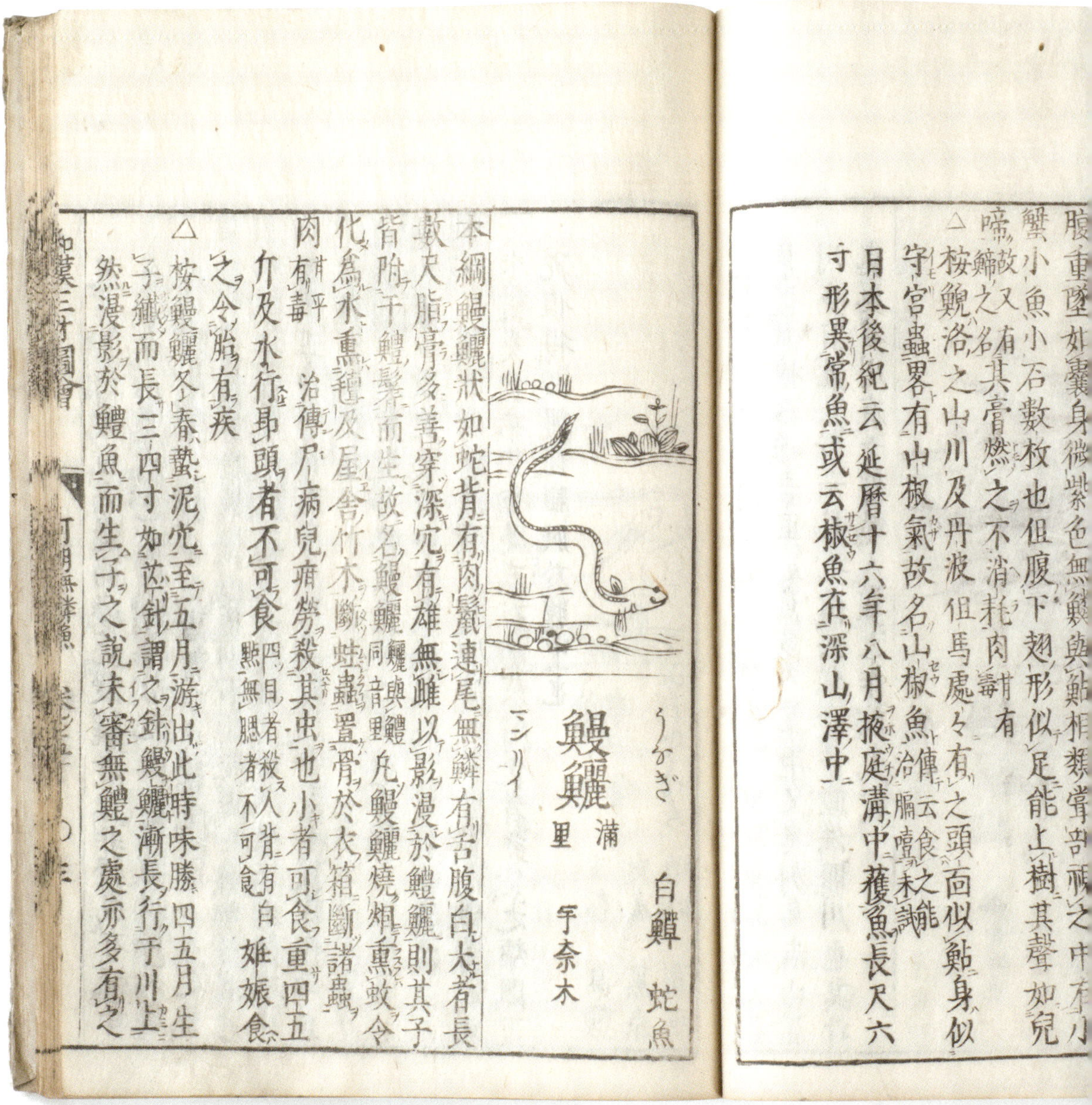

『和漢三才図会』．

古典に見るウナギ
Eels in the Classics

『梅園魚譜』(国立国会図書館 所蔵).

江戸時代後期に川原慶賀によって描かれたウナギ
(ライデン国立民族学博物館 所蔵).

川原慶賀の絵を弟子が模写して描いたアルバムの中のウナギ
(ライデン国立民族学博物館 所蔵).

日本では江戸時代に入ると、絵入りの本草書や物産誌が数多く作られ、その中にウナギが散見される。江戸前期には『訓蒙図彙』(中村惕斎, 1666),『本朝食鑑』(人見必大, 1697), 中期の『和漢三才図会』(寺島良安, 1712),『日東魚譜』(神田玄泉, 1731),『日本山海名物図会』(平瀬徹斎撰・長谷川光信画, 1754), 後期には『梅園魚品図正』(毛利梅園, 1835),『魚貝譜』(鍬形蕙斎, 1813),『魚貝能毒品目図考』(高島春松, 1849) などがある。

江戸中期の『和漢三才図会』は、中国明代の「三才図会」を範とした図入りの百科事典で、105巻81冊に及ぶ大著。江戸期に起こったおおらかな本草学ブームの代表的書である。天文に始まり、人倫、医学、生活、芸能、兵器、地理、禽獣、草木にいたるまで、あらゆる事象、項目が取り上げられ、和漢の対比考証がなされている。著者・寺島良安が漢方医であるため、東洋医学に関する記述は正確を極め、鍼灸の古典とされる。もちろん魚類の記述もあり、淡水(「河湖」)と海水(「江海」)、有鱗と無鱗で4巻(第48-51巻)に分けられている。ウナギはというと、ナマズやドジョウと共に淡水の無鱗魚に分類され、第50巻に記述がある。

228

Ⅲ ― 人とうなぎ：ウナギの人文科学

2 ― 表す ― 書画 ―

新美南吉 作，黒井健 絵『ごんぎつね』（偕成社，1986）．

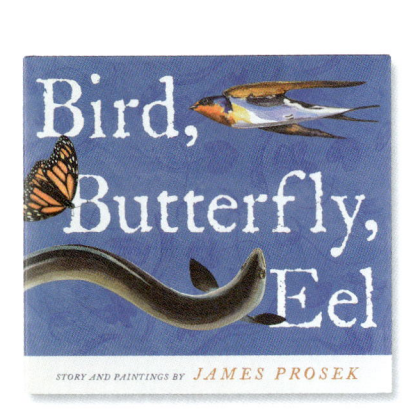

『Bird, Butterfly, Eel』（Simon & Schuster Children's 出版社）

現代のウナギ表現
Eels in Modern Culture

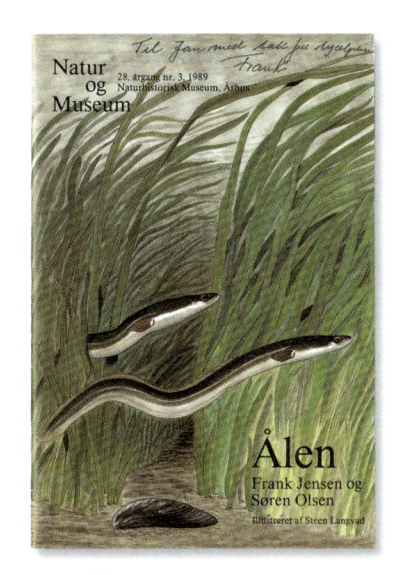

ウナギそのものについて書かれた著作は,「うなぎの本」(松井魁 1972),「EELS」(James Procek 2010),「The Book of Eels」(T. Fort 2002),「Consider the Eel」(R. Shweid 2002: 日本語版「ウナギのふしぎ」梶山あゆみ訳 2005),「長鼻くんといううなぎの話」(コンスタンチン・イオシーホフ, 福井研介ほか共訳, 松井孝爾 絵 1974) などがある. この他ウナギが出てくるものというと, 絵本「ごんぎつね」(新美南吉 1996),「アフリカにょろり旅」(青山潤 2007),「ポーの話」(いしいしんじ 2008) など多数ある. また映画「うなぎ」(今村昌平監督 1997) や有名作家の絵画作品にもウナギは登場する. さらには, 人気グルメ漫画にもウナギは取り上げられ (美味しんぼ 第3巻「炭火の魔力」, 雁屋 哲 著, 花咲アキラ 画 1985), 味や調理法について様々な蘊蓄が語られている. また, 娘に化けた大きなウナギの話がTBS系アニメ「まんが日本昔ばなし」の「鰻沢」に出てくる (1991. 8. 10 放送). ウナギそのものについて, またウナギをモチーフにして, 今も創作は続く. 様々な形で表現されたウナギは, 時の洗礼を経て, 古典となる.

デンマーク語で書かれたウナギの本 (Inge Böetius & Jan Böetius 所蔵).

『ポーの話』(新潮社).

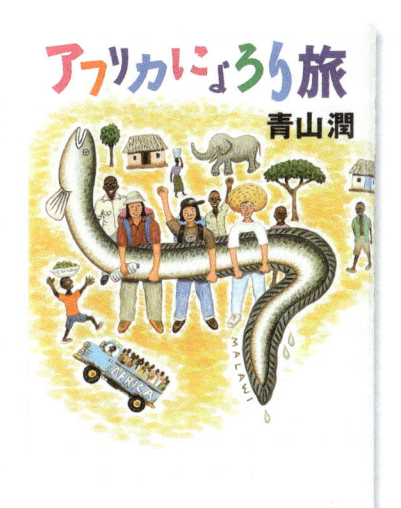

『アフリカにょろり旅』(講談社).

『長鼻くんといううなぎの話』(講談社).

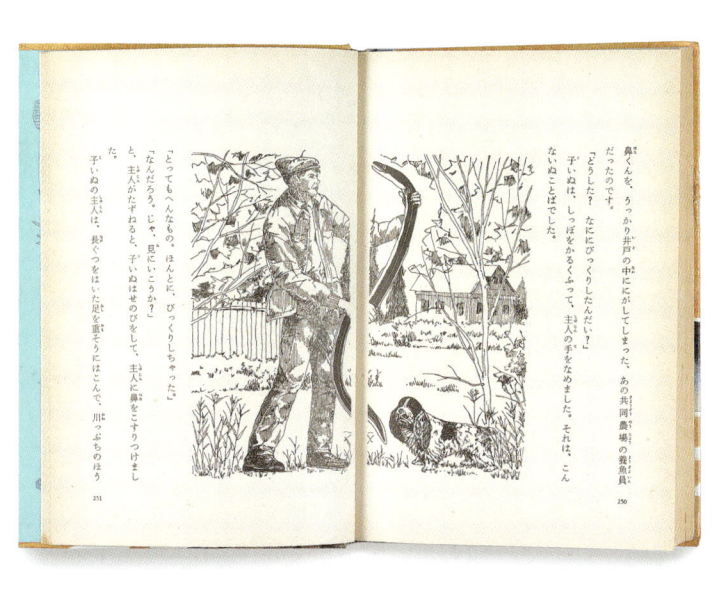

またタマゴを生みに行き
二年かかって
日本にかへり
吉塚に来て
カバヤキになるのである

昭和三十年一月三十六日
きへい

火野葦平の書いた色紙（博多名代 吉塚うなぎ屋 所蔵）

赤道祭

Sekidō sai by Ashihei Hino

火野葦平の書いた『赤道祭』(1957)という小説は,ウナギの産卵場の謎にとりつかれた青年が,赤道近くまでレプトセファルスを求めて調査に行く冒険ロマンだ.赤道祭とは,船が赤道を通過するときに船内で行われる祭りで,風が吹かないと航海できなかった大航海時代,赤道近くの無風地帯を無事通過できるよう海神に祈りを捧げた風習が起源といわれる.ニホンウナギの産卵場がどこにあるのか,まだ全く見当もつかなかった時代に,ウナギの産卵場は赤道域にあるのではないかと着想した作家の想像力には驚く.この赤道祭は1951年映画化されている.

河童うなぎたちは曰く
ウナギとふものは
赤道直下

CHERISHING-ART

愛でる ―美術工芸―

正岡子規,幸田露伴,夏目漱石,太宰治,川端康成….

文人がウナギ好きであることはよく知られている.

しかし,斉藤茂吉のウナギに対する執念は並外れていた.

後世,『茂吉とうなぎ』(林谷廣1981,短歌新聞社)や

『賢者の食欲』(里見真三2000,文藝春秋)という本が出版され,茂吉の鰻好きぶりが書き残されている.

自らも『茂吉日記』(斎藤茂吉1974,岩波書店)の中で「午前中カカリテ漸ク二三枚シカ書ケナカッタガうなぎヲ食ヒ,

午后ニナッテカライクラカ進ミ夕食ニ又うなぎヲ食ヒ,

夜ノ十時ゴロニハ十三枚ト半グライ書イタ」と記している.

茂吉はウナギの蒲焼きに宿る神秘的なパワーを信じていたフシがある.

店に上がって鰻を注文する.それを聞いて板場ではウナギを選ぶところから調理が始まる.

のんびりと鰻が焼き上がるのを待つ間,気分転換の時間ができ,新たな構想が生まれる.

ウナギを食べた後,筆が進むのはこんなわけかもしれない.

もちろん実際にビタミンの宝庫といわれるウナギの栄養成分が効いた可能性もあるが….

食の対象としてのみウナギは愛されていたわけではない.

浮世絵になり,小説になり,落語になり,映画にもなった.

それぞれの作品は人々の手に渡り,鑑賞され,愛された.

根付けや帯留めにも姿を変え,生活の中に溶け込んでいった.

さらには,うなぎグッズ,テレビのキャラクターやキャッチコピーまで登場し,

ますますウナギ人気は上がっている.

AND CRAFTS

江戸時代に使われていた煙草入れ。飾り金具にうなぎが描かれている（明神下神田川 所蔵）

江戸前大蒲焼	勝川春亭（1770-1820）
大和田	大判錦絵三枚続
—	文化4年（1807）
えどまえおおかばやき	伊賀屋勘右衛門版
おおわだ	

大きな看板行燈に「江戸前 大蒲焼」と書かれているように，ここは鰻の蒲焼き専門店．右手の黒塗の手桶に「大和田」とあり，ここが江戸随一の蒲焼屋「大和田」であることがわかる．この作品を発表してから17年後に発行された『江戸買物獨案内』（文政7年，1810）には，江戸の蒲焼屋22店の中で大和田は筆頭にあげられ，

「江戸元祖 鰻御蒲焼 尾張町二丁目横通 大和田源八」と記されている. 尾張町は現在の銀座6丁目あたりだ. 嘉永5年(1852)の「江戸前蒲焼番付」には,尾張町をはじめ親父橋や両替町など10店の「大和田」の名が行司として載っており,200店以上あった江戸の蒲焼き屋の中でも別格だったことがわかる.

図の右手には,生きたウナギがぎっしり入る大きな籠が並び,その奥にはウナギを捌く美しい男性. 画面左手では女性がウナギを焼く. ずらっと並ぶ蒲焼きを団扇で煽いでいるが,炭火の近くで暑いのだろう. 着物の襟元がはだけて色っぽい. 横で帳面をつける女性がこの店の女将と思われる. 前面には振り袖を着る若い仲居たち. 中央には出

前に行くところと見られる女性が手桶を片手に振り返る. 人気の店だけあって若い美男美女を揃えていたようだ. 店内には小犬も見えるが,ウナギをねだりに来たのだろうか. 奥には客がくつろぐ座敷. 2階に上る階段や中庭も見えることからかなり大きな店であったことがわかる. 全国に鳴り響いた一流店の風格をいまに伝える浮世絵である.

ご存じ いづ栄　　歌川国芳（1797-1861）
ごぞんじ いづえい　大判錦絵三枚続
　　　　　　　　　天保2年（1831）
　　　　　　　　　和泉屋市兵衛版

中央の看板燈籠に「ご存じ いづ栄」と書かれているが、これは、上野池之端に現在も続く鰻割烹の店「伊豆栄」の天保（1830-1844）初期の様子．「伊豆栄」は、享保年間（1716-1736）創業という老舗だ．この錦絵は、店が広告料を出して店の名を入れた入銀（にゅうぎん）ものと思われる．浮世絵にはこのように店や商品

の宣伝の入ったものが少なくない.
図は, 蒲焼屋の店先で男がウナギをさばいているところ. 前面に置かれた皿には,「一くし一六文」「一くし二四文」などと書かれ, 当時の蒲焼き屋の様子がわかって興味深い. 登場人物は当時人気の役者たちで, 芝居の一場面のように仕立てられている. 右手の

男性は, 三代目坂東三津五郎. 化政時代の江戸歌舞伎を代表する名優だ. 半纏に「秀」の字が書かれているが, これは俳名「秀佳」から取ったもの. 中央で奴凧と鮭を持つ女形は五代目瀬川菊之丞. 美しさと艶っぽさで人気があった. そして, ウナギを料理するのは初代沢村訥升(とっしょう). 天保2年11月の顔見世で

訥升襲名を披露した. これを記念し, 訥升と大物役者2名を組み合わせて年末年始にかけて錦絵を売り出すことにしたのだろう. しかし, 三津五郎は年末に57才で亡くなり, 菊之丞も年があけて間もなく31歳の若さで亡くなった. 僅かな期間しか同座できなかったこの3人が一緒に描かれた貴重な作品である.

238

Ⅲ 人とうなぎ：ウナギの人文科学

3 愛でる —美術工芸—

東都宮戸川之図
とうとみやとがわのず

歌川国芳（1797-1861）
横大判錦絵揃物
天保初期（1830-1844）
山口屋藤兵衛版

隅田川は場所によって異なる呼び名をもち，当時，浅草のあたりは浅草川と呼ばれていた．宮戸川は浅草川の旧名である．『江戸名所図絵』（天保7年刊）によると，白魚，紫鯉がこのあたりの名産で「美味」とされたが，それとともにウナギやシジミも「佳品」であると賞賛

されている．川上に大きく聳えるのは筑波山．葭の生える浅瀬では，2名のウナギ捕りが鰻掻きと呼ばれる道具を使って漁をしている．ちょうど1人がウナギを捉えたところで，その眼差しは真剣そのものだ．水の色が鮮やかで美しいが，この藍色は少し前から浮世絵に使われ始めたベロ藍という輸入顔料である．発色が良く，空や水の表現に適していたので，風景画の発展に大きく貢献した．この図を描いた歌川国芳は広重と同世代の絵師で，武者絵の第一人者として知られるが，それ以外にも役者絵，戯画，風刺画，美人画などあらゆる分野に独創的な作品を残した．風景画では，透視図法と呼ばれる西洋の遠近法を用いたり陰影をつけたりして，この絵のように木版画でありながら西洋の銅版画のように表現されている作品が多い．なお，本図は好古堂から明治期以降に出版された復刻版画である．

240

Ⅲ 人とうなぎ：ウナギの人文科学

3 愛でる ― 美術工芸 ―

其面影手 　　　　　歌川国芳（1797-1861）
あそびづくし 　　　団扇絵判
― 　　　　　　　　天保13年（1842）
そのおもかげて 　　伊場屋久兵衛版
あそびづくし

四角い紙に団扇の形の絵が描かれているが，これは団扇に仕立てるために作られた団扇絵．当時は紙が古くなると，竹の骨は残して紙だけ張り替えていた．この団扇絵が制作された天保13年は水野忠邦による天保の改革の真っ直中で，役者を描いた浮世絵を発行することは堅く禁じられていた．そこで国芳は，通常の役者絵ではなく，動物や魚，おもちゃなどを利用して役者を似顔絵で描き，芝居好きな客の要望に応えた．この絵は子どもがもって遊ぶ人形を集めたものだが，それぞれの顔が役者の似顔絵になっている．ウナギの蒲焼き売りは5代目大谷広右衛門，餅をつくウサギは岩井紫若，ウサギの車は2代目尾上菊次郎，奴は2代目市川九蔵，獅子の後ろ足は12代目市村羽左衛門，といった具合だ．

蒲焼きの煙を団扇で仰ぐ蒲焼き売りの横には「江ト前かはやき（江戸前 蒲焼き）大入叶」と書かれている．こうした行燈には，客が多く来るようにとの願いが叶うことを期して，「大叶」「大入叶」などの文字が入っていることが多い．

當国三ツの狩
川かり
―
とうこくみつのかり
かわかり

歌川国芳（1797-1861）
団扇絵判
弘化4年-嘉永元年
（1847-1848）
小島屋重兵衛版

日本で行われる狩のうち，川での狩を描いた団扇絵．川狩といっても，本格的な漁ではなく，図は「ざる」で狩りをしているところ．若い女性が描かれているが，実は岩井粂三郎という女形の役者だ．ひかえめな性格で，美しい舞台姿が人気を博した．
提灯に照らされたざるの中の獲物は，稚ウナギと小さな魚，そして大きなテナガエビだ．魚はいきなり掬い上げられて驚いてひっくり返っている．しかし，捕まえられたウナギたちは小さくて食べられそうにないので，この後放してもらえることだろう．
団扇は暑い季節に使うものなので，涼しげな絵柄が多いが，粋な紫の絞りの着物を着て水遊びをする美人の絵は団扇にぴったりだ．「當国三ツの狩」のシリーズは「川かり」のほか，「蛍狩り」を描いたものも知られている．団扇絵は使っては張り替える消耗品なので残りにくく，現在残っているのは業者が見本としてとっておいたものであることが多いといわれている．

東海道五十三図会
荒井
名ぶつ蒲焼
―
とうかいどうごじゅうさんずえ
あらい
めいぶつかばやき

歌川広重（1797-1858）
大判錦絵揃物
弘化4年-嘉永5年
（1847-1852）
藤岡屋慶次郎版

歌川広重というと，「東海道五十三次」を思い浮かべる人が多いだろう．最も知られているのは「保永堂版東海道」と呼ばれるものだが，実は，広重は生涯に20種類以上の東海道シリーズを描いている．本図は，「東海道五十三図会」と題がついているが，一般に「美人東海道」と呼ばれるもの．このシリーズでは手前に女性が大きく描かれ，上部の枠の中に，各宿駅付近の風景が描かれる．本図は，東海道の起点日本橋から31番目の宿新居（荒井）．明応7年（1498）の地震で浜名湖と遠州灘の間の土地が大きく割れ，湖と海が繋がってしまったため，30番目の舞坂宿から新居宿まで1里（約3.9km）の船旅をすることになる．海を渡った先には図に描かれているように関所があった．入鉄砲・出女に厳しく，女改めと呼ばれる検閲人が配されていて疑わしきものは体の隅々まで調べられたので，女人たちはこれを嫌って陸路へ迂回したという．手前に描かれる綺麗な女性は仲居．浜名湖の名物，鰻の蒲焼きをお客に供しているところだ．小さな茶碗にご飯と蒲焼を入れ，お茶を注いで茶漬けにするのだろう．青と白で統一された食器が洒落ている．串に刺した蒲焼きとともにお酒も用意され，思わず食指が動かされる．

荒井

東海道五十三図会

名ぶつ蒲焼

広重画

うき世又平
女房於とく

うきよまたべい
にょうぼうおとく

歌川国芳（1797-1861）
大判錦絵
嘉永元年（1848）
版元不詳

絵本の1ページのように拵えられた，洒落たデザインの浮世絵．これは嘉永元年に江戸の中村座で上演された『傾城反魂香（けいせいはんごんこう）』の「土佐将監閑居の場」，通称「吃又（どもまた）」から，4代目中村歌右衛門扮する又平と，2代目尾上菊次郎の女房おとくを描いたもの．

主人公の又平は絵師だが，生まれついての吃音だった．この夫婦が土佐派の総帥である師匠の土佐将監の家を訪れる．又平は土佐の名字を許してほしいと，不自由な言葉に身振りも交えて哀願するが，冷たくはねつけられ，絶望の中で死を決意する．最期の絵として又平が手水鉢に心をこめて自画像を描くと，絵は手水鉢の裏側まで抜けた．師匠もその絵を見て賞賛し，土佐の苗字が許される，という筋である．

又平とおとくが師匠の家を訪れるとき，手土産にウナギをもって行くという演出が当時行われていた．そのウナギが逃げだしたのを慌ててどもりながら追いかける又平の演技が観客に受けたようで，又平がウナギを追いかける姿を描いた浮世絵が何種類か残っている．又平を演じる歌右衛門は，江戸，上方を通じ随一の役者といわれた．また，おとく役の菊次郎は，ひょっとこ面ともおかめ面ともいわれるほど容貌は悪かったが，世話女房役で人気を得たという．なお，主人公の又平は，初期風俗画の先駆者，岩佐又兵衛をモデルにしたといわれている．

山海愛度図会
にがしてやりたい
六十四
大和よしのくず

さんかいめでたいずえ
にがしてやりたい
やまとよしのくず

歌川国芳（1797-1861）
大判錦絵揃物
嘉永5年（1852）
山口屋藤兵衛版

日本の諸国の物産を紹介する揃いもので，副題の末尾はすべて「～たい」という言葉になっている．その意味に応じたポーズを取る女性の姿が前面に大きく描かれ，上方のコマ絵には各地域の特産物の製造や収穫の様子が描かれる．

図は，華やかな髪飾りをつけ花柄の振袖を着た若い女性が，ざるに入ったウナギを橋の欄干から川へ逃がしているところ．ウナギは見るからに細くて小さく，食に適しそうにもない．これは，「放生会」という，捕獲した小動物を放して殺生を戒める宗教儀式で，人々は橋の脇の露店で売られていたカメやウナギなどの小動物を買い求めて橋の上から逃がしていた．しかし，その動物たちは回収されて再び売られていたという．

コマ絵は国芳の弟子の大治（大二）の筆によるもので，大和の特産物の葛を作っているところが描かれている．葛の根から取り出したデンプンを水に晒し，アクや不純物を取り除いた後，乾燥させる．背景の奈良吉野の田園風景が美しい．

このシリーズは，山口屋藤兵衛をはじめ，5つの版元が分担して請け負い，コマ絵は国芳の4名の弟子が担当した．前面には若い女性，後ろには風景，題は草花で縁取られ，大変華やかな錦絵だ．協力と競争により，このような贅沢な作品に仕上がったのだろう．現在70種が知られている．

見立五行　火	歌川国芳（1797-1861）	「五行」とは，この世の万物を作り出す木・火・土・金・水
かがり火	大判錦絵三枚続	の5つの元素のこと．このシリーズは，五行に関連する内
—	嘉永期（1848-1854）	容を，草双紙『修紫田舎源氏』（にせむらさきいなかげん
みたてごぎょう　ひ	佐野屋喜兵衛版	じ）（柳亭種彦作　文政12年 - 天保13年）の主人公足
かがりび		利光氏や，彼を取り巻く女性たちと共に描いている．
		『修紫田舎源氏』は古典の『源氏物語』をもとに作られ
		たもので，江戸時代の大ベストセラーである．

図の光氏が結っている海老茶筅髷（えびちゃせんまげ）という独特の髪型や、彼の持ち物が大流行したが、天保の改革で作者の柳亭種彦は筆禍を受け、未刊のまま38編で終わった。

本図「火」は、副題に古典の『源氏物語』から「かがり火」の巻名を借りている。「源氏香」の模様を題のまわりにあしらっているところに国芳のこだわりが見える。

源氏物語では、秋の夜に篝火（かがりび）が焚かれている庭先で、光源氏が玉鬘に恋する思いを歌に託して打ち明けることになっているが、図では、夜桜の咲く水辺で、光氏が夫人や腰元たちと共に盥の中で泳ぐウナギやナマズを眺めている。背後の川には篝火を焚く小舟と四ツ手網。江戸では、佃島辺りから隅田川尻にかけて11月から翌3月にかけて行われた四ツ手網を使う白魚漁が有名だった。春の夜に篝火を焚きながら行われるその光景は幻想的で美しく、春の風物詩にもなっていた。場所はどこだか判然としないが、盥の中のナマズやウナギは篝火舟が漁獲したもののようだ。美しい夜桜の下で篝火にほのかに照らされながら、美しく着飾った高貴な人々がちょっとグロテスクなウナギやナマズを眺めているという、妙な取り合わせがおもしろい。

道外浄瑠璃づくし
けいせい返魂香／
道外浄瑠璃尽
昔八丈
―
どうけじょうるりづくし
けいせいはんごんこう／
どうけじょうるりづくし
むかしはちじょう

歌川国芳 (1797-1861)
中判錦絵 (二丁がけ)
安政2年 (1855)
林屋庄五郎版

2つの絵が上下に描かれているが,この2つは関連があるわけではなく,別々の浄瑠璃の場面.販売するときは,2つに切って売ったのだろう.浄瑠璃は,三味線の伴奏で太夫が詞章 (ししょう) を語る劇場音曲で,歌舞伎や人形劇などの劇場音楽にも使われている.ここでは,『傾城返魂香』と『恋娘昔八丈』という2種の浄瑠璃の道化の場面が描かれている.

『傾城返魂香』は吃音の絵師,又平の物語である.この図は,師匠の土佐将監の家に女房のおとくと共に土佐の名字の使用の許可を請うため出かけるが,手土産にもってきたウナギが藁苞 (わらづと) から逃げ出してしまい追いかける場面.ウナギは下女の足もとに絡み,又平が慌ててウナギを捕まえようとしている.ぬるぬるしてなかなかうまくいかないのだろう.又平の口元は綻んで開き,どもっている様子がわかる.

『恋娘昔八丈』は,江戸の材木商城 (白) 木屋の美しい娘お駒と髪結いの才三の恋物語.お駒が自分に気があると勘違いしている城木屋の番頭丈八の髪を才三が結っているところだが,手紙を手にしたお駒が,それを渡せと手を差し出す才三にあかんべえをしている.痴話げんか,といった感じだ.丈八は後ろでなにが起こっているかもわからずに髷を引っ張られ,顔を引きつらせているのが可笑しい.

江戸名所道戯盡 三十
両国米沢町
―
えどめいしょどうけづくし
りょうごくよねざわちょう

歌川広景 (生没年不詳)
大判錦絵揃物
安政6年 (1859)
辻岡屋文助版

歌川広景は広重の弟子で,幕末に活躍した絵師だが,詳しいことはわかっていない.この『江戸名所道戯尽』は,江戸の名所をおもしろおかしい物事と共に紹介するシリーズだ.師の広重が『江戸名所道戯尽』作成の直前に作成した『名所江戸百景』が江戸の景色を主体としているのに比べ,広景は各場所で見られる人物の様子に焦点をあてている.図は,両国の米沢町で,たくさんの人々が行き来する正面の橋は両国橋だ.下を隅田川が流れる.橋の袂の広小路には軽業や見世物小屋が立ち並び,水茶屋,食物見世,揚弓場なども軒を並べて江戸一番の繁華街となっていた.米沢町は広小路に隣接する町で屋形船や釣船の貸し出しを行う船宿が多くあった.右手の河岸には建ち並ぶ茶屋,左手には,寿司屋などの入る二階建ての店々が描かれる.道ではウナギを運ぶ男が籠からウナギを逃がしてしまい,大慌てだ.ひとつの籠にたくさん入れすぎてしまったのだろう.大きなウナギが女性に向かって突進していき,女性は足を上げて驚いている.井戸で水を汲む女性はウナギを指さし,まわりの人たちはおもしろがって見物している.当時,隅田川では質の良いウナギが大量に捕れた.鰻屋も江戸中にたくさんあり,このようにウナギを運ぶ人の姿もしばしば見かけられたことだろう.

東京名所三十六戯撰
大川はた
百本杭
―
とうきょうめいしょ
さんじゅうろくぎせん
おおかわばた
ひゃっぽんぐい

昇斎一景
(生没年不詳)
大判錦絵揃物
明治5年(1872)
萬屋孫兵衛版

中央を流れるのは隅田川．隅田川は場所によって異名をもつが，吾妻橋あたりから河口まで大川と呼ばれていた．上流から下流を望む風景で，正面に見えるのは両国橋だ．右手に小さく柳橋も見える．両国橋上流の湾曲した部分に，流れを和らげ岸を保護するために沢山の杭が打たれ，百本杭とも千本杭ともよばれていた．ここは釣りの名所で，鯉がよく釣れたという．
2人の釣人が見えるが，図らずしてウナギがかかり，暴れたために隣の人の釣り糸と絡んでしまったようだ．驚いてあたふたしている様子である．手前は突然の雨に慌てて道を急ぐ女性とそのお供．右側には人力車が見える．人力車は明治初年に発明されたといわれるが，それまで使われていた駕籠より速く，馬よりも人間の労働力のほうがはるかに安かったため，すぐに人気の交通手段になった．盲目の2人の少年が人力車に乗り込んだが，乗りそびれた1人がうろうろし，車夫が困っている様子だ．

この作品が作られた明治初期は江戸から東京に変わり，社会に大きな変化が現れた時期．明治の浮世絵師昇斎一景は，このシリーズで新しく入ってきた文明に翻弄される日本人の姿を新しい東京の名所と共に描いている．

志ん板猫のうなぎや

しんばんねこのうなぎや

四代目歌川国政
(1848-1915)
大判錦絵
明治5年（1872）
辻岡屋文助版

明治時代には動物の登場する愛らしい「おもちゃ絵」がたくさん発行された．これは，4代目歌川国政によるおもちゃ絵で，猫の好物，ウナギの蒲焼きを供する鰻屋と，そこに集う猫たちの様子を描いたもの．

4階建ての鰻屋の1階では，蒲焼きを作っている．手慣れた様子でウナギをさばく猫や，団扇で煙を扇ぎながら蒲焼きを焼く猫，匂いに釣られて「いっぱいやってゆこう」と足を止める猫．おこぼれをねだる野良猫もいて笑いを誘う．2階では家族で食べに来た猫のお母さんが，「にゃう，にゃう，うまい」とご満悦な様子で，お父さんは「たんと食べな」と気前のいいことを言っている．3階では，ウナギに舌鼓をうつ外国猫．ウナギを楽しむのに国境はないようだ．しかし，隣の部屋では鰻屋なのに「どじょうが食べたい」などとわがままをいう子猫もいる．4階では蒲焼きを前に，「やっと，やっと，どっこいせい」と宴会が繰り広げられている．その踊りを「えらいもんじゃ」と感心して眺めている猫や手拍子を打つ芸者猫．猫の皮で作られた三味線を弾く芸者猫もいて，ブラックユーモアも感じられるが，どの猫も楽しそうだ．各座敷では鰻重や鰻丼といった現在のウナギの定番ではなく，大皿に置かれた蒲焼きとどんぶりの白飯，そして酒がおかれている．当時の鰻屋の様子や食べ方がわかり，興味深い一枚だ．

見立昼夜廿四
時之内
正午十二時
──
みたてちゅうやにじゅうよ
ときのうち
しょうごじゅうにじ

豊原国周(1835-1900)
大判錦絵揃物
明治23年(1890)
福田熊治郎版

豊原国周は、明治を代表する浮世絵師のひとりである。「見立昼夜廿四時」のシリーズは、明治時代の女性の風俗を24時間に分けて見ていくもので、図は、正午の昼食の様子を描いたもの。
明治3年(1870)にお歯黒禁止令が貴族に対して発令され、文明開化が叫ばれている最中、かたくなに江戸時代のしきたりを守って眉を剃り、お歯黒をつけた母親。女性の前の膳には、赤い箸箱や黒塗りの重箱と共に串に刺さったウナギの蒲焼きが置かれている。母親の箸の先にあるのはウナギ。絞りの着物を着た子が口を開けて待っている。懐中時計の形を思わせるようなコマ絵には鰻丼の絵が描かれ、「どんと十二時 おたべと小児にすすめ 薫作」という句が添えられている。どん、というのは当時、江戸城本丸から正午を知らせるために撃たれていた午砲の音と、鰻丼の「どん」をかけているのだろう。爪楊枝や割り箸も見えるが、鰻屋では割り箸が通常用いられた。割り箸が挟んでいるものに「和田平」の名が見える。和田平は、江戸時代より日本橋田所町(今の人形町)にあった鰻屋で、明治時代には東京の三大鰻屋のひとつに数えられた。昼食に母親が和田平の高級なウナギを子どもに食べさせている気分、という見立てなのだろう。母親の裾が乱れ、白い襦袢がのぞいているのが艶っぽい。画面上部や赤ちゃんの着物などにアニリン系の赤い絵の具が使われているが、この赤は明治期の浮世絵に特徴的なものである。

根付け（ライデン国立民族学博物館）．
はちまきをまいた男が自分の体より大きいウナギを
抱きかかえているユニークな根付けである．

工芸品
Eel Crafts

ウナギはヘビに似てちょっと気持ち悪いため,苦手という人が少なくない.しかし怖いもの見たさのためか,あるいは逆にその形に魅せられてか,ウナギをモチーフにした工芸品が着物の帯留め,根付け,煙草入れの金具などに残っている.今も熱烈なウナギファンはいて,ウナギ包丁の銀製ミニチュアセット,彫金のウナギ壁掛け,ベネチアグラスのウナギ,木彫・陶製・ステンレス製のウナギが作られ,愛蔵されている.

1. 鰻登りを表現した短冊彫金(明神下 神田川).
2. 左から木製,陶製,ステンレス製のうなぎ(亀井哲夫氏 所蔵).
3. 江戸時代後期に作られた金属製のうなぎ(明神下 神田川 所蔵).
4. ベネチアガラスのうなぎ(明神下 神田川 所蔵).

254

Ⅲ ― 人とうなぎ：ウナギの人文科学

3 ― 愛でる ― 美術工芸 ―

桶とうなぎの銀細工（亀井哲夫氏 所蔵）．

255

256

III ── 人とうなぎ:ウナギの人文科学

3 ── 愛でる──美術工芸──

うなぎの凧.うなぎ登りの意味がある(うなよし 所蔵).

うなぎグッズ
Eel Goods

ウナギの皮が強靱であることを利用して，靴，ベルト，財布，キーホルダーなどに加工され愛用されている．また様々な人気キャラクターと組み合わせてご当地土産のキーホルダーや携帯電話のストラップとして売り出され，好評を博している．あるいは，ウナギをモチーフとした漫画のキャラクター（ウナギイヌ：赤塚不二夫）になったり，お菓子のブランド（うなぎパイ）になったりして，ウナギは活躍している．さらには「鰻登り」の言葉にかけて，鯉のぼりならぬ「うなぎ幟（のぼり）」やうなぎ凧も作られている．

ウナギの皮で作られたベルト（左上），キーケースと財布（左下），靴（右）（亀井哲夫氏 所蔵）．

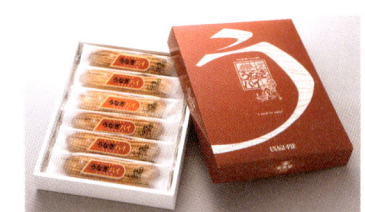

「夜のお菓子」というキャッチフレーズで有名なうなぎパイ（春華堂）．

うなぎが描かれた下駄．鼻尾はついていない（うなよし 所蔵）．

普通新聞第2面（1881.3.29）．山芋からウナギに化けかけている一尺八寸（約55cm）のものが捕れたと
新聞に掲載されている（国立国会図書館 所蔵）．

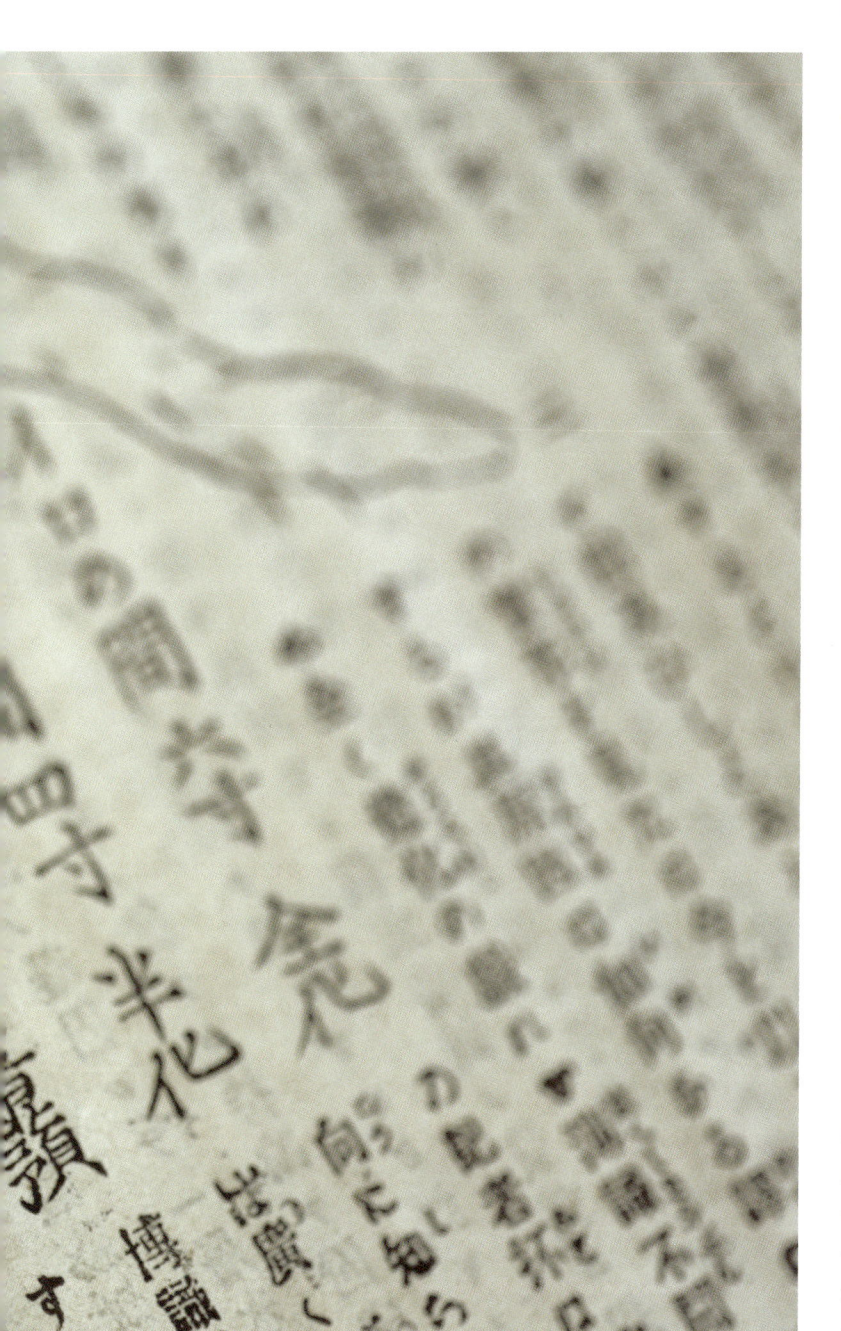

うなぎの落語
Rakugo Stories

1600年前半にできた落語の源流ともいわれる咄本『醒睡笑』の一節に,有名な「山芋変じてうなぎとなる」の言葉が出てくる.高僧が庫裡でウナギを捌いているところへ折悪しく檀家が現れる.高僧騒がず,「昔から山の芋がウナギになるといわれるが,てっきりでたらめじゃと思うていたが,ほれごらん,芋汁を作ろうするうちに,ウナギになってしもうた」.

落語の演目にウナギを扱ったものがいくつかある.古典落語の「鰻屋」,「鰻の幇間(たいこ)」,「鰻谷」「素人鰻」,「月宮殿」,「後生鰻」など.「鰻屋」の原話は,安永6年(1777)に刊行された『時勢噺綱目』にある「俄旅」だ.ウナギをうまくつかめない開業したての鰻屋がウナギと格闘しながら町内を一周してしまう.待ちぼうけしている客にどこに行くのかと聞かれて,「前に回って,ウナギに聞いてくれ」と,有名な落ちで終わる噺.「鰻の幇間」は,はやらない幇間持ちが仕事にあぶれ,無い知恵を絞って通りがかりの男に取り入り,鰻をご馳走になろうと目論む噺.しかし,逆に男に食い逃げされ,食事代ばかりか男の土産代まで払わせられる.挙げ句の果て,買ったばかりの下駄までその男の汚い下駄にすり替えられてしまうというさんざんな顛末.「鰻谷」は,初めヌルマと呼ばれて気持ち悪がられていた魚が,あるときウナギと呼ばれるようになったいきさつを語るもの.そのヌルマを初めて蒲焼きにして出した料理屋「菱又(ひしまた)」の名をとって,魚編に日四又で鰻という字をあて,そこの女将を「お内儀」「お内儀」と連呼したのが訛って「ウナギ」になったという.「千早振る」の類か.落語のもつ滑稽味とペーソスが,なぜかウナギのノラリクラリの動きや鰻屋というちょっと粋で小洒落た舞台とよく合うのかもしれない.

団扇絵判.
鰻屋がお得意様に配るために作成されたと思われる
(大島幸子氏 所蔵).

REVERING-LEGEN

畏れる —信仰—

ウナギは食べものだと思っている人が多い.しかし,全く食べない人や地域がある.
ウナギを神仏の使いとし,敬うためだ.
またウナギが村を洪水から救ったという伝説から,これに感謝してウナギを一切食べない地域もある.
一方,老成した巨大なウナギが,沼や淵の主となって畏怖されている例もある.
ウナギには,他の魚とは一線を画し,特別な魚と思わせるような何かがある.
おそらくウナギの特異な形態や謎めいた行動が,これを神格化させ,
人知を越えた魔物や怪物のイメージを与えているのだろうか.
ウナギは時としてタブー(禁忌)の生き物という一面をのぞかせる.

OS AND BELIEFS

ミクロネシアの熱帯の森、ポンペイでは、ウナギは神の使いや自分の家系のトーテムと信じられている。
島民はウナギを大切にし、川には全く人を怖れないたくさんのウナギたちがのんびりと昼寝をしている。

東京豊島区西巣鴨・妙行寺のうなぎ供養塔（原型者：高村光雲，鋳造：渡辺長男）：東京鰻蒲焼商組合と東京淡水魚組合が毎年鰻供養祭を行っている．

鰻供養
Memorial Services for Eels

ウナギを年間10万トンも消費している日本人は,ウナギに感謝し,その魂の冥福を祈って,毎年供養祭を営んでいる.供養が行われる場所には,鰻塚(仙台.瑞巌寺),魚藍観音(巣鴨・妙行寺,静岡・舞阪町,吉田町),供養塔などが建立され,その前で厳かに式典が営まれる.ウナギの冥福を祈る仏事,神事が行われた後,ウナギの放流が行われる.これは,捕獲された鳥類魚類を山野池沼に解放する仏教の放生会(ほうじょうえ)にならい,鰻供養祭にも取り入れられたものと思われる.

静岡県榛原郡吉田町・成因寺の魚藍観音.近くの川に流れつき,この寺に納められたと伝わる.

魚藍観音が左手にもった籠のなかには,タイとウナギが入っている.

宮城県宮城郡松島町・瑞厳寺の鰻塚.碑の高さ2.85m.松島鰻商同業組合の鰻供養祭が毎年行われている.

魚籃觀音菩薩

265

266

III ― 人とうなぎ：ウナギの人文科学

4 ― 畏れる ― 信仰 ―

埼玉県三郷市・延命院に奉納されたうなぎ絵馬(1).

埼玉県三郷市・延命院に奉納されたうなぎ絵馬(2).

埼玉県三郷市・延命院に奉納されたうなぎ絵馬(3).

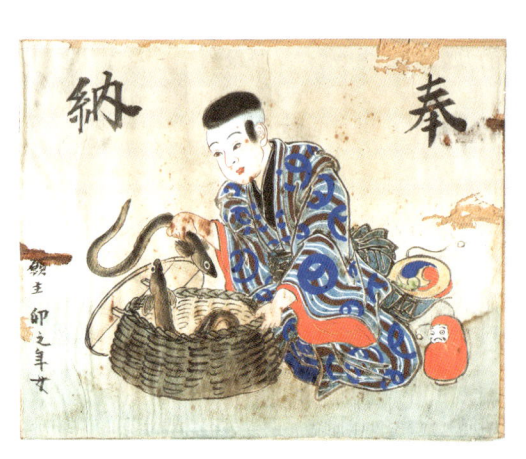

三重県鳥羽市・丸山庫蔵寺に奉納されたうなぎ絵馬.

京都府・三嶋神社のうなぎ絵馬. 2尾のうなぎ(左)は子授祈願. 3尾のうなぎ(右)は安産祈願して奉納される.

うなぎ絵馬
Eel "Ema"

絵馬とは，神社仏閣，祠，お堂に祈願や報謝の目的で，馬やその他の図柄を描いて奉納する絵のこと．当初は生きた馬そのものを奉納したが，やがてかわりに土馬，木馬などの馬形を献上するようになり，さらに簡略化されて，板に書いた馬，すなわち絵馬ができた．図柄も初めは馬だけであったが，やがて神仏，干支，様々な祈願の内容などにも画題がひろがり，民間信仰的要素を強く持つようになった．絵馬のなかには，脈々と受け継がれてきた庶民の祈願の様相が具体的に現れている．

そのなかに，絵馬になったうなぎを各地にみることができる．京都・三嶋神社のうなぎ絵馬は有名．子宝，安産，子孫繁栄の御利益がある．福島県いわき市の沼之内弁財天にもうなぎ絵馬があり，境内の賢沼は古くより禁漁池とされ，天然記念物に指定されたウナギが生息する．また埼玉県・三郷市の延命院や三重県・鳥羽の庫蔵寺には古いうなぎ絵馬が残っている．三郷の延命院には，うなぎの絵の代わりに実際の鰻鎌を板に貼りつけて奉納した絵馬がある．漁の安全，豊漁を感謝祈願して奉納したものだろうか，往時この地域で盛んだった鰻漁が偲ばれる．

埼玉県三郷市・延命院に奉納された鰻掻きの絵馬．近くを流れる古利根川（中川）では昔から多くのウナギが捕れていた．一方，増水時には大きな災害を受け，虚空蔵菩薩の使者あるいは化身といわれるウナギが地域の人々を救ったという言い伝えが残っている．

268

Ⅲ 人とうなぎ：ウナギの人文科学

4 畏れる―信仰―

ウナギと信仰
Eels and Beliefs

ニシンの卵巣はたくさんの卵をもつことから「数の子」と呼ばれ,子宝,子孫繁栄の象徴とされる.ネズミやイヌも1回に何匹もの子どもを産むので,安産や子宝祈願の対象となっている.うなぎ絵馬で見たように,ウナギの御利益もまた子宝,安産,子孫繁栄であるが,ニシンやイヌとはわけが違う.ウナギの産卵生態はつい最近まで謎に包まれ,ウナギがどれくらい卵をもつかさえよくわかっていなかったから,多産が故のこの御利益ではない.ウナギの場合はその頭部形態から生殖器崇拝と結びついて,夫婦和合,子授け信仰に発展したものと思われる.

類似の見立てと伝承・信仰は世界中にある.石棒にウナギの形を象ったり,それを神霊として崇拝したりすることは,西洋,東洋,南洋を問わず全て同様で,一種のファリシズム(phallicism 男根崇拝)であるという(三吉 1933).ニュージーランドのマオリ族は,ウナギを象った「ティキ Tiki」と呼ばれるペンダントを緑石で作り,妊娠を希望する女性がその力にあやかるためにお守りとして身につけていた.インドネシアでは,子が授からない女性はたくさんのウナギが棲み着いている池で沐浴すると良いと信じられている.トンガ諸島の伝承に,ウナギによって娘が妊娠する物語がある.ポリネシアの神話にはウナギがエロチックな存在としてしばしば登場する(高山 2009).

熱帯に生息するオオウナギ *Anguilla marmorata*.

270

Ⅲ 人とうなぎ：ウナギの人文科学

4 畏れる―信仰―

東京国立博物館蔵 国宝『虚空蔵菩薩像』現状模写および装潢（梁取文吾・画）．

虚空蔵信仰と鰻禁食
Kokuzō-Bosatsu Bodhisattva and Eel Taboos

0	青森県	五所川原市長橋
1	青森県	八戸市南郷区門前
2	山形県	山形市小姓町
3	山形県	西置賜郡飯豊町
4	山形県	東置賜郡高畠町下和田
5	宮城県	登米市津山町柳津
6	宮城県	石巻市羽黒町
7	宮城県	仙台市泉区小角
8	宮城県	塩竈市向ヶ丘
9	福島県	相馬市中村字多川町
10	福島県	南相馬市鹿島区北海老
11	福島県	いわき市常磐地区
12	福島県	いわき市平地区
13	福島県	いわき市平地区
14	福島県	会津若松市栄町
15	福島県	河沼郡柳津町大字柳津
16	福島県	福島市上町
17	茨城県	那珂郡東海村村松
18	茨城県	行方市白浜
19	栃木県	佐野市大蔵町（星宮神社）
20	群馬県	桐生市黒保根町上田沢
21	千葉県	成田市江弁須
22	千葉県	印旛郡栄町須賀
23	埼玉県	入間市西武地区
24	埼玉県	飯能市
25	埼玉県	三郷市彦倉
26	東京都	台東区東上野
27	東京都	品川区北品川
28	東京都	世田谷区瀬田
29	東京都	町田市図師町
30	神奈川県	横浜市神奈川区
31	神奈川県	小田原市本町
32	岐阜県	関市（高賀山麓一帯）
33	岐阜県	郡上市白鳥町石徹白下
34	岐阜県	大垣市赤坂町
35	三重県	桑名市多度町下野代
36	三重県	伊勢市朝熊町
37	京都府	亀岡市西別院
38	京都府	京都市東山区
39	福井県	足羽山上町
40	和歌山県	紀の川市馬宿
41	岡山県	備前市日生町
42	高知県	室戸市室戸岬町
43	熊本県	天草市五和町御領
44	鹿児島県	曽於郡大崎町假宿
45	鹿児島県	鹿児島郡三島村黒島
46	鹿児島県	大島郡瀬戸内町勝浦
47	東京都	三宅島三宅村

＊沖縄ではユタのなかにウナギを食べないものもいる．

ウナギを食べない地域・寺院（『虚空蔵信仰（民衆宗教史叢書 24）』佐野賢治1991より改変）．

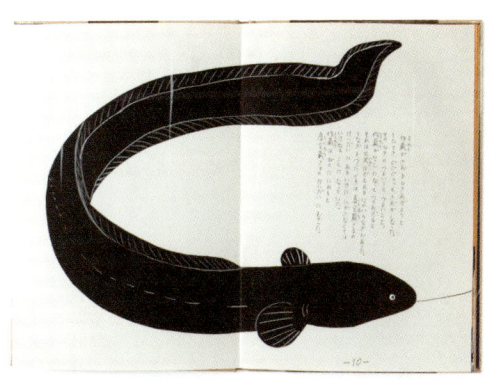

福徳，知恵増進，災害消除を司る虚空蔵菩薩は奈良時代に日本に伝わり，その信仰が広く民間に展開した（佐野1991）．ウナギは虚空蔵菩薩の使いであるため，これを祀る村や家，あるいは虚空蔵信仰の人はウナギを食べない．ウナギを神の使いや化身とする神社仏閣は日本各地に存在し，鰻食を禁じている．京都三島神社は有名で，鰻禁食を記した文書が残っている．東北には岩手県・遠野市に宇名明神や宮城に運難明神があり，いずれもウナギ神を祀る．洪水を起こすウナギを慰撫し，祀りこめたものと考えられる．関東の利根川流域には特にウナギを祀った神社仏閣が多く，千葉県・大栄町の磐裂神社，栄町の宝寿院虚空蔵堂，成田市の正蔵院虚空蔵堂，茨城県・竜ヶ崎市の星宮社，東海村の村松山虚空蔵堂，北浦村の随願寺虚空蔵堂，埼玉県・三郷市の彦倉延命院虚空蔵堂などがある．三郷の延命院には，洪水のときウナギがたくさん現れてきて村人を救ったという伝承がある．東京日野市にも同様な伝承があり，住人はウナギを食べない．岐阜県・郡上の粥川（かゆかわ）では，妖怪退治の折，この川のウナギが虚空蔵菩薩を加護，案内したとして，ウナギの捕獲を禁じている．

埼玉県三郷市に言い伝えられる虚空蔵菩薩とウナギの話を書いた手づくり絵本（手づくり絵本 ハモニカ）．

Ⅲ｜人とうなぎ：ウナギの人文科学

4｜畏れる―信仰―

雨乞いうなぎ
Rain Prayer Eels

高木春山の『本草図説』(1852)には,伊豆の三島にすむという「耳うなぎ」の話がある.耳のある巨大なウナギの話は,他にも志摩の天龍が池や美作の山手川にも残っていて,それぞれ池や川の主に祀り上げられている.同様な話が遠く離れた3ヵ所に存在している点が面白い.またこれらは共通して「雨乞いうなぎ」としてのご利益があるという.日照りで川が干上がったり,池を搔堀りしたりすることによって,この耳のあるウナギがひとたび姿を現すと,まもなく雨に恵まれるという(中村 1969).歳を経て,大きくなった猫や狐が,神通力をもち,猫又や九尾の狐になるのと同じ類の話で,老齢のウナギにも耳がはえ,霊力をもつようになったのであろうか.「雨乞いうなぎ」の耳は,天空の雨を支配する龍の耳にあやかったものではないかとの興味深い考察もある(中村 1969).この他,三島郡の二宮神社には,白いウナギが現れれば雨,黒いウナギなら降らないとの雨乞い占いも伝わっている.

魚譜 一種 耳あるもの
(東京国立博物館 所蔵   Image: TNM Image Archives).

III 人とうなぎ：ウナギの人文科学

4 畏れる —信仰—

ポリネシアのタブー
Taboos in Polynesia

太平洋の熱帯の島々にはウナギに関するタブーが多い．ミクロネシアでは，屈強な大人までもがウナギを怖がり，これを食べない．昔，美しい娘がウナギと一夜を共にし，朝になってみると食べられてしまっていたという伝承や，ウナギが不意に川の浅瀬を渡る人に噛み付くといういい伝えがあるために，ウナギを酷く恐れ，嫌悪するためである．また逆に，ウナギを神聖化して崇めたり，自分たちの祖先が生まれてきたトーテム動物と見なしたりするために，ウナギの捕殺や捕食がタブーとなっている場合もある．畏怖，崇拝，嫌悪がない交ぜになったタブーである．

メラネシアやポリネシアにもウナギのタブーは多い．フィジーでは自分たちの祖先は8代遡るとウナギだったと信じて，ウナギを神聖な生き物として崇める．トンガやタヒチでは，ウナギを神や神の使いと見なす信仰がある．神聖なウナギを殺したり，食べたりすると，大切な泉の水が干上がったり，重病になったりすると信じられている．太平洋の島々に類似の信仰やトーテミズム，タブーが存在し，ウナギがこれらの島々の文化を繋いでいるのである．こうした文化の伝播・拡散は，南太平洋のおける人類の移動・交流と密接に関わっている．文化の伝播・拡散は，ウナギが海に生まれ，海を旅して分散し，南太平洋に浮かぶ島々の淡水域へ，はるばるとやってくる回遊のイメージにダブって興味深い．

Ⅲ ── 人とうなぎ：ウナギの人文科学

4 ── 畏れる ─ 信仰 ─

ヒーナとツーナ
Hina and Tuna

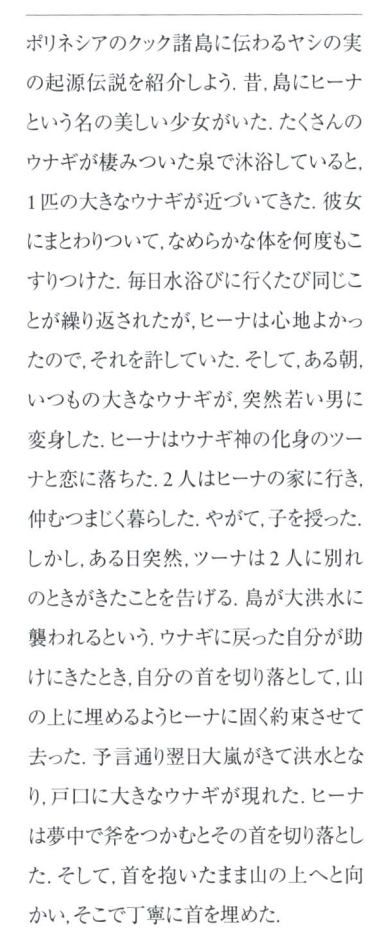

ポリネシアのクック諸島に伝わるヤシの実の起源伝説を紹介しよう．昔，島にヒーナという名の美しい少女がいた．たくさんのウナギが棲みついた泉で沐浴していると，1匹の大きなウナギが近づいてきた．彼女にまとわりついて，なめらかな体を何度もこすりつけた．毎日水浴びに行くたび同じことが繰り返されたが，ヒーナは心地よかったので，それを許していた．そして，ある朝，いつもの大きなウナギが，突然若い男に変身した．ヒーナはウナギ神の化身のツーナと恋に落ちた．2人はヒーナの家に行き，仲むつまじく暮らした．やがて，子を授った．しかし，ある日突然，ツーナは2人に別れのときがきたことを告げる．島が大洪水に襲われるという．ウナギに戻った自分が助けにきたとき，自分の首を切り落として，山の上に埋めるようヒーナに固く約束させて去った．予言通り翌日大嵐がきて洪水となり，戸口に大きなウナギが現れた．ヒーナは夢中で斧をつかむとその首を切り落とした．そして，首を抱いたまま山の上へと向かい，そこで丁寧に首を埋めた．

やがて洪水が治まると，ウナギの首を埋めたところから，見たこともない木が生えてきた．ウナギのように，太く高く，空にまっすぐに伸びていくヤシの木であった．そしてたわわに実がなり，黄色く熟した．ヒーナと子どもがその実を収穫してみると，すべての実に，2つの目と1つの口のような穴があった．それはウナギのツーナの顔にそっくりだった．ヒーナと子どもは毎日ヤシのジュースを飲むとき，亡くなったツーナにキスすることができた．

引用文献
References

新美南吉・著, 黒井健・イラスト (1986) ごんぎつね. 偕成社

青山潤 (2007) アフリカにょろり旅

林谷廣 (1981) 茂吉とうなぎ. 短歌新聞社

火野葦平 (1951) 赤道祭. 新潮社

Iosifov K・著, 松井孝爾・イラスト, 福井研介・訳 (1981) 長鼻くんといううなぎの話 (講談社青い鳥文庫 38-1). 講談社

いしいしんじ (2005) ポーの話. 新潮社

雁屋哲・著, 花咲アキラ・イラスト (1985) 美味しんぼ 第3巻「炭火の魔力」. 小学館

松井魁 (1971) うなぎの本. 丸ノ内出版

三吉朋十 (1933) 鰻の話 (1). ドルメン 2: 29−32

Morse ES (1879) Shell Mounds of Omori. *Memoirs of the Science Department, Univ. Tokyo* 1

中川芳山堂・原編, 花咲一男・編 (1972) 江戸買物獨案内. 渡辺書店

Prosek J (2009) Bird, Butterfly, Eels. Simon & Schuster Children's Publishing

Prosek J (2011) EELS: An Exploration, from New Zealand to the Sargasso, of the World's Most Mysterious Fish. Harper Perennial

斎藤茂吉 (1974) 斎藤茂吉全集 第31巻. 岩波書店

佐野賢治 (1991) 虚空蔵信仰 (民衆宗教史叢書 24). 雄山閣

里見真三 (2000) 賢者の食欲. 文藝春秋

Shweid R・著, 梶山あゆみ・訳 (2005) ウナギのふしぎ −驚き! 世界の鰻食文化. 日本経済新聞社

澁澤敬三 (1958) 日本魚名集覧. 角川書店

高山純 (2009) ミクロネシア人が鰻を禁忌する習俗の起源. 六一書房

お わ り に
Epilogue

不可思議だから,面白い.それが科学である.この意味でウナギは,その条件を十分に満たしている.ウナギをあらゆる角度から科学したのが,本書の特徴である.

まず,2千年余に亘るウナギ産卵場の謎の歴史を探った.そして,ウナギの生活史に沿って最新の研究のフロンティアを知った.人がウナギを捕り,育てて食べる,流れと仕組みを学んだ.そこには,社会の大きな渦の中で翻弄されるウナギの姿があった.一方,人とウナギの長いつきあいの中で醸成された愛と畏敬があることもわかった.そして,それらが豊かでおおらかな文化へ昇華していったことをみた.

さてこのあと,私たちはウナギとどうつきあえばよいのか.いや,つきあうという言葉は正確ではない.ウナギとの関係は,常に人からウナギへ一方的な働きかけだ.ウナギにとってみれば,それは大変迷惑なことだったに違いない.おかげで,世界中のウナギが大幅に数を減らしてしまった.これ以上の減少を食い止め,元の状態に戻してやることは,一方的につきあいを迫った私たち人間側の責任である.

国と大陸にまたがって,広範囲に分布域をもつウナギを保護するためには,強固な信頼関係に基づく国際協力が必要だ.しかも産・官・学が力を合わせてあたらねば,これを達成することは難しい.一方で,人が重度に利用するウナギ種については,ウシやブタやニワトリのように,卵から親まですべてを人間の手で管理できる"家魚"とすることが望ましい.そうすることで天然ウナギの乱獲を抑制し,種の保全を図ることができる.大量に必要で,いつも不足気味な養殖用の種苗を,卵から育てた人工のシラスウナギで補うために,人工種苗生産技術の完成を急がねばならない.

この本の目的は,ウナギという生き物を多方面から科学して,包括的に理解することであった.これを達成できたかどうかは,実際に本書を読んでくださった方々のご判断をまちたい.しかし,本書執筆の過程でご教示いただいた様々な分野の貴重な知識をこの一冊にまとめ,これらを一挙に俯瞰してみることには,ある程度成功したのではないかと思う.これによって,ウナギのもつ新たな一面を発見し,この生き物に対する視野が豊かに拡がることを期待する.また,それが人々の心にウナギへのさらなる慈しみを育て,種の保全に繋がれば幸いである.

最後に,この本の執筆にあたってお世話になった全ての方々と,ご協力をいただいた国内外の博物館・研究機関に深く謝意を表する.そして,ウナギというこの不可思議な生き物が,いつまでも私たちの身近にいてほしいと,心から願う.

2011年5月31日

黒木 真理
塚本 勝巳

謝 辞

本書の作成にあたって,東京大学総合研究博物館の佐々木猛智先生に大変お世話になった.国内外のウナギ研究者と学生諸氏には,貴重な資料,写真並びに情報を種々ご提供いただいた.これらの方々の助けがなければ本書は実現しなかった.また本書では,ウナギの自然科学だけでなく,社会科学や人文科学にいたるまで,ウナギのあらゆる側面を記述しようとしたために,専門外の分野のことを扱うことも多かった.人文・社会科学関係の諸先生,並びに鰻業界,寺社仏閣,漁業者の方々から有益なご指導を賜ると同時に,貴重な歴史的資料や美術工芸品の写真掲載の許可をいただいた.心から感謝する.

上梓にあたっては,東海大学出版会の皆様,真興社の皆様,中野豪雄氏,鈴木直子さんに大変お世話になった.厚くお礼申し上げる.

著者紹介

黒木真理（くろき まり）

東京大学大学院農学生命科学研究科博士課程 修了．農学博士
東京大学総合研究博物館 助教
著書：魚類生態学の基礎（共著，恒星社厚生閣）
　　　海のプロフェッショナル（共著，東海大学出版会）
　　　ウナギの博物誌（編著，化学同人）他

塚本勝巳（つかもと かつみ）

東京大学大学院農学系研究科博士課程 中退．農学博士
東京大学大気海洋研究所 教授を経て
現 日本大学 教授
著書：Eel Biology（Springer）
　　　グランパシフィコ航海記（編集，東京大学海洋研究所）
　　　海洋生命系のダイナミクス-⑤海と生命
　　　―「海の生命観」を求めて―（編著，東海大学出版会）
　　　ウナギ大回遊の謎（PHP研究所）
　　　世界で一番詳しいウナギの話（飛鳥新社）
　　　魚類生態学の基礎（編著，恒星社厚生閣）他

旅するウナギ　1億年の時空をこえて

2011年7月20日　第1版第1刷 発行
2013年6月20日　第1版第2刷 発行

著者―――――黒木真理・塚本勝巳

発行者―――――安達建夫

発行所―――――東海大学出版会
　　　　　　　〒257-0003　神奈川県秦野市南矢名3-10-35
　　　　　　　TEL 0463-79-3921　FAX 0463-69-5087
　　　　　　　URL http://www.press.tokai.ac.jp/
　　　　　　　振替 00100-5-46614

ブックデザイン― 中野豪雄・鈴木直子（中野デザイン事務所）

印刷所―――――株式会社眞興社

製本所―――――株式会社積信堂

Ⓒ Mari KUROKI & Katsumi TSUKAMOTO, 2011
ISBN978-4-486-01907-7

Ⓡ〈日本複製権センター委託出版物〉
本書の全部または一部を無断で複写複製（コピー）することは，
著作権法上の例外を除き，禁じられています．
本書から複写複製する場合は日本複製権センターへご連絡の上，
許諾を得てください．
日本複製権センター（電話 03-3401-2382）